Halbleiter-Elektronik
Herausgegeben von W. Heywang und R. Müller
Band 16

W. Kellner · H. Kniepkamp

GaAs-Feldeffekttransistoren

Zweite, überarbeitete und erweiterte Auflage

Mit 121 Abbildungen

Springer-Verlag
Berlin Heidelberg NewYork
London Paris Tokyo 1989

Dr. phil. WALTER KELLNER
Fachgruppenleiter, Zentrale Forschung und Entwicklung
der Siemens AG, München

Dipl.-Phys. HERMANN KNIEPKAMP
Fachabteilungsleiter, Zentrale Forschung und Entwicklung
der Siemens AG, München

Dr. rer. nat. WALTER HEYWANG
Leiter der Zentralen Forschung und Entwicklung der Siemens AG, München
Professor an der Technischen Universität München

Dr. techn. RUDOLF MÜLLER
Universitätsprofessor, Inhaber des Lehrstuhls für Technische Elektronik
der Technischen Universität München

ISBN-13:978-3-540-50193-0 e-ISBN-13:978-3-642-83576-6
DOI: 10.1007/978-3-642-83576-6

CIP-Titelaufnahme der Deutschen Bibliothek
Kellner, Walter: *GaAs-Feldeffekttransistoren* / W. Kellner ; H. Kniepkamp. –
2., überarb. u. erw. Aufl.
Berlin ; Heidelberg ; New York ; London ; Paris ; Tokyo : Springer, 1989
(Halbleiter-Elektronik ; Bd. 16)
ISBN-13:978-3-540-50193-0

NE: Kniepkamp, Hermann:; GT

2362/3020-543210 – Gedruckt auf säurefreiem Papier.

Vorwort zur zweiten Auflage

Die freundliche Aufnahme, die unser Buch gefunden hat, machte eine Neuauflage erforderlich. Hierfür mußten die Kapitel und Abschnitte, in denen der jeweilige Stand der Technik zu einem bestimmten Thema beschrieben wird, überarbeitet werden. Dies betraf die Abschnitte 4.3 (Kleinsignal-FET: Stand 1982), 4.4.4 (Leistungs-FET: Stand 1980) und 5.3.4 (Struktur und geometrische Daten eines Kleinsignal-FET) sowie die Kapitel 7 (Ternäre und quaternäre Halbleiter für Hochfrequenz-FET) und 8 (Ausblick: Monolithisch integrierte Schaltungen auf GaAs).

Unser Dank gilt den Herren Dr. Herbert Weidlich, Dr. Ewald Pettenpaul und Thomas Pollakowski für die Bereitstellung von Daten und Fotos. Bei unseren Lesern bedanken wir uns für Hinweise auf Fehler in der Erstauflage. Wir haben die Anregungen unserer Leser berücksichtigt und Druckfehler korrigiert.

München, im September 1988 W. Kellner, H. Kniepkamp

Vorwort zur ersten Auflage

Die zunehmende Bedeutung von Galliumarsenid-Feldeffekttransistoren als vielseitig einsetzbare Bauelemente in der Mikrowellentechnik und als Grundelemente integrierter Schaltungen gab den Anlaß, diesem Bauelement einen eigenen Band der Reihe "Halbleiter-Elektronik" zu widmen. Hierin werden zunächst die Grundlagen und die Theorie des Stromtransports allgemein für Hochfrequenz-FET behandelt. Kleinsignalverhalten, Rauschen, Großsignalverhalten (FET als Leistungsverstärker), Technologie und Zuverlässigkeit werden am Beispiel des Galliumarsenid-Feldeffekttransistors dargestellt. Die Schlußkapitel bieten einen Ausblick auf neuere Technologie und Materialien für Feldeffekttransistoren sowie auf integrierte Schaltungen.

Das Buch wendet sich an Ingenieure, Naturwissenschaftler und Studenten, die sich in die Thematik der Feldeffekttransistoren auf Verbindungshalbleitern wie Galliumarsenid oder Indiumphosphid einlesen oder einarbeiten wollen. Vorausgesetzt wird die Kenntnis der Grundlagen der Halbleiter-Elektronik, wie sie beispielsweise in Band 1 dieser Reihe dargestellt ist.

Unser Dank gilt den Herren Prof. Dr. Walter Heywang, Prof. Dr. Rudolf Müller und Dr. Jan-Erik Müller für kritische Anmerkungen zum Manuskript. Den Herren Dr. Herbert Weidlich und Dr. Ewald Pettenpaul danken wir für die Bereitstellung von Meßergebnissen an Kleinsignal-FET, Frau Jutta Striedacher und Frau Barbara Hauser für das Schreiben des Manuskripts sowie dem Springer-Verlag für die sorgfältige Gestaltung des Buches.

München, im Oktober 1984 W. Kellner, H. Kniepkamp

Inhaltsverzeichnis

Bezeichnungen und Symbole

A	Fläche
a	Kanaldicke
a_i	Dicke einer Isolatorschicht
$b(x)$	Kanalöffnung
C	Kapazität oder Korrelationskoeffizient (Abschn.4.2)
C_{sd}	Source-Drain-Kapazität
C_{sg}	Source-Gate-Kapazität
C_{gd}	Gate-Drain-Kapazität
C_i	Isolatorkapazität
C_D	Raumladungskapazität
D	dielektrische Verschiebung
D_n	Diffusionskonstante für Elektronen
d	Drainspannungsvariable, Gl.(3.12)
d	Schichtdicke des Gatemetalls
E	elektrische Feldstärke
E_s	Sättigungsfeldstärke
E_m	Feldstärke beim Maximum der v(E)-Kurve
E	Energie
E_F	Fermi-Niveau
E_c	Energie-Niveau der Leitungsbandkante

E_v	Energie-Niveau der Valenzbandkante
E_g	Bandabstand
E_i	Fermi-Niveau eines eigenleitenden Halbleiters
F, F_{min}	Rauschzahl, minimale Rauschzahl
f	Frequenz
f_T	Transitfrequenz, $g_m/2\pi\ C_{sg}$
f_{max}	maximale Schwingfrequenz
$f_1(s,p)$	Funktion nach Gl.(3.14)
$f_2(s,p)$	Funktion nach Gl.(4.31)
f_g	Funktion nach Gl.(4.6)
f_r	Funktion nach Gl.(4.12)
f_c	Funktion nach Gl.(4.33)
g_0	Schichtleitwert nach Gl.(3.5) (Leitfähigkeit mal Kanaldicke)
g_m	Steilheit des inneren FET, Gl.(3.61)
g_m'	Steilheit des äußeren FET, Gl.(3.62)
G	Leistungsverstärkung, Gewinn
G_{ass}	Gewinn bei minimalem Rauschen
MAG	maximal verfügbarer Gewinn
G_u	maximaler unilateraler Gewinn
h	Plancksche Konstante, $h = 6{,}626 \cdot 10^{-34}$ Js
I	Strom
I_d	Drainstrom
$I_{d\,sat}$	Drainsättigungsstrom
I_{dss}	Drainsättigungsstrom bei $V_g = 0$
I_g	Gatestrom
I_s	Drainsättigungsstrom bei verschwindender Raumladungszone, Gl.(3.18)
$\overline{i^2}$	mittleres Schwankungsquadrat des Stroms (Abschn.4.2)
j	Stromdichte

j_1	Elektronenstrom vom n-Halbleiter zum Metall, Gl.(2.16)
j_2	Elektronenstrom vom Metall zum n-Halbleiter, Gl.(2.17)
j_s	Sättigungsstromdichte
j_{p0}	Sättigungsstromdichte des Löcherstroms, Gl.(2.25)
k	Boltzmann-Konstante ($k = 1{,}380 \cdot 10^{-23}\ JK^{-1}$)
L	Gatelänge
L_s	Länge des Sourcekontakts
L_d	Länge des Drainkontakts
L_{sg}	Abstand Source-Gate
L_{gd}	Abstand Gate-Drain
L_{sd}	Abstand Source-Drain
l	Weite der Raumladungszone
L_D	Debye-Länge (Abschn.2.5)
m_0, m^*	freie Elektronenmasse, effektive Elektronenmasse
N	Netto-Dotierungskonzentration $N = N_D - N_A$
N_A	Akzeptorkonzentration
N_D	Donatorkonzentration
N_c	äquivalente Zustandsdichte an der Leitungsbandkante
N_v	äquivalente Zustandsdichte an der Valenzbandkante
$n/n^+/n^-$	Bezeichnungen für n-Halbleiter: mittel/stark/schwach dotiert
n_i	Eigenleitungsträgerdichte
n_{n0}	Elektronendichte bei thermischem Gleichgewicht im n-Halbleiter
n_{p0}	Elektronendichte bei thermischem Gleichgewicht im p-Halbleiter
P	Verlustleistung
p	Sättigungsspannungsvariable nach Gl.(3.12)

Q	Ladung, Flächenladung nach Gl.(3.3)
Q_s	im Halbleiter induzierte Flächenladung (Abschn.2.5)
Q_n	Flächenladung im Inversionskanal (Abschn.2.5)
Q_d	Flächenladung der Raumladungszone (Abschn.2.5)
Q_f	Flächenladung durch feste Ladungen im Isolator
Q_{ss}	Oberflächenladung, umladbar
Q_k	Kanalladung
q	Elementarladung ($q = 1{,}602 \cdot 10^{-19}$ C)
R	Widerstand
R_s	Sourcewiderstand } Kontakt- und Bahnwiderstand
R_d	Drainwiderstand } Kontakt- und Bahnwiderstand
R_g	Gatewiderstand } Kontakt- und Bahnwiderstand
$R_\square$	Schichtwiderstand (spezifischer Widerstand geteilt durch Schichtdicke)
R_{th}	Wärmewiderstand
r_d	Drainwiderstand des inneren FET
r_i	Innenwiderstand
S_{11}	Eingangsreflexionskoeffizient } S-Parameter (s. Anhang)
S_{21}	Vorwärtsübertragungskoeffizient } S-Parameter (s. Anhang)
S_{12}	Rückwärtsübertragungskoeffizient } S-Parameter (s. Anhang)
S_{22}	Ausgangsreflexionskoeffizient } S-Parameter (s. Anhang)
s	Gatespannungsvariable nach Gl.(3.12)
T	Temperatur
t	Zeit
U	Spannung nach Gl.(3.7)
U_{00}	Spannung zum Ausräumen der n-Schicht, Gl.(3.8)
u	Variable nach Gl.(3.12)
V	Spannung, Potentialdifferenz

V_s	innere Sourcespannung ($V_s = 0$, wenn $R_s = 0$)
V_g	innere Gate-Source-Spannung
V_d	innere Drain-Source-Spannung
V_{ss}	äußere Sourcespannung (meist $V_{ss} = 0$) } Abb. (3.14)
V_{gg}	äußere Gate-Source-Spannung } Abb. (3.14)
V_{dd}	äußere Drain-Source-Spannung } Abb. (3.14)
V_p	Drainsättigungsspannung, innerer FET
V_{sat}	Drainsättigungsspannung, FET mit Widerständen
V_t	Schwellenspannung, Einsatzspannung, Threshold voltage, bei normally-off-FET
V_t'	Abschnürspannung, pinch-off-voltage, turn-off-voltage, bei normally-on-FET
V_{FB}	Flachbandspannung
v_g	Gatespannung, Wechselgröße
v_d	Drainspannung, Wechselgröße
$\overline{v_d^2}$, $\overline{v_g^2}$	mittlere Schwankungsquadrate der Spannung (Abschn.4.2)
v	Geschwindigkeit
v_s	Sättigungsgeschwindigkeit (s. Abb.3.1)
v_m	maximale Elektronengeschwindigkeit
W	Gatebreite (gesamt)
W'	Gatebreite (Einzelfinger)
x, y, z	Ortskoordinaten
Y	Admittanz
Z	Impedanz
ε	Dielektrizitätskonstante, Permittivität $\varepsilon = \varepsilon_0 \varepsilon_r$
ε_0	elektrische Feldkonstante, $\varepsilon_0 = 8{,}854 \cdot 10^{-14}$ F/cm
η	Wirkungsgrad
λ	Wärmeleitfähigkeit
μ	Beweglichkeit

μ_0	Beweglichkeit bei kleiner Feldstärke
ρ	spezifischer Widerstand
σ	Leitfähigkeit
τ	Laufzeit, Zeitkonstante
τ_n	Minoritätsträgerlebensdauer für Elektronen in p-Material
τ_p	Minoritätsträgerlebensdauer für Löcher in n-Material
ξ	Sättigungsparameter nach Gl.(3.21)
Φ	Diffusionsspannung, built-in-Spannung
$q\Phi_M$	Austrittsarbeit eines Metalls
$q\Phi_{HL}$	Austrittsarbeit eines Halbleiters ,
$q\Phi_{Bn}$	Barrierenhöhe eines Metall-n-Typ-Halbleiter-Übergangs
$q\Delta\Phi_n$	Barrierenerniedrigung durch Bildkrafteffekt
$q\chi$	Elektronenaffinität
$q\psi(x)$	Bandverbiegung als Funktion des Ortes $q\psi(x) = E(x) - E_i$ $\psi = 0$ im Inneren des Halbleiters
$q\psi_B$	Energiedifferenz $E_F - E_i$
$q\psi_s$	Bandverbiegung an der Halbleiteroberfläche

1 Einleitung

Dieser Band der Reihe "Halbleiter-Elektronik" befaßt sich mit Hochfrequenz-Feldeffekttransistoren, wobei der GaAs-MESFET (Metal-Semiconductor-Field-Effect-Transistor) im Mittelpunkt steht.

In Kap.2 (Grundlagen) werden zunächst Prinzip und Ausführungsformen von Hochfrequenz-FET qualitativ beschrieben. Der Vollständigkeit halber wurde die Beschreibung der Steuerstrecken (MES, $p^{+}n$, MIS) in Kap.2 mit aufgenommen. Kap.3 behandelt die Theorie des Ladungstransports allgemein. Kap.4 geht speziell auf den GaAs-MESFET ein. Die darin enthaltenen Themen wie Ersatzschaltbild und Rauschverhalten sind jedoch für alle Ausführungsformen von FET relevant. Da dieses Buch als Lehrbuch konzipiert wurde, ist die Darstellung der Kap.3 und 4 so ausführlich, daß ein Leser mit Grundlagenkenntnissen [1.1] die Ableitungen nachvollziehen kann. Die wichtigsten Schritte in der Herstellung von GaAs-MESFET beschreibt Kap.5. In Kap.6 werden Fragen der Stabilität und Zuverlässigkeit behandelt. Da die Entwicklung des GaAs-MESFET noch keineswegs abgeschlossen ist, behandelt Kap.7 neue Materialien und Schichtfolgen für FET. Kap.8 bietet einen kurzen Ausblick auf integrierte Schaltungen. Im Anhang werden einige Grundlagen der Hochfrequenzmeßtechnik, soweit sie für GaAs-MESFET benötigt werden, zusammenfassend dargestellt. Die Literatur ist, nach Kapiteln bzw. Abschnitten gegliedert, am Ende des Buches zusammengestellt. Die Bücher [1.1-1.12] vermitteln Grundlagenwissen oder Spezialkenntnisse zu bestimmten Themengebieten.

Erste Berichte über Feldeffekttransistoren auf GaAs erschienen im Jahre 1966. C. A. Mead [1.13] berichtete über den FET mit einem Metall-Halbleiter-Kontakt als Steuerelektrode, d.h. den GaAs-MESFET. J. Turner [1.14] beschrieb einen GaAs-Junction-FET mit diffundiertem pn-Übergang als Steuerelektrode. Winteler und Steinemann [1.15] hatten Junction-FET mit Substratsteuerung untersucht. Das Konzept des GaAs-MESFET setzte sich allgemein durch, da es bei verhältnismäßig geringem technologischen Aufwand die Herstellung von Transistoren hoher Grenzfrequenz ermöglichte. Im Jahre 1970 wurden maximale Schwingfrequenzen von 20 GHz erzielt [1.16], im Jahre 1973 bereits 80 GHz [1.17]. Der GaAs-MESFET erwies sich als vielseitig einsetzbares Mikrowellenbauelement für rauscharme Verstärker (Abschn.4.3), Leistungsverstärker (Abschn.4.4), Oszillatoren und Mischer [1.18-1.26].

Erste käufliche Muster erschienen 1975 auf dem Markt. Heute beschäftigen sich weltweit mehr als 30 namhafte Firmen der Elektrotechnik und Elektronik mit GaAs-MESFET, nicht zuletzt wegen der Möglichkeit, schnelle integrierte Schaltungen auf dieser Grundlage herzustellen.

2 Grundlagen

2.1 Prinzip des FET

Ein Feldeffekttransistor ist ein Halbleiterbauelement mit drei Anschlüssen - Source, Drain und Gate -, bei dem der Stromfluß zwischen Source und Drain durch ein zum Stromfluß transversales elektrisches Feld, das von der Gateelektrode ausgeht, gesteuert wird. Da am Stromtransport nur bewegliche Ladungsträger eines Typs (Elektronen oder Löcher) beteiligt sind, spricht man hier auch von unipolaren Transistoren. In bipolaren Transistoren dagegen nehmen sowohl Elektronen als auch Löcher am Stromtransport teil. Band 6 dieser Buchreihe behandelt diese Transistoren.

Die Steuerung des Source-Drain-Stroms über die Gateelektrode erfolgt im normalen Betrieb bei äußerst kleinem Gatestrom. Die Eingangswiderstände von FET liegen meist hoch, der Drainstrom wird also durch die Gatespannung beeinflußt. Dies stellt einen prinzipiellen Unterschied zu den bipolaren Transistoren dar, die im allgemeinen einen Ansteuerstrom im Emitter-Basis-Kreis benötigen. Einige gängige Ausführungsformen für FET zeigt Abb.2.1.

Abb.2.1 zeigt FET mit n-leitendem Kanal. p-Kanal-FET unterscheiden sich davon lediglich durch Vertauschen der p- und n-Gebiete und der Polarität der Spannungen.

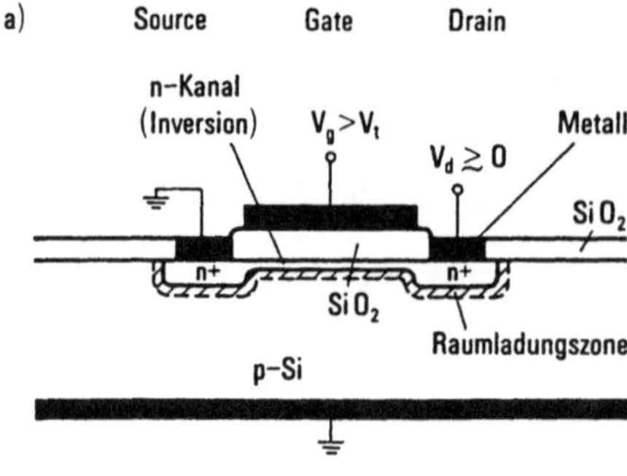

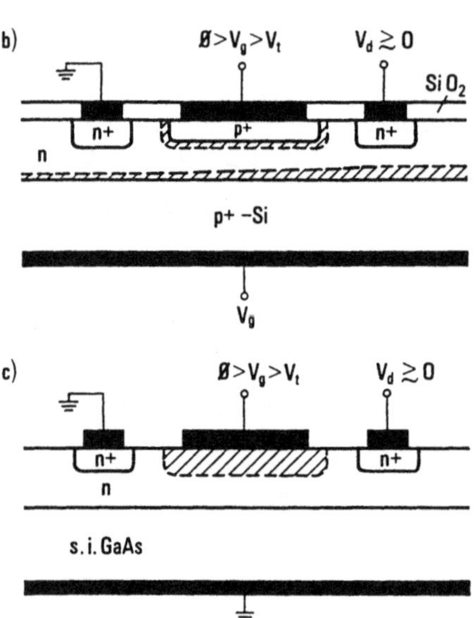

Abb.2.1. Schnitt durch die häufigsten Ausführungsformen von FET mit Elektronenleitung im Kanal. a) Si-MOSFET, normally off; b) Si-JFET, normally on; c) GaAs-MESFET, normally on

Der MOSFET [1] (Abb.2.1a) auf Silizium ist der Grundbaustein der MOS-Technik, die durch höchstintegrierte Halbleiterschaltungen (Stand 1980: 10^5 Transistoren auf einem Chip mit 5×5 mm^2) eine industrielle Revolution ausgelöst hat. Der

---

[1] MOS = Metal Oxide (SiO_2) Silicon. Allgemeiner Ausdruck: MIS = Metal Insulator Semiconductor. Doppelschichten: MNOS = Metal-Nitride (Si_3N_4)-Oxide (SiO_2)-Silicon, MAOS = Metal-Aluminium Oxide (Al_2O_3)-Oxide-Silicon.

MOSFET und seine Integration werden in Band 14 dieser Buchreihe behandelt.

Der Junction-FET (JFET) war das Vehikel der ersten theoretischen und experimentellen Arbeiten. In der planaren Ausführungsform der Abb.2.1b hat er als rauscharmer Verstärker bei Frequenzen bis 100 MHz Anwendung gefunden.

Der GaAs-MESFET [2] (Abb.2.1c) ist als Verstärker im Frequenzbereich 1 bis 30 GHz besonders attraktiv. In seiner Wirkungsweise ist er mit dem JFET eng verwandt: An die Stelle des pn-Übergangs am Gate tritt ein Metall-Halbleiter-Übergang, der als Schottky-Kontakt bezeichnet wird. Die Sperrspannung am pn- oder Schottky-Übergang erzeugt eine Raumladungszone, die die Restdicke des leitenden Kanals und damit den Drainstrom bestimmt. Während der JFET von zwei Seiten gesteuert werden kann, von der Raumladungszone des p^+-Diffusionsgebiets und von der des p^+-Substrats, wird der GaAs-MESFET nur über den Schottky-Kontakt gesteuert. Anstelle eines leitenden Substrats tritt ein semiisolierendes Substrat, das in Kap.5 (Technologie) näher beschrieben wird. Sein spezifischer Widerstand ($\rho \approx 10^8\ \Omega\,\mathrm{cm}$) liegt um 10 Größenordnungen über dem der n-leitenden Schichten ($\rho \approx 10^{-2}\ \Omega\,\mathrm{cm}$). Für die Theorie des Ladungstransports (Kap.3) kann daher das Substrat als Isolator betrachtet werden.

Die Zahl der möglichen Varianten von Feldeffekttransistoren ist keineswegs auf die drei in Abb.2.1 dargestellten Formen beschränkt. Dies zeigt schon die große Anzahl von Kriterien, nach denen FET eingeteilt werden können (s. Tab.2.1). Die Unzahl von Kombinationsmöglichkeiten nach Tab.2.1 wird durch physikalische und technologische Grenzen erheblich eingeschränkt.

Zunächst einige Anmerkungen zu Tab.2.1: Das erste Unterscheidungskriterium kann sich sowohl auf das Substrat als auf die aktiven Schichten beziehen. Der kristalline Schichtaufbau kann als Homostruktur vorliegen, wie etwa im Fall einer epi-

---

[2] MES = Metal-Semiconductor (Metall-Halbleiter).

taktischen Si-Schicht auf Si-Substrat, oder als Heterostruktur, wie im Fall einer Ga_xIn_{1-x} As-Schicht auf GaAs-Substrat sein. Auch im zweiten Fall wird man eine monokristalline $Ga_xIn_{1-x}As$-Schicht herstellen wollen, um hohe Elektronenbeweglichkeit zu erreichen. Nicht bei allen Ausgangsmaterialien läßt sich eine monokristalline Schicht herstellen: Während Si, Ge und die III-V-Halbleiter (wie GaAs) ausschließlich in monokristalliner Form verwendet werden, sind bei II-VI-Halbleitern (z.B. ZnS) Herstellverfahren wie Aufdampfen und Sputtern üblich, wobei polykristalline oder amorphe Schichten entstehen. Man bezeichnet solche FET als Dünnfilmtransistoren bzw. Thin Film Transistors (TFT).

Tab.2.1. Unterscheidungskriterien und mögliche Varianten von FET

Unterscheidungskriterium	Varianten
Kristallstruktur	monokristallin, polykristallin, amorph
krist. Schichtaufbau	Homostruktur, Heterostruktur
Material	Si, Ge, GaAs, InP, $Ga_xIn_{1-x}As$, ZnS, CdSe
Stromflußrichtung	parallel, senkrecht oder schräg zur Oberfläche
Leitungstyp	n-leitend (Elektronen), p-leitend (Löcher)
Steuerstrecke	MIS(MOS), J, MES
Drainstrom bei $V_g = 0$	normally-off (selbstsperrend)
	normally on (selbstleitend)

Die Stromflußrichtung im Kanal liegt bei den meisten FET parallel zur Oberfläche. Durch senkrechte oder schräge Stromflußrichtung läßt sich eine Verkürzung der Laufstrecke für die Ladungsträger erreichen. Die Änderung der Stromflußrichtung bewirkt, daß die Ebenheit der Strukturen wie in Abb.2.1 nicht mehr leicht erhalten werden kann, und daß das Herstellverfahren oft schwieriger wird.

Der Kanal wird als n- oder p-leitend bezeichnet, je nachdem, ob Elektronen (n) oder Löcher (p) die Ladung transportieren.

Die Steuerstrecke kann in isolierender Form als MIS-Struktur oder in nicht isolierender Form als pn-Übergang (Junction) oder Metall-Halbleiter-Kontakt (MES) ausgeführt werden.

Sowohl MISFET als auch JFET und MESFET lassen sich als normally-off und normally-on [3]-Transistoren herstellen. Ein normally-off-FET kann nur im enhancement-mode [4] betrieben werden. Dies bedeutet, daß die Gatespannung V_g so gewählt wird, daß der Kanal mit Ladungsträgern gefüllt wird. Für einen n-Kanal-Transistor muß bei Stromfluß die Gatespannung V_g über einen bestimmten Wert, die Schwellenspannung V_t, hinaus erhöht werden: Es muß also $V_g > V_t$ gelten.

Änderungen der Gatespannung verändern beim JFET und MESFET die Dicke der Raumladungszone, beim normally-off-MISFET dagegen die im Kanal induzierte Inversionsladung [5]. Von daher wäre es sinnvoll, die Bezeichnung enhancement-mode nur auf normally-off-MISFET anzuwenden, was aber nicht dem allgemeinen Sprachgebrauch entspricht. Der enhancement-mode ist demgemäß der aktive Betriebszustand des normally-off-FET mit $V_g > V_t$ bei n-Kanal FET, bzw. $V_g < V_t$ bei p-Kanal FET. V_t ist die Schwellenspannung (threshold voltage, turn on voltage). Der depletion mode ist der aktive Betriebszustand des normally-on FET mit $V_g > V_t'$ bei n-Kanal FET und $V_g < V_t'$ bei p-Kanal FET. V_t' ist die Abschnürspannung (pinch-off-voltage, turn-off-voltage). Die Schaltsymbole für die bisher besprochenen Varianten zeigt Abb.2.2.

---

[3] normally on: bei 0 V Gate-Source-Spannung fließt Drainstrom (selbstleitender FET)
normally off: bei 0 V Gate-Source-Spannung fließt kein Drainstrom (selbstsperrender FET)

[4] Enhancement: Anreicherung des Kanals mit Ladungsträgern
Depletion: Verarmung des Kanals an Ladungsträgern.

[5] Inversion: Beim Anlegen einer positiven Gate-Source-Spannung an einen MISFET auf p-Silizium (Abb.2.1a) entsteht zunächst eine Verarmungszone im Halbleiter. Aber der Schwellenspannung V_t bildet sich eine n-leitende Inversionsschicht an der Halbleiteroberfläche (vgl. Abschn.2.5).

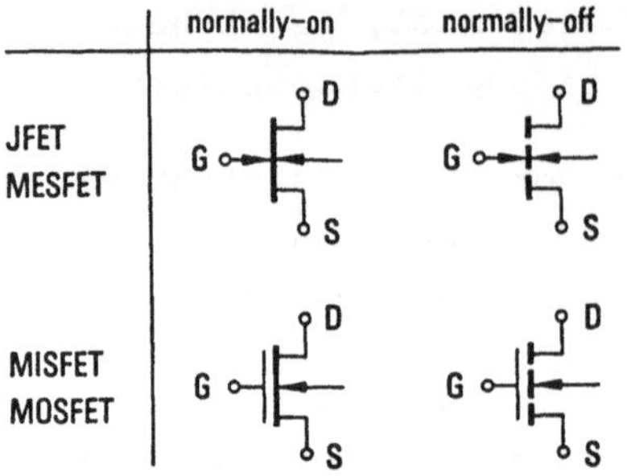

	normally-on	normally-off
JFET MESFET		
MISFET MOSFET		

Abb.2.2. Schaltsymbole für n-Kanal FET. Für p-Kanal FET sind alle Pfeilrichtungen umzudrehen. Der Pfeil rechts symbolisiert die Diode Substrat-n-Kanal; er wird häufig weggelassen

Trotz der prinzipiellen Unterschiede in der Bauelementstruktur sehen alle FET-Kennlinien sehr ähnlich aus (Abb.2.3). In erster Näherung ergibt sich ein quadratischer Zusammenhang zwischen Drainstrom und Steuerspannung (vgl. [1.2]). Bei einem FET im leitenden Zustand sind die Raumladungszonen in Bezug auf Source und Drain nahezu symmetrisch, solange V_d sehr klein ist. Dieser Fall ist in Abb.2.1 angedeutet. Der Kanal bildet in diesem Bereich einen Widerstand, die I_d-V_d-Kennlinie ist linear. Mit zunehmendem V_d wird der Kanal auf der Drainseite enger, was leicht zu verstehen ist, wenn man die Vorspannungen Source-Gate und Drain-Gate betrachtet: Bei einem normally-on-FET ist die Sperrspannung von Drain-Gate-Diode höher als die von Source-Gate, wodurch die Raumladungszone drainseitig vergrößert und damit der leitende Kanal ver-

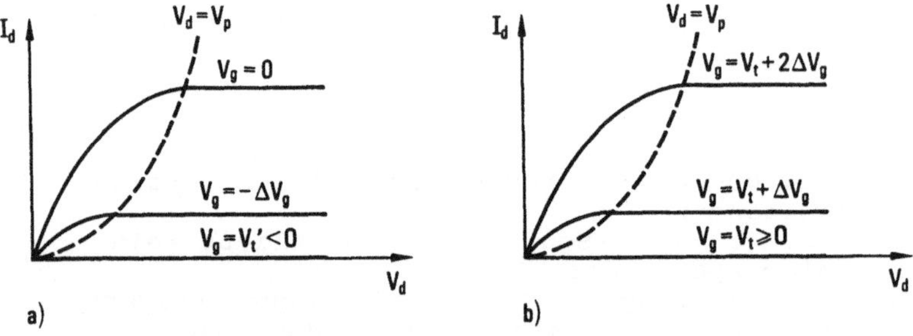

Abb.2.3. Typischer Kennlinienverlauf für n-Kanal FET. a) normally on; b) normally off. Für p-Kanal FET ändern sich die Vorzeichen von I_d, V_d und V_g. Linearer Bereich: $V_d \approx 0$. Sättigungsbereich: $V_d \geq V_p$

engt wird. Da mit V_d auch der Drainstrom I_d zunimmt, müssen mehr Ladungsträger durch einen engeren Querschnitt fließen, was nur durch eine Zunahme der Driftgeschwindigkeit erreichbar ist. Dieser Zunahme der Driftgeschwindigkeit sind aber im Halbleiter Grenzen gesetzt.

Die Ladungsträger erreichen bei der sogenannten Sättigungsspannung V_p ihre Sättigungsgeschwindigkeit. Sie wird zuerst dort erreicht, wo die Feldstärke im Kanal am größten ist, also am drainseitigen Ende des Gate. Wenn an dieser Stelle die Sättigungsgeschwindigkeit erreicht ist, kann der Strom durch Erhöhung von V_d nicht mehr wesentlich erhöht werden.

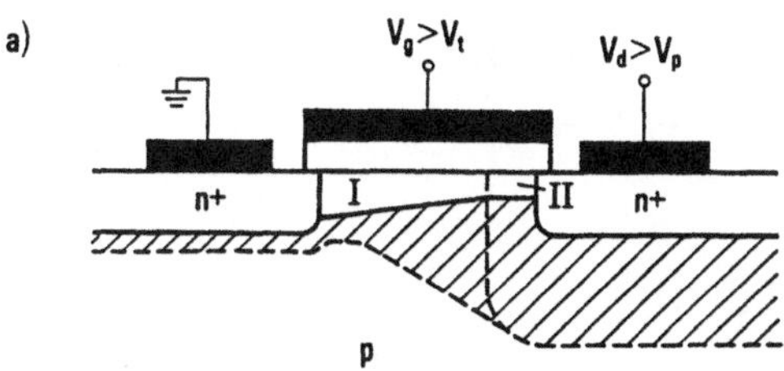

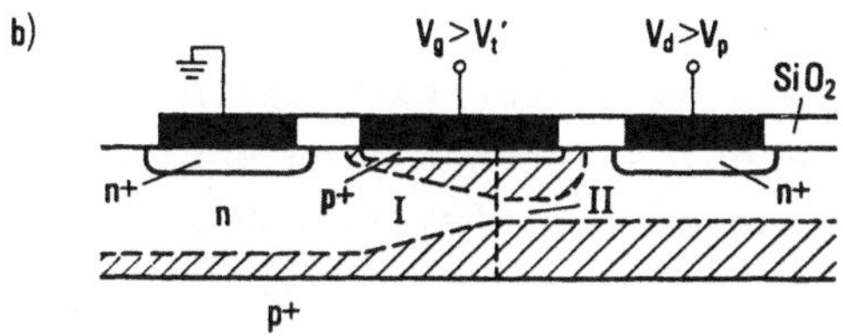

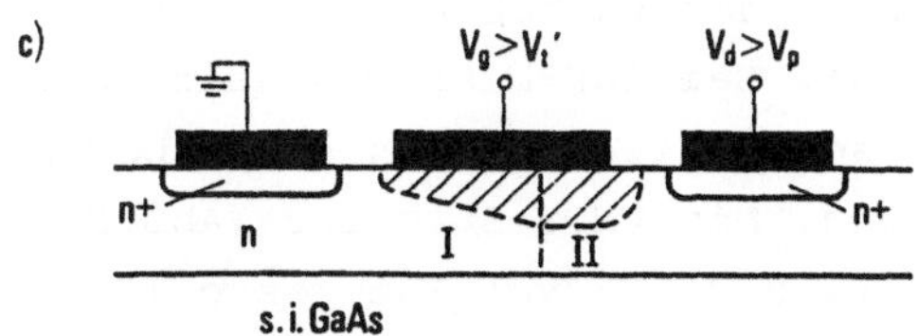

Abb.2.4. Schnitt durch die FET von Abb.2.1 im Sättigungsbetrieb. Im Gebiet II laufen die Elektronen mit Sättigungsgeschwindigkeit. a) Si-MOSFET; b) Si-JFET; c) GaAs-MESFET

Eine zusätzliche Gatespannung wirkt nun so, daß der Punkt, an dem die Sättigungsgeschwindigkeit erstmals erreicht wird, zur Sourceseite hin verschoben wird; es entsteht also ein Kanalbereich, in dem die Ladungsträger mit der Sättigungsgeschwindigkeit laufen (Abb.2.4). Für den normally-off-FET gilt im Prinzip dieselbe Überlegung wie für den normally-on-FET: Mit zunehmender Drainspannung wird die Potentialdifferenz zwischen der n-Inversionsschicht und der Gateelektrode vermindert, wodurch der Kanal drainseitig dünner wird. Wenn bei V_p die Sättigungsgeschwindigkeit der Ladungsträger erreicht wird, führt eine weitere Erhöhung lediglich zu einer Vergrößerung des Kanalbereichs, in dem die Ladungsträger mit Sättigungsgeschwindigkeit laufen, ohne daß der Drainstrom wesentlich erhöht wird.

Damit sei das Funktionsprinzip von FET kurz erläutert. In Kap.3 wird die Theorie für diese Erläuterungen nachgeliefert.

2.2 Ausführungsformen von FET

Einige Varianten von FET, die als Hochfrequenz-Bauelement eine gewisse Bedeutung erlangt haben, seien nun noch kurz erwähnt [2.1]. Abb.2.5 zeigt Varianten des MOSFET, Abb.2.6 Varianten des JFET.

Bei den MOSFET haben bisher nur die Ausführungsformen mit Silizium als Grundmaterial praktische Bedeutung erlangt. GaAs-MISFET scheiterten bisher an der zu hohen Oberflächenzustandsdichte (vgl. Abschn.2.5). Bei InP-MISFET scheint diese Problematik geringer zu sein, sie befinden sich aber erst am Anfang ihrer Entwicklung. Die VMOS Struktur (Abb.2.5) ist für Leistungsverstärker bis zu 2 GHz von Interesse [2.2]. DMOS- und SOS-Transistoren [2.3, 2.4] lassen sich als rauscharme Verstärker bis 1 GHz oder als Grundelemente integrierter Schaltungen anwenden.

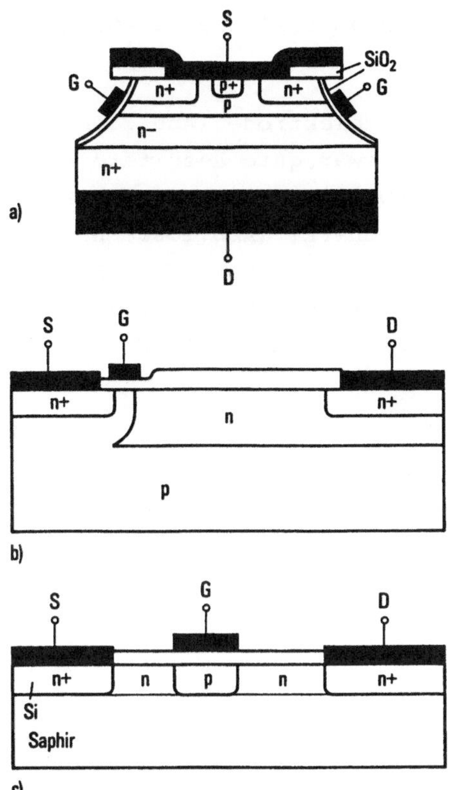

Abb.2.5. Varianten von MOSFET. a) V-MOS (Vertical MOS). Nach [2.2.]; b) D-MOS (Diffused). Nach [2.3]; c) SOS-MOS (Silicon on Sapphire). Nach [2.4]

Der JFET mit vertikalem Kanal (Abb.2.6a) konnte sich bisher trotz vielversprechender Anfangsergebnisse nicht durchsetzen [2.5]. Im Aufbau ist die Struktur ähnlich einem Bauelement, das sich vielleicht als Leistungsverstärker bis ~ 2 GHz behaupten wird: Der Static Induction Transistor (SIT) [2.6, 2.7]. Seine Kennlinien entsprechen nicht dem Verlauf nach Abb.2.3. Das Gebiet zwischen Source und Drain (die Driftzone) ist durch eine Sperrspannung von freien Ladungsträgern ausgeräumt. Wie bei einer Röhre kommt es zu raumladungsbegrenzten Strömen und damit zu triodenähnlichen Kennlinien [1.3, 1.6]. Wegen dieser Analogie zur Röhre gab W. Shockley einem derartigen Bauelement den Namen Analogtransistor [2.8]. Im Permeable Base Transistor wurde die Idee wiederbelebt. Die Struktur besteht nun aus metallischen Gates anstelle der p^+-Gebiete, eingebettet in GaAs [2.9].

Der GaAs-JFET mit dem Substrat als Gateelektrode (Abb.2.6b) hat als Leistungsverstärker bei 6 GHz zwar gute Resultate erzielt [2.10], konnte aber mit der Entwicklung der GaAs-MESFET nicht Schritt halten. Der Heterojunction-FET (Abb.2.6c) besitzt ein p-GaAlAs-Gate und damit eine höhere Barrierenspannung [2.11]. Seine Herstellung erfordert jedoch wesentlich höheren technologischen Aufwand als die des GaAs-MESFET.

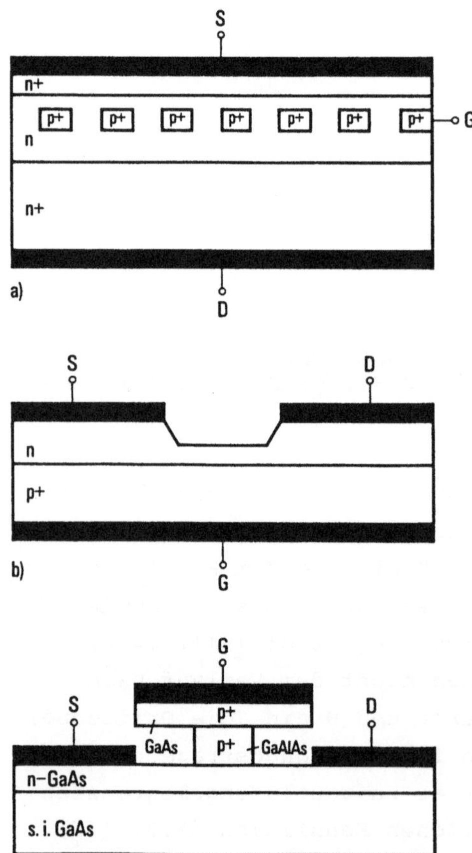

Abb.2.6. Varianten von JFET. a) Vertikaler FET. Nach [2.5]; b) JFET mit Substrat als Gate. Nach [2.10]; c) Heterojunction-FET. Nach [2.11]

Die Varianten des MESFET ergeben sich im wesentlichen aus der Wahl unterschiedlicher Materialien. Der Si-MESFET [2.12 2.13] konnte sich als Konkurrent zum Si-MOSFET bei Frequenzen unter 1 GHz und zum GaAs-MESFET bei höheren Frequenzen bisher nicht behaupten. Die Ursachen hierfür liegen einerseits in der ausgereiften MOS-Technologie, andererseits in den prinzipiellen Vorteilen des Materials GaAs gegenüber Si (Beweglichkeit, semiisolierendes Substrat). Die Suche nach neuen Materialien für MESFET wie InP, GaInAs, InAs oder Schichtfolgen GaAs/GaAlAs wird derzeit im Rahmen der Forschung intensiv betrieben [2.14-2.19]. Ob eines dieser Materialien einen technisch-kommerziellen Erfolg erlangen wird, läßt sich heute noch nicht absehen. Das Problem der Materialauswahl für Hochfrequenz-FET wird in Kap.7 behandelt.

2.3 Der Metall-Halbleiter-Übergang

Im Jahre 1938 formulierte W. Schottky auf der Basis des Bänderschemas und der Transporttheorie für Halbleiter die Theorie des Metall-Halbleiter-Übergangs in der Form, daß die Abhängigkeit des elektrischen Widerstands zwischen Metall und Halbleiter von der Stromrichtung durch eine Potentialbarriere zustande kommt, die ihren Usprung in festen Raumladungen im Halbleiter besitzt. Die Theorie dazu und ihre Weiterführung z.B. durch F. Mott und J. Bardeen ist ausführlich in [1.9] dargelegt.

Bei großer Ausdehnung der Raumladungszone im Halbleiter zeigt der Metall-Halbleiter-Übergang eine asymmetrische Strom-Spannungs-Kennlinie (Schottky-Kontakt). Ist dagegen die Raumladungszone sehr schmal, so können Ladungsträger die Potentialbarriere durchtunneln und es entsteht eine lineare Kennlinie (ohmscher Kontakt).

Der Schottky-Kontakt wird z.B. in Mischerdioden für Frequenzen in Gigahertzbereich, in Abstimmdioden mit elektronisch veränderbarer Kapazität oder schließlich auch als stromsteuernde Elektrode im MESFET verwendet.

Im folgenden wird auf einige wesentliche physikalische Eigenschaften des Metall-Halbleiter-Kontakts eingegangen, wobei diese im Vergleich zu denen des p^+n-Übergangs (Abschn. 2.4) und des MIS-Kontakts (Abschn.2.5) zu sehen sind.

2.3.1 Austrittsarbeit und Elektronenaffinität

Im Metall-Vakuum-System wird die Energie, welche ein Metallelektron benötigt, um vom Fermi-Niveau aus in das Vakuum austreten zu können, als Austrittsarbeit $q\Phi_M$ bezeichnet. $q\Phi_M$ ist im allgemeinen von der Größenordnung 2 bis 6 eV und ist stark abhängig von der Reinheit der Oberfläche.

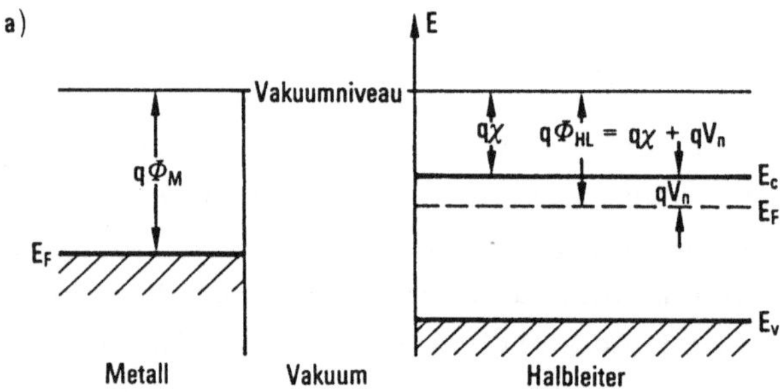

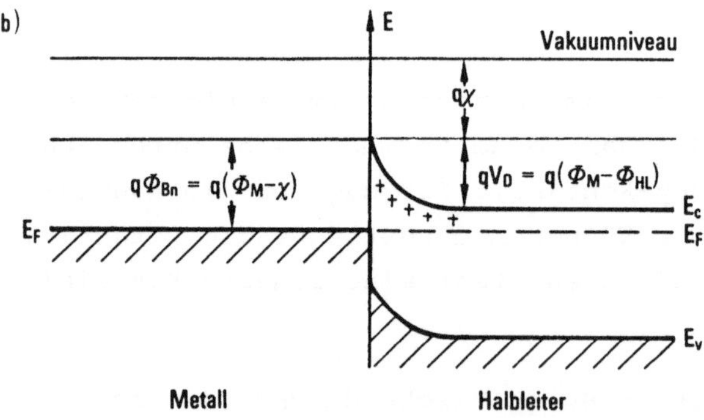

Abb.2.7. a) Banddiagramm des Metall-Vakuum-Halbleiter(n-Typ)-Übergangs (kein Kontakt). b) Banddiagramm des Metall-Halbleiter(n-Typ)-Kontakts

In Abb.2.7a ist das Banddiagramm des Metall-Vakuum-Halbleiter-Übergangs und in Abb.2.7b das des Metall-Halbleiter-Kontakts gezeigt. Die Austrittsarbeit im Halbleiter, $q\Phi_{HL}$, ergibt sich als Summe aus Elektronenaffinität $q\chi$ (Energiedifferenz zwischen Leitungsbandkante und Vakuumniveau) und dem Abstand Leitungsbandkante-Fermi-Niveau, $E_C - E_F = qV_n$, zu

$$q\Phi_{HL} = q\chi + qV_n . \tag{2.1}$$

2.3.2 Metall-Halbleiter-Kontakt

Wenn ein Metall mit einem Halbleiter in Kontakt gebracht wird, findet eine Ladungsumverteilung statt, bis schließlich das Ferminiveau im Metall und im Halbleiter auf gleicher Höhe liegt. Diese Regel gilt ganz allgemein.

Es sei jetzt der Fall eines Kontakts zwischen einem n-Typ-Halbleiter und einem Metall betrachtet. Im Halbleiter sei die Dotierung so hoch, daß nahezu alle Donatoren ionisiert sind. Es sei der Fall betrachtet, daß $\Phi_M > \Phi_{HL}$ ist (Abb.2.7a). Dabei ist $q\Phi_{HL}$ die Austrittsarbeit im Halbleiter. Solange Halbleiter und Metall noch nicht in Kontakt sind, liegt das Fermi-Niveau im Halbleiter höher als im Metall, und zwar um den Betrag $(\Phi_M - \Phi_{HL})$. Sind Metall und Halbleiter nun in Kontakt, so findet ein Ladungstransport statt: Elektronen aus dem Halbleiter fließen in das Metall ab, es entsteht im Halbleiter oberflächennah eine elektronenverarmte Raumladungszone, deren Raumladung durch die positive Ladung der Ionenrümpfe gebildet wird. Der Ladungsaustausch geht so lange vonstatten, bis die Fermi-Niveaus in Metall und Halbleiter auf gleicher Höhe liegen. Damit werden also die Energie-Niveaus des Halbleiters um $q(\Phi_M - \Phi_{HL})$ abgesenkt, wodurch eine Potentialbarriere an der Oberfläche entsteht.

Für ein Elektron auf der Metallseite ist die Höhe der Potentialbarriere Φ_{Bn}

$$\Phi_{Bn} = \Phi_M - \chi , \tag{2.2}$$

während auf der Halbleiterseite die Potentialbarriere Φ sich ergibt zu

$$\Phi = \Phi_M - \Phi_{HL}. \tag{2.3}$$

Die Potentialdifferenz $q(\Phi_M - \Phi_{HL})$ wird durch eine Dipolschicht an der Grenzfläche aufrechterhalten. Auf der Metallseite findet eine Anreicherung von Elektronen an der Grenzfläche statt, auf der Halbleiterseite dagegen eine Verarmung.

Da im Halbleiter die Elektronen frei beweglich sind und die positiven Ladungen durch die unbeweglichen Donatorrümpfe hervorgerufen werden, tritt diese positive Ladung über einen bestimmten Tiefenbereich auf, der Raumladungszone. Die Dicke dieser Zone hängt von der Dotierungskonzentration im Halbleiter und der Höhe der Diffusionsspannung ab.

Die Potentialbarriere Φ hängt nach Gl.(2.3) von der Austrittsarbeit des Metalls ab. Es zeigt sich aber experimentell, daß diese Abhängigkeit wesentlich schwächer ist, als es nach Gl.(2.3) erwartet werden kann (Abb.2.8). Im folgenden wird gezeigt, daß dies auf die Wirkung von geladenen Oberflächenzuständen in der Bandlücke des Halbleiters sowie auf das (experimentell sehr wahrscheinliche) Vorhandensein einer Zwischenschicht atomarer Dicke zurückgeführt werden kann [2.20].

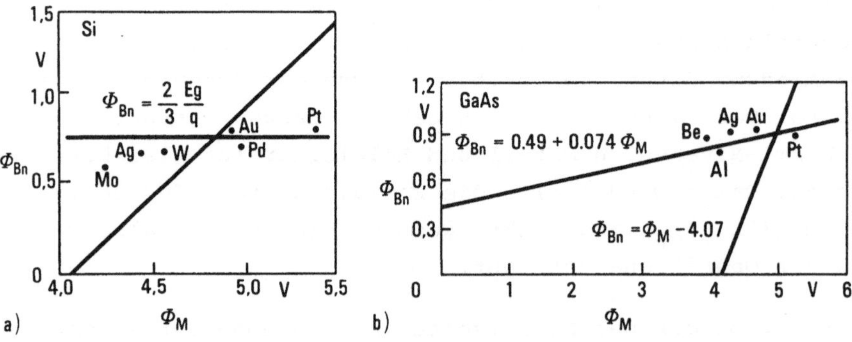

Abb.2.8. a) Potentialbarrieren für Metalle auf n-Si ($\chi = 4{,}05$ V. Nach [2.20]); b) Potentialbarrieren für Metalle auf n-GaAs ($\chi = 4{,}07$ eV. Nach [2.20])

2.3.3 Oberflächenzustände und Barrierenhöhe

Abb.2.9 zeigt das Banddiagramm am Übergang Metall/Halbleiter bei Anwesenheit der dünnen Zwischenschicht. $q\Phi_0$ bezeichnet die Energie (gemessen von der Valenzbandkante an der Halbleiteroberfläche aus), bis zu der die Oberflächenzustände gefüllt sind, um Ladungsneutralität an der Halbleiteroberfläche zu gewährleisten, $q\Delta\Phi_n$ ist die durch Bildkrafteffekte * hervorgerufene Barrierenerniedrigung [2.21]. Die Oberflächenzustandsdichte D_s sei über den Energiebereich von $q\Phi_0$ bis zum Fermi-Niveau konstant. Die Oberflächenladungsdichte Q_{ss} läßt sich schreiben zu

$$Q_{ss} = - qD_s(E_g - q\Delta\Phi_n - q\Phi_0 - q\Phi_{Bn}) . \tag{2.4}$$

Aus der Poisson-Gleichung kann die in der Raumladungszone befindliche Flächenladungsdichte $Q_d = qNb$ berechnet werden (s. Abschn.2.3.5):

$$Q_d = \left[2q\varepsilon_s N_D \left(\Phi_{Bn} + \Delta\Phi_n - V_n - \frac{kT}{q} \right) \right]^{1/2} . \tag{2.5}$$

Auf der Metalloberfläche wird im Gleichgewicht eine entgegengesetzt geladene Oberflächenladung Q_M gebildet, so daß die Ladungsneutralität gewährt ist (Abb.2.9b):

$$Q_M = - (Q_{ss} + Q_d) . \tag{2.6}$$

Es läßt sich für Δ, der Potentialdifferenz über der Zwischenschicht, schreiben

$$\Delta = - \delta Q_M/\varepsilon_i \tag{2.7}$$

(Δ, ε_i, δ s. Abb.2.9).

---

* Die im Metall induzierte Spiegelladung zur Ladung im Halbleiter (mit entgegengesetztem Vorzeichen) senkt über das zwischen diesen Ladungen erzeugte Feld dotierungsabhängig die Barriere an der Halbleiteroberfläche ab.

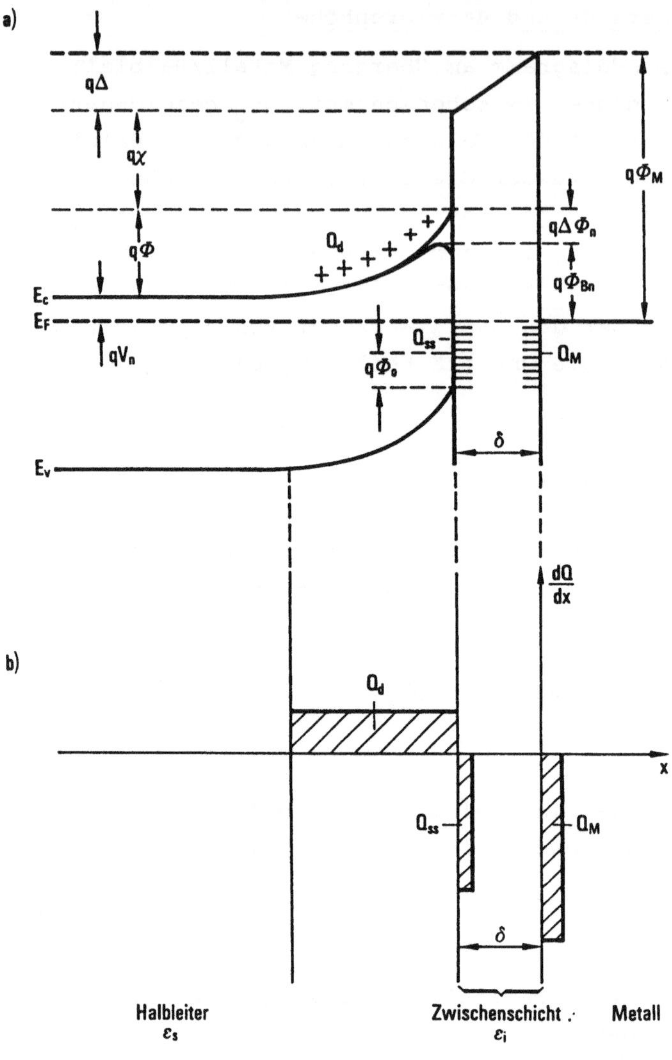

Abb.2.9. a) Energie-Banddiagramm eines Metall-(n-Typ) Halbleiter-Kontakts mit einer Zwischenschicht. Nach [2.20]; b) Ladungsverteilung

Andererseits ist nach Abb.2.9

$$\Delta = \Phi_M - (\chi + \Phi_{Bn} + \Delta\Phi_n) . \tag{2.8}$$

Mit den Gl. (2.6) bis (2.8) kann man schreiben

$$(\Phi_M - \chi) - (\Phi_{Bn} + \Delta\Phi_n) = \left[\frac{2q\varepsilon_s N_D \delta^2}{\varepsilon_i^2} \left(\Phi_{Bn} + \Delta\Phi_n - V_n - \frac{kT}{q} \right) \right]^{1/2} -$$

$$- \frac{qD_s \delta}{\varepsilon_i} (E_g - q\Delta\Phi_n - q\Phi_0 - q\Phi_{Bn}) . \quad (2.9)$$

Aus Gl. (2.9), einer quadratischen Gleichung für Φ_{Bn}, läßt sich die gesuchte Barrierenhöhe Φ_{Bn} für den Übergang eines Elektrons vom Metall in den Halbleiter bestimmen. Mit

$$C_1 \equiv \frac{2q\varepsilon_s N_D \delta^2}{\varepsilon_i^2}$$

und

$$C_2 \equiv \frac{\varepsilon_i}{\varepsilon_i + q^2 \delta D_s}$$

kann Gl. (2.9) umgeschrieben werden zu

$$- (\Phi_{Bn} + \Delta\Phi_n) + C_2 (\Phi_M - \chi) + (1 - C_2) \left(\frac{E_g}{q} - \Phi_0 \right) =$$

$$= C_2 \left[C_1 \left(\Phi_{Bn} + \Delta\Phi_n - V_n - \frac{kT}{q} \right) \right]^{1/2} \quad (2.10)$$

Bei atomarer Dicke der Zwischenschicht ($\delta = 0,5$ nm, $\varepsilon_s = 3\varepsilon_i = 12\varepsilon_0$, $N < 10^{18}$ cm^{-3}) gilt $C_1 < 7$ mV. Vernachlässigt man daher die rechte Seite von Gl. (2.10), so folgt schließlich

$$\Phi_{Bn} = C_2 (\Phi_M - \chi) + (1 - C_2) \left(\frac{E_g}{q} - \Phi_0 \right) - \Delta\Phi_n . \quad (2.11)$$

Aus Gl. (2.11) folgt unmittelbar für $D_s \to \infty$, d.h. $C_2 \to 0$

$$q\Phi_{Bn} = (E_g - q\Phi_0) - q\Delta\Phi_n ; \quad (2.12)$$

für $D_s \to 0$, d.h. $C_2 \to 1$

$$q\Phi_{Bn} = q(\Phi_M - \chi) - q\Delta\Phi_n. \tag{2.13}$$

Gl.(2.12) besagt, daß im Fall großer Oberflächenzustandsdichte das Fermi-Niveau an der Oberfläche durch die Oberflächenzustände festgelegt ist. Die Barrierenhöhe ist dann unabhängig von der Austrittsarbeit des Metalls. Sie ist bestimmt durch die Höhe der Dotierung und durch die Oberflächeneigenschaften des Halbleiters.

Ist dagegen die Oberflächenzustandsdichte des Halbleiters klein, d.h. $C_2 \to 1$, so ergibt sich für die Barriere die in Gl.(2.13) angeführte Abhängigkeit von Φ_M und χ.

2.3.3.1 Halbleiter mit hoher Oberflächenzustandsdichte

Um Φ_0 zu bestimmen, kann Gl.(2.11) umgeschrieben werden zu

$$\Phi_{Bn} = C_2\Phi_M - C_3. \tag{2.14}$$

Wenn C_2 und C_3 experimentell bestimmt werden und χ bekannt ist, so ergibt sich

$$\Phi_0 = \frac{E_g}{q} - \frac{(C_2\chi + C_3 + \Delta\Phi_n)}{(1 - C_2)}. \tag{2.15}$$

Aus Abb.2.8b, der experimentell bestimmten Abhängigkeit $\Phi_{Bn} \approx \Phi_{Bn}(\Phi_M)$ für GaAs, ersieht man

$$C_2 = 0{,}074, \quad C_3 = 0{,}49 \text{ eV}.$$

Damit wird $q\Phi_0 = 0{,}60$ eV (mit $\Delta\Phi_n = 0$).

Hieraus ergibt sich unmittelbar

$$q\Phi_{Bn} = E_g - q\Phi_0 \approx 0{,}83 \text{ eV (für n-GaAs)}.$$

Entsprechende Experimente im Falle von Si und GaP haben gezeigt, daß das Niveau $q\Phi_0$ für die Ladungsneutralität der

Halbleiteroberfläche bei ungefähr einem Drittel der Bandlücke über dem Valenzband liegt. Damit ergibt sich für die Barriere $\Phi_{Bn} \approx 2E_g/3$. Da die Barrierenhöhe unabhängig von der Höhe der Dotierung ist (bis auf V_n), ergibt sich unmittelbar

$$\Phi_{Bn} + \Phi_{Bp} = E_g/q.$$

Damit wird $q\Phi_{Bp} \approx E_g/3$.

Trägt man $E_g - q\Phi_0$ für verschiedene Metalle auf gegen die Bandlücke E_g von Halbleitern aus der IV-Gruppe bzw. der III-V-Halbleiter, so erhält man Abb.2.10. Man sieht, daß die Gl. (2.12) sehr gut eingehalten ist (mit $q\Phi_0 = E_g/3$ und $\Delta\Phi_n = 0$).

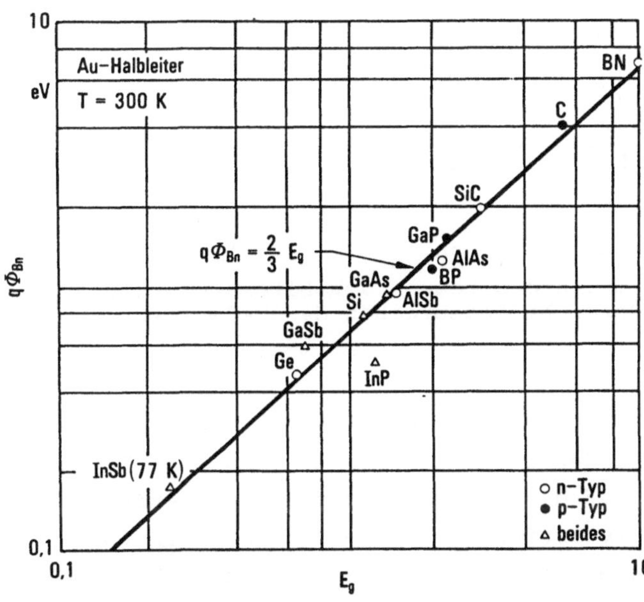

Abb.2.10. $E_g - q\Phi_0 \approx \Phi_{Bn}$ in Abhängigkeit von der Bandlücke verschiedener Halbleitermaterialien (Meßdaten nach [2.22])

2.3.3.2 Halbleiter mit geringer Oberflächenzustandsdichte

Da Oberflächenzustände eine Folge der Gitterbegrenzung des Halbleiters sind, ist ihre Existenz die Regel. Materialien wie z.B. CdS, ZnS, deren Barrierehöhen durch Gl.(2.13) gegeben sind, weichen von der Norm ab, da hier keine Oberflächenzustände zu existieren scheinen. Abb.2.11 zeigt diesen Fall für CdS.

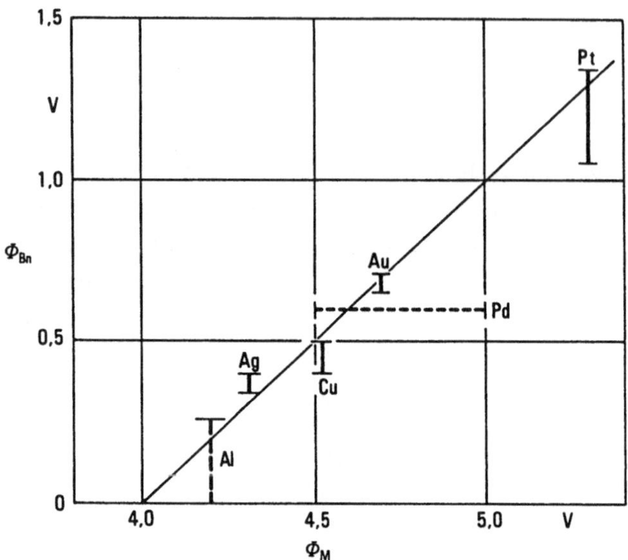

Abb.2.11. Φ_{Bn} in Abhängigkeit von Φ_M (Gl.(2.13)) für CdS. Nach [2.23]. Für Pd ist die Streuung der Literaturwerte angegeben. Vertikale Bereiche entsprechen den Meßwertschwankungen

Nach Shockley [2.24] kann dieses Verhalten verstanden werden, wenn der Einfluß des interatomaren Abstands der Atome im Halbleitergitter auf die Aufspaltung der Energieniveaus beim Überlappen der Wellenfunktionen betrachtet wird. Die dabei u.a. entstehenden Oberflächenzustände liegen bei großem Gitterabstand entsprechend der geringen Überlappung nahe an den Bandkanten, wogegen bei kleinem Abstand und starker Überlappung Zustände in der Nähe der Mitte des Bandabstands entstehen.

Es sind im wesentlichen die Kristalle mit ionischer Bindung, bei denen die Überlappung gering ist. Hier entstehen Oberflächenzustände nahe am Valenzband (das durch die Anionen bestimmt wird) und am Leitungsband (bestimmt durch die Kationen). Die Zustände nahe dem Valenzband sind besetzt, die am Leitungsband sind leer. Damit kann das Fermi-Niveau frei durch die gesamte Bandlücke laufen, da keine Oberflächenzustände umgeladen werden: das Fermi-Niveau ist nicht festgelegt.

Diese rein qualitative Betrachtung kann nur das prinzipielle Verhalten dieser Halbleiter beschreiben. Auch Halbleiter, die nicht reine ionische Bindung aufweisen (z.B. CdS), verhalten sich entsprechend dieser Regel. Offensichtlich muß die Überlappung der Wellenfunktionen einen bestimmten kritischen Wert überschreiten, damit die Oberflächenzustände schnell in Richtung Bandmitte streben und damit dort die Barrierenhöhe Φ_{Bn} fixiert wird [2.25].

2.3.4 Stromtransport im Metall-Halbleiter-Kontakt

2.3.4.1 Majoritätsträgerstrom

Als wesentlich für den Stromtransport (Abb.2.12) im Metall-Halbleiter-Kontakt (Schottky-Kontakt) können drei Vorgänge angeführt werden:

- Diffusionsstrom oder thermischer Emissionsstrom der Majoritäten über die Barriere hinweg,
- Feldemission (Tunneln) der Majoritäten durch die Barriere hindurch,
- thermische Feldemission im Bereich der Barriere.

Im Falle eines Schottky-Kontakts auf schwach bis mittel dotierten Halbleitern (10^{14} bis 10^{17} cm^{-3}) findet der Stromtransport entsprechend dem ersten Mechanismus statt. Auf hochdotierten Halbleitern (10^{19} bis 10^{20} cm^{-3}) findet das feldinduzierte Tunneln statt; dies ist der Leitungsvorgang bei sperrfreien ("ohmschen") Kontakten. In der Übergangszone zwischen diesen beiden Extremlagen dominiert die thermische Feldemission. Die den Transportmechanismen entsprechenden experimentellen Kennlinien von Schottky-Dioden sind in Abb.2.12 ebenfalls dargestellt.

Die thermische Gesamtstromdichte j besteht aus zwei Komponenten j_1 und j_2: j_1 entspricht dem Strom vom Halbleiter ins Metall, j_2 dem Strom vom Metall zum Halbleiter.

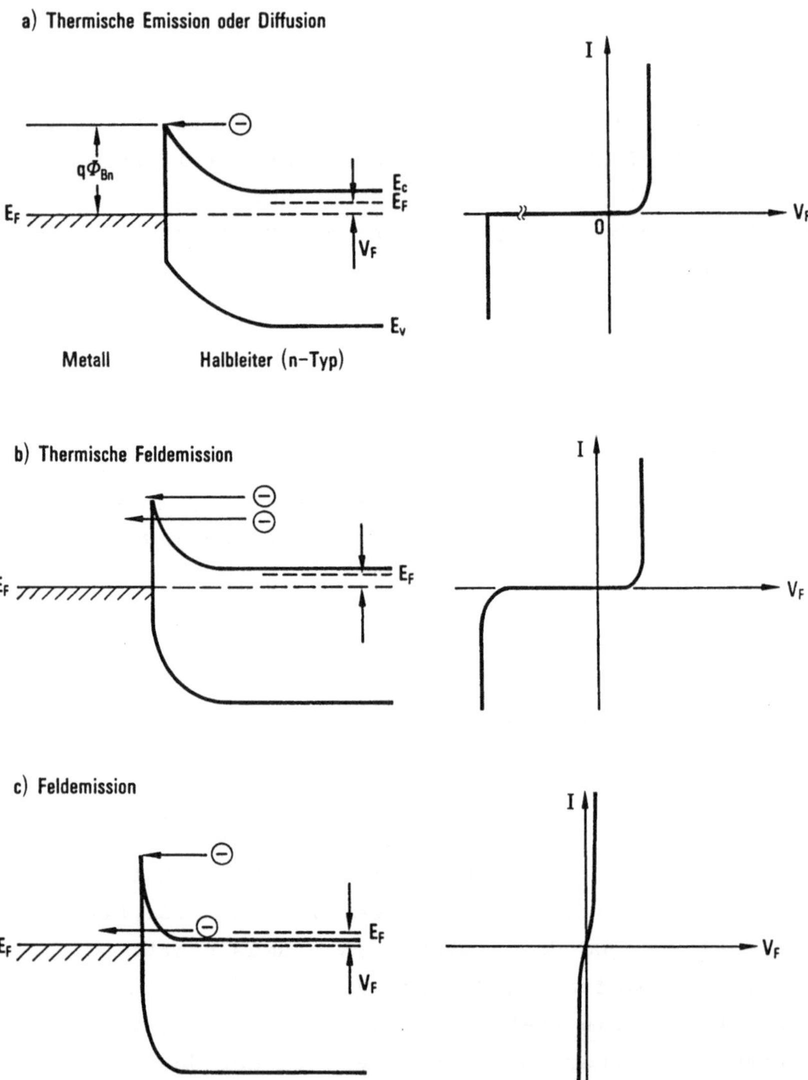

Abb.2.12. Stromtransport, Banddiagramm und I(V)-Kennlinien von Metall-Halbleiter-Kontakten. a) bei niedriger Dotierung des Halbleiters; b) bei hoher Dotierung; c) bei sehr hoher Dotierung ("ohmsche Kontakte")

Für den thermischen Emissionsstrom vom Halbleiter in das Metall hinein, bei dem die spezifische Form der Barriere unwesentlich ist, läßt sich nach [2.26] schreiben

$$j_1 = A^*T^2 \exp\left(-\frac{q\Phi_{Bn}}{kT}\right) \exp\left(\frac{qV}{kT}\right), \tag{2.16}$$

wobei

$$A^* = 4\pi \frac{m^*k^2}{h^3}.$$

Für freie Elektronen ist $A^* = 120\ \mathrm{Amp/cm^2\ K^2} \equiv A$ (Richardson-Konstante für die thermische Emission ins Vakuum). In Halbleitern mit isotroper effektiver Masse im Minimum des Leitungsbandes (z.B. GaAs) ist $A^*/A = m^*/m_0$. Damit ergibt sich (für n-GaAs): $A^* = 8{,}4\ \mathrm{Amp/cm^2\ K^2}$.

Da für den Strombeitrag aus dem Metall in den Halbleiter hinein die Barriere ihre Höhe unabhängig von der angelegten Spannung beibehält, läßt sich dieser Strom aus dem thermischen Gleichgewicht für $V = 0$ berechnen.

Aus Gl.(2.16) folgt

$$j_2 = A^*T^2 \exp\left(\frac{-q\Phi_{Bn}}{kT}\right). \tag{2.17}$$

Somit wird der Gesamtstrom

$$j = j_1 - j_2 = A^*T^2 \exp\left(\frac{-q\Phi_{Bn}}{kT}\right) \left[\exp\left(\frac{qV}{kT}\right) - 1\right]. \tag{2.18}$$

Diese Gleichung gilt für den idealen Fall reiner thermischer Emission. Im allgemeineren Fall, bei dem u.a. Bildkrafteffekte die Barriere erniedrigen [1.1] und A^* von der angelegten Spannung abhängt, zeigt sich, daß

$$j \sim \exp\left(\frac{qV}{nkT}\right),$$

wobei der "Idealitätsfaktor" n gegeben wird durch

$$n \equiv \frac{q}{kT} \frac{\partial V}{\partial \ln j} .$$

n nimmt also Werte größer als 1 an. Zum Beispiel wird durch die Bildkrafterniedrigung $\Delta\Phi_n$ der Barriere [2.27]

$$n^{-1} = 1 - \Delta\Phi_n / 4\Phi_{Bn} . \tag{2.19}$$

Damit ergeben sich für n Werte bis etwa $n \approx 1.3$. Tritt Rekombination in der Raumladungszone auf, so ergeben sich Werte bis $n = 2$, analog zum Verhalten eines pn-Übergangs (vgl. [1.11]).

Eine genauere Analyse der Strom-Spannungs-Beziehung für den Schottky-Kontakt zeigt [2.27], daß A* über die Streuung der Ladungsträger an optischen Phononen sowie über quantenmechanische Reflexion an der Barriere weiter modifiziert wird zu

$$A^{**} = \frac{f_P f_Q A^*}{(1 + f_P f_Q v_R / v_D)} . \tag{2.20}$$

f_P bedeutet hier die Wahrscheinlichkeit für die Emission der Elektronen über das Potentialmaximum hinweg. f_Q ergibt sich zu

$$f_Q \equiv \int_{-\infty}^{+\infty} P_Q \, e^{-\frac{E}{kT}} \frac{dE}{kT} , \tag{2.21}$$

wobei P_Q den quantenmechanischen Transmissionskoeffizienten darstellt. v_R ist eine effektive Rekombinationsgeschwindigkeit am Ort des Potentialmaximums

$$v_R = \frac{A^* T^2}{q N_c} ,$$

und v_D ist die effektive Diffusionsgeschwindigkeit der Elektronen während des Transports durch die Raumladungszone bis hin zum Potentialmaximum.

Unter Berücksichtigung dieser Effekte gilt Gl.(2.18) weiterhin, wenn A^* durch A^{**} ersetzt wird.

Die Barrierenhöhe Φ_{Bn} läßt sich leicht aus Gl.(2.18) ermitteln, wenn die Stromdichte j extrapoliert wird auf den Wert j_s für die angelegte Spannung 0 V; sie ergibt sich dann zu

$$\Phi_{Bn} = \frac{kT}{q} \ln\left(\frac{A^{**}T^2}{j_s}\right) . \tag{2.22}$$

Nach Padovani und Stratton [2.28] läßt sich allgemein der Strom vom Halbleiter ins Metall beschreiben durch

$$j = j_s \exp \frac{qV}{E_{00} \coth\left(\frac{E_{00}}{kT}\right)} , \tag{2.23}$$

wobei

$$E_{00} = \frac{qh}{4\pi (N/\varepsilon_s m^*)^{1/2}} .$$

Für $E_{00} \gg kT$ läßt sich Gl.(2.21) in Gl.(2.16) überführen. Bei dominierender Feldemission ($E_{00} \approx kT$) ergibt sich der Strom temperaturunabhängig zu

$$j \approx j_s \exp\left(\frac{qV}{E_{00}}\right) . \tag{2.24}$$

Dieser Strommechanismus liegt im Falle von hochdotierten (entartet dotierten) Halbleitern vor. Hier ist die Weite der Raumladungszone, die durch die Barriere hervorgerufen wird, so dünn, daß die Elektronen auf der Höhe des Fermi-Niveaus tunneln können. Damit ist die Richtungsabhängigkeit des Stroms aufgehoben: der Kontakt wird sperrfrei. Gl.(2.24) beschreibt nur die Tunnelstromkomponente vom Halbleiter ins Metall, wobei für $V = 0$ ein entsprechender Strom in Gegenrichtung fließt. Beim Anlegen einer Spannung überwiegt eine der beiden Stromkomponenten. Im Experiment wird der exponentielle Anstieg von j mit V wegen der Existenz begrenzender Bahnwiderstände nicht beobachtet.

Da die Tunnelwahrscheinlichkeit P_Q (Gl.(2.21)) empfindlich von der Dicke l der durch die Barriere hervorgerufenen Raumladungszone abhängt ($P_Q \sim \exp(1/l)$) und l von der Dotierung abhängt ($l \sim N^{-1/2}$), ergibt sich für den Feldemissionsstrom eine Proportionalität zu $\exp(N^{1/2})$. Für den spezifischen Kontaktwiderstand eines solchen Kontakts $R_C \equiv A(dV/dI)_{V \to 0}$ wird damit

$$R_C \sim \exp(N^{-1/2}).$$

Ein Vergleich von experimentellen und berechneten Daten ist in Abb.2.13 gezeigt. Für geringe Dotierung ($N < 10^{17}$ cm^{-3}) ist die Abhängigkeit nicht vorhanden, da dV/dI laut Gl. (2.18) nicht von N abhängt. Wenn aufgrund der Dotierung die

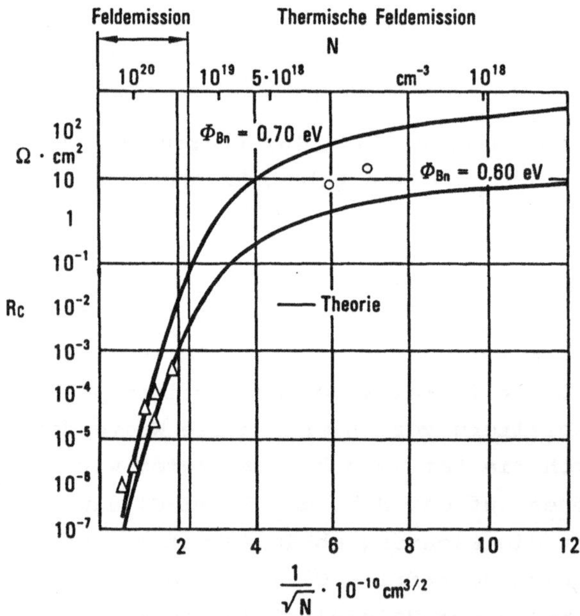

Abb.2.13. Spezifischer Kontaktwiderstand in Abhängigkeit von der Dotierung des Halbleiters (Aluminium-n-Silizium-Kontakt. Nach [2.29])

Barriere so dünn wird, daß Elektronen bereits im Mittelteil der Barriere tunneln können, dann addiert sich dieser Stromanteil zum thermischen Emissionsstrom über die Barriere. Dies ist die Situation im Bereich der thermischen Feldemission. Der typische Dotierungsbereich liegt zwischen 10^{17} und 10^{19} cm^{-3}. Nur für Dotierungen $> 10^{19}$ cm^{-3} gilt die für den Kontaktwiderstand angegebene Abhängigkeit von N.

2.3.4.2 Minoritätsträgerstrom

Zusätzlich zu dem von den Majoritätsträgern getragenen Emissionsstrom fließt im Schottky-Kontakt ein Minoritätsträgerstrom. Wie im Fall eines pn-Übergangs, wird er von den gleichen Materialgrößen bestimmt. Bei einem Schottky-Kontakt auf einem n-Halbleiter ergibt sich der Löcherstrom damit zu

$$j = j_{p0}\left(\exp\frac{qV}{kT} - 1\right) \tag{2.25}$$

mit

$$j_{p0} = \frac{qD_pN_cN_v}{NL_p}\exp\left(-\frac{E_g}{kT}\right).$$

Hierin sind D_p, L_p Diffusionskonstante und Diffusionslänge für Löcher; N_c, N_v effektive Zustandsdichten im Leitungs- bzw. Valenzband. Der Vergleich von Gl.(2.25) mit Gl.(2.18) zeigt, daß der thermische Emissionsstrom der Majoritäten im allgemeinen viel größer als der Minoritätenstrom ist. Dies liegt vor allem an $\Phi_{Bn} < E_g$.

Damit zeigt sich eine wesentliche Eigenschaft des Schottky-Kontakts: Im Schottky-Kontakt wird der Strom durch die Majoritäten bestimmt, wogegen er im pn-Übergang durch die Minoritäten getragen wird. Damit gibt es für die Schottky-Kontakte keine Minoritätsträgerspeicherung, die die Schaltzeit bei pn-Übergängen bestimmt. Die aus dem Halbleiter in das Metall fließenden ("heißen") Majoritäten thermalisieren dort mit der dielektrischen Relaxationszeit ($\tau = \varepsilon/\sigma$) im Metall. Daher erweisen sich Schottky-Kontakte als besonders gut geeignet für Hochfrequenzbauelemente.

2.3.5 Die Kapazität des Metall-Halbleiter-Kontakts

Der Schottky-Kontakt besitzt neben einem spannungsabhängigen Widerstand auch eine spannungsabhängige Kapazität, die durch die Raumladung in der Randschicht und durch die Potentialdifferenz über der Randschicht entsteht.

Aus der eindimensionalen Poisson-Gleichung für $N = N_D - N_A \gg N_A$

$$-\frac{\partial^2 V}{\partial x^2} = \frac{q(N-n)}{\varepsilon_s} \tag{2.26}$$

folgt durch zweimalige Integration für die Breite l der Raumladungszone (vgl. [1.1]) ($V < 0$ im Sperrbereich)

$$l = \left[\frac{2\varepsilon_s\left(\Phi - V - \frac{kT}{q}\right)}{qN}\right]^{1/2} . \tag{2.27}$$

Der Term kT/q berücksichtigt den Einfluß der freien Elektronenkonzentration n am Rande der Raumladungszone. kT/q wird wegen $kT/q \ll -V + \Phi$ meist vernachlässigt. Die Kapazität pro Flächeneinheit ist

$$C = \varepsilon_s / l . \tag{2.28}$$

Aus den Gl. (2.27) und (2.28) folgt

$$\frac{1}{C^2} = \frac{2}{q\varepsilon_s N}(-V + \Phi) . \tag{2.29}$$

Trägt man $1/C^2$ gegen die Sperrspannung $-V$ auf, so erhält man (bei konstanter Dotierung) eine Gerade, aus deren Steigung die Dotierung N bestimmt werden kann. Aus dem Schnittpunkt der Geraden mit der Spannungsachse kann Φ entnommen werden.

Ist die Dotierung nicht konstant, sondern variiert sie mit der Tiefe, so kann aus

$$\left.\frac{d\left(\frac{1}{C^2}\right)}{dV}\right|_x = \frac{-2}{\varepsilon_s q}\,\frac{1}{N(x)} \tag{2.30}$$

jeweils am Ort x die Dotierung N(x) bestimmt werden.

2.4 Der p^+n-Übergang

Als steuernde Gateelektrode wird im "Junction-FET" (JFET) ein p^+n-Übergang verwendet. Beim GaAs-JFET wird im allgemeinen durch Diffusion oder auch durch Implantation von z.B. Zn bzw. Be in die n-leitende aktive Schicht auf dem semiisolierenden Substrat hinein ein p^+n-Übergang erzeugt, dessen in der Weite spannungsabhängige Raumladungszone den Drainstrom steuert.

Die Theorie des p^+n-Übergangs ist in der Literatur [1.1, 1.2, 1.6, 1.8] ausführlich behandelt. Hier soll deshalb nur auf die Eigenschaften des p^+n-Übergangs eingegangen werden, welche hinsichtlich der Funktion eines Junction-FET von Bedeutung sind. Insbesondere sollen diese Eigenschaften im Vergleich zu denen des Schottky-Kontakts gesehen werden (Abschn. 2.3).

2.4.1 Diffusionsspannung des abrupten p^+n-Übergangs

Im Gleichgewicht verläuft das Fermi-Niveau waagerecht durch die Raumladungszone, die sich zwischen der p^+-Zone und dem n-Gebiet ausbildet (Abb.2.14). Damit gilt für die Diffusionsspannung

$$q\Phi = E_g - (qV_n + qV_p)\,. \tag{2.31}$$

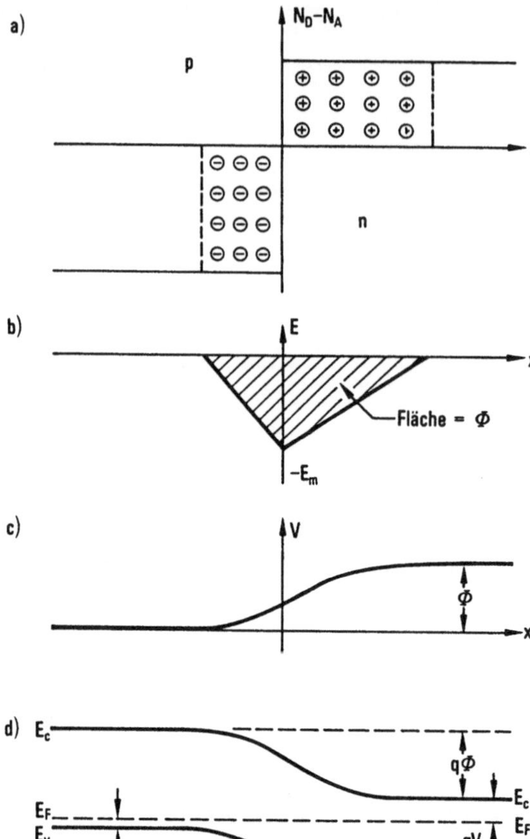

Abb.2.14. Abrupter pn-Übergang im thermischen Gleichgewicht. a) Dotierungsverteilung; b) Feldverteilung; c) Potentialverlauf; d) Bandschema ($\Phi \equiv$ Diffusionsspannung)

Für den Abstand V_n bzw. V_p des Fermi-Niveaus vom Leitungsband bzw. Valenzband läßt sich schreiben [1.6]:

$$V_n = \frac{kT}{q} \ln \frac{N_c}{N_D} \qquad \text{mit} \qquad |N_D - N_A| \gg n_i, \; N_D \gg N_A,$$

$$V_p = \frac{kT}{q} \ln \frac{N_v}{N_A} \qquad \text{mit} \qquad |N_A - N_D| \gg n_i, \; N_A \gg N_D.$$

Mit

$$n_i^2 = N_c N_v \exp\left(\frac{-E_g}{kT}\right) \tag{2.32}$$

wird aus Gl.(2.31)

$$q\Phi = kT \ln\left(\frac{N_c N_v}{n_i^2}\right) - kT\left(\ln\frac{N_c}{N_D} + \ln\frac{N_v}{N_A}\right)$$

und damit

$$q\Phi = kT \ln\left(\frac{N_A N_D}{n_i^2}\right) . \tag{2.33}$$

Da im Gleichgewicht mit $N_D \approx n_{n0}$ und $N_A \approx p_{p0}$

$$p_{p0}\, n_{p0} = n_{n0} p_{n0} = n_i^2$$

gilt, so folgt

$$\Phi = \frac{kT}{q} \ln\left(\frac{p_{p0}}{p_{n0}}\right) = \frac{kT}{q} \ln\left(\frac{n_{n0}}{n_{p0}}\right) . \tag{2.34}$$

In Abb.2.15 ist die Abhängigkeit der Diffusionsspannung von der Dotierung angegeben. Man sieht, daß im Falle des GaAs für Dotierungen $N \geq 10^{17}\ \mathrm{cm}^{-3}$ die Diffusionsspannung etwa gleich E_g/q wird. Dies ist ein wesentlicher Unterschied zu den beim Schottky-Kontakt auf n-Material vorliegenden Verhältnissen, wo die Diffusionsspannung $\Phi \approx (2/3)\ (E_g/q)$ beträgt. p^+n-Übergänge besitzen folglich eine wesentlich höhere Diffusionsspannung als Schottky-Kontakte auf gleichem n-Material. Entsprechend weiter ist auch die (bei von außen angelegter Spannung von 0 V) sich in das Halbleitermaterial ausdehnende Raumladungszone, welche sich sowohl für den abrupten p^+n-Übergang als auch den Schottky-Kontakt nach Gl.(2.27) errechnen läßt.

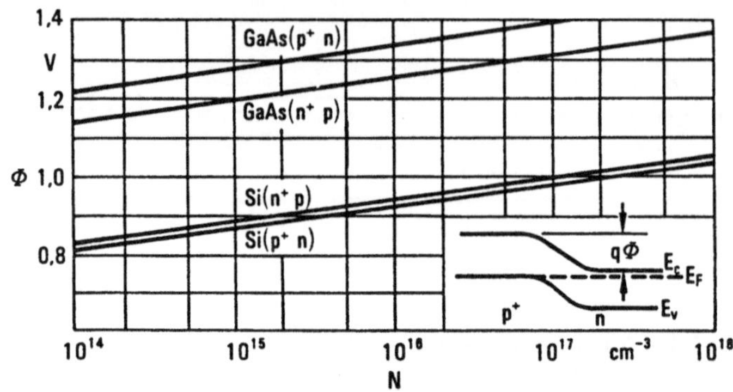

Abb.2.15. Diffusionsspannung von einseitig abrupten pn-Übergängen in Si und GaAs. N ist die Dotierungskonzentration des schwächer dotierten Halbleiterbereichs

Die höhere Diffusionsspannung des p^+n-Übergangs ist für den JFET insofern von Bedeutung, als in der Modifikation des sogenannten "normally-off"-JFET die aktive Schicht des FET dikker sein darf als bei einem entsprechenden "normally-off"-MESFET.

2.4.2 Strom-Spannungs-Charakteristik

Aus der Kontinuitätsgleichung [1.1]

$$\mathrm{div}\; j + \dot{\rho} = 0 \tag{2.35}$$

und der Bedingung niedriger Injektion (d.h. die injizierte Minoritätsladungsträgerdichte ist klein gegenüber der Dichte der Majoritäten) läßt sich für den Fall nicht vorhandener Generation in der Raumladungszone die ideale Strom-Spannungs-Charakteristik berechnen zu

$$j = j_s \left(\exp \frac{qV}{kT} - 1 \right) \tag{2.36}$$

mit

$$j_s = \frac{qD_p p_{n0}}{L_p} + \frac{qD_n n_{n0}}{L_n} \; . \tag{2.37}$$

In Abb.2.16 ist diese Charakteristik gezeigt. Für p^+n-Übergänge in Germanium gibt Gl.(2.36) die Verhältnisse hinreichend gut wieder. Im Falle von p^+n-Übergängen in Silizium oder GaAs wird jedoch nur qualitative Übereinstimmung gefunden, da hier zusätzliche Effekte wie z.B. Generation und Rekombination in der Raumladungszone, Einfluß von Oberflächeneffekten und Tunnelvorgänge über Zustände in der Bandlücke (Traps) sich auf die Kennlinie auswirken.

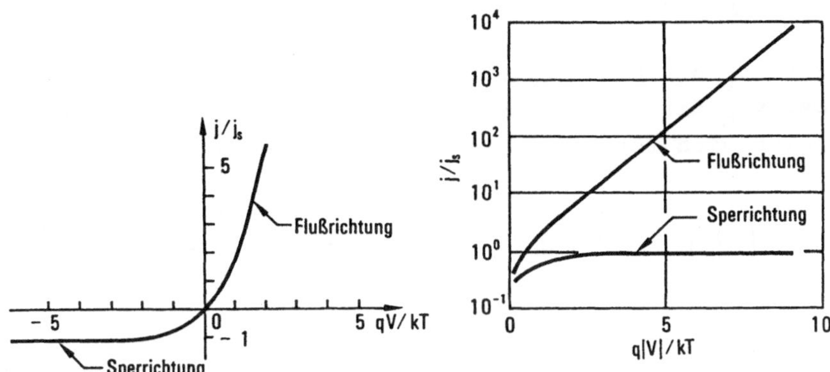

Abb.2.16. Ideale Strom-Spannungs-Charakteristik. a) lineare Auftragung; b) halblogarithmische Auftragung

2.4.3 Einfluß von Generation und Rekombination in der Raumladungszone

Der Sperrstrom j_R des p^+n-Übergangs (für $p_{n0} \gg n_{p0}$ und $|V| \geq 3\ kT/q$) läßt sich schreiben als Summe von Diffusionsstrom im neutralen Gebiet und Generationsstrom in der Raumladungszone [1.6]

$$j_R = q\left(\frac{D_p}{\tau_p}\right)^{1/2} \frac{n_i^2}{N_D} + \frac{qn_i l}{\tau_n} . \tag{2.38}$$

Man sieht, daß für Halbleiter mit großem n_i (z.B. Germanium) bei Raumtemperatur der Diffusionsterm dominant ist und daß der Sperrstrom somit von der Form in Gl.(2.37) ist; denn mit $L_p = (D_p\ \tau_p)^{1/2}$, $p_{n0}\ n_{n0} = n_i^2$ und $n_{n0} \approx N_D$ läßt sich der erste Term rechts in Gl.(2.37) in den Diffusionsterm der Gl.(2.38) überführen.

Wenn n_i^2 dagegen klein ist (Si, GaAs), dann überwiegt der Generationsanteil. Bei hinreichend hohen Temperaturen dominiert aber auch in diesem Fall der Diffusionsstrom.

In Vorwärtsrichtung überlagert sich dem Diffusionsstrom ein Rekombinationsstrom j_{rek}, der sich schreiben läßt zu

$$j_{rek} = \frac{ql}{2} \sigma_t v_{th} N_t \exp \frac{qV}{2kT} . \tag{2.39}$$

Hierin sind σ_t der Wirkungsquerschnitt der Traps, N_t die Zahl der Traps, v_{th} die thermische Geschwindigkeit der Elektronen. Somit ergibt sich für den Gesamtstrom in Flußrichtung

$$j_F = q \left(\frac{D_p}{\tau_p}\right)^{1/2} \frac{n_i^2}{N_D} \exp \frac{qV}{kT} + \frac{ql}{2} \sigma_t v_{th} N_t n_i \exp \frac{qV}{2kT} . \tag{2.40}$$

Allgemein läßt sich daher schreiben

$$j_F \sim \exp \frac{qV}{nkT} \tag{2.41}$$

mit $n = 1$, wenn der Diffusionsstrom dominiert, und $n = 2$ bei Dominanz des Rekombinationsstroms.

Auf weitere Abweichungen von der idealen Kennlinie soll hier nicht besonders eingegangen werden. In Abb.2.17 ist die Kennlinie einer Si-Diode gezeigt. Man sieht, wie die Strom-Spannungs-Charakteristik sich aus den verschiedenen Anteilen je nach strombestimmendem Mechanismus zusammensetzt. Vergleicht man die Sperrströme einer n-Silizium-Schottky-Diode (Au, $\Phi = 0{,}8$ V; modifzierte Richardson-Konstante $A^{**} = 250$ A/cm^2 K^2) und einer p^+n-Siliziumdiode ($N_D = 1 \cdot 10^{16}$ cm^{-3}, $\mu \approx 420$ cm^2/Vs, $\tau_p = 50$ µs), so wird für die Schottky-Diode

$$j_s = A^{**} T^2 \exp \left(\frac{-q\Phi}{kT}\right) = 8{,}66 \cdot 10^{-7} \text{ A/cm}^2 ,$$

bzw. für die p^+n-Diode

$$j_s = \frac{qL_p p_{n0}}{\tau_p} = 1{,}68 \cdot 10^{-12} \text{ A/cm}^2 .$$

Man sieht, daß die Schottky-Diode einen wesentlich größeren Sperrstrom besitzt.

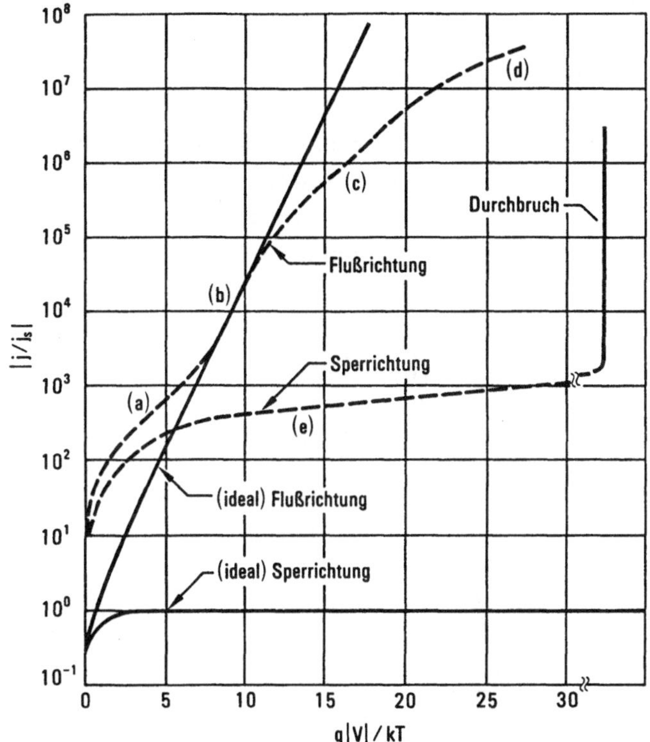

Abb.2.17. Strom-Spannungs-Charakteristik einer Si-Diode. a) Generation-Rekombination; b) Diffusionsstrom; c) starke Injektion; d) Serienwiderstandseffekt; e) Generation-Rekombination in Sperrichtung, Oberflächeneffekte

2.4.4 Diffusionskapazität

In Sperrichtung wird die Kapazität des p^+n-Übergangs durch die Breite der Raumladungszone bestimmt (Gl.(2.27)). In Flußrichtung tritt neben dieser Kapazität noch eine weitere auf, die durch den Auf- bzw. Abbau der Minoritätsträger in den neutralen Zonen der Diode zustandekommt. Dieser Ladungsspeichereffekt kann modellmäßig durch eine zusätzliche Kapazität, die sogenannte Diffusionskapazität C_{diff} beschrieben werden [1.8]:

$$C_{diff} = g_0 \frac{\tau_p}{2}, \tag{2.42}$$

wobei

$$g_0 = \frac{dI}{dV} = \frac{qI_s}{kT} \exp\left(\frac{qV}{kT}\right).$$

Die Diffusionskapazität nimmt zu mit wachsender Flußspannung ($C_{diff} \sim \exp qV/kT$). Abb.2.18 zeigt die Sperrschichtkapazität, Diffusionskapazität und Gesamtkapazität verschiedener p^+n-Übergänge in Abhängigkeit von der Diodenspannung.

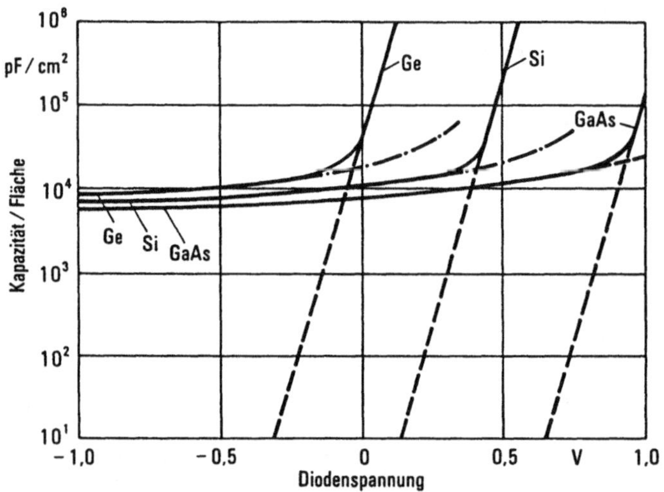

Abb.2.18. Sperrschichtkapazität (strichpunktiert), Diffusionskapazität (gestrichelt) und Gesamtkapazität (voll ausgezogen) je Flächeneinheit einer p^+ n-Diode als Funktion der Diodenspannung U für Zimmertemperatur, berechnet für

Ge: $N_D = 10^{15}$ cm^{-3}, $N_A = 10^{18}$ cm^{-3}, $\tau_p = 10^{-3}$ s;
Si: $N_D = 10^{15}$ cm^{-3}, $N_A = 10^{18}$ cm^{-3}, $\tau_p = 10^{-5}$ s;
GaAs: $N_D = 10^{15}$ cm^{-3}, $N_A = 10^{18}$ cm^{-3}, $\tau_p = 10^{-8}$ s. Nach [1.2]

Da das elektrische Verhalten von Schottky-Dioden durch Majoritätsträger bestimmt wird, ist bei diesen Bauelementen die Diffusionskapazität vernachlässigbar. Aus demselben Grund sind auch Speichereffekte, wie sie bei pn-Übergängen auftreten, unwesentlich.

2.5 Die MIS-Struktur

Der Metall-Isolator-Halbleiter-Übergang (Abb.2.19) ist in der Form der MOS-Struktur ein in der heutigen Technik der integrierten planaren Halbleiterschaltungen funktionsbestimmender Grundbaustein der Transistoren geworden. Das Verständnis seiner physikalischen Eigenschaften sowie deren sichere technologische Beherrschung haben wesentlich zum hohen technischen Stand der Halbleiterelektronik beigetragen und deren breite Anwendung gefördert. Die in diesem Abschnitt geschilderte Theorie der idealen MIS-Struktur soll zum Verständnis von praktischen MIS-Bauelementen (z.B. MIS-FET) dienen. Eine ausführlichere Behandlung findet sich in [1.6, 1.7].

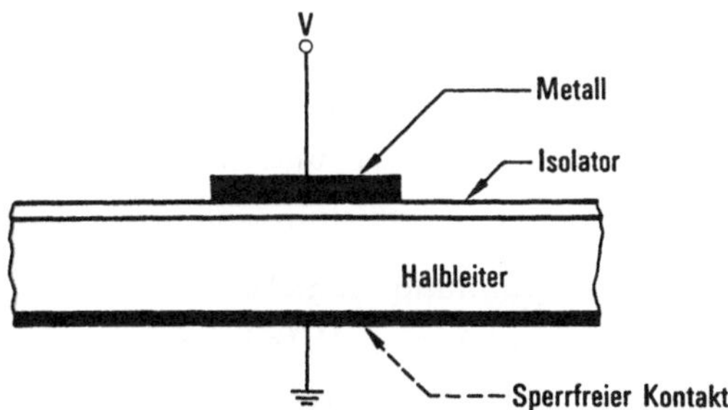

Abb.2.19. Metall-Isolator-Halbleiter-Struktur

2.5.1 Die ideale MIS-Struktur

Die ideale MIS-Struktur wird gekennzeichnet durch das Fehlen von Unterschieden in der Austrittsarbeit von Metall bzw. Halbleiter, von Ladungen im Isolator und an der Grenzfläche Isolator/Halbleiter. Betrachtet man dazu das Bänderschema, so zeigt sich dabei folgendes Bild (Abb.2.20): Bei von außen angelegter Spannung von 0 V verschwindet die Differenz der Austrittsarbeiten Φ_{MHL} zwischen Metall und Halbleiter:

$$\Phi_M - \left(\chi + \frac{E_g}{2q} \mp \psi_B\right) = 0 \quad \text{für} \quad \left\{ \begin{matrix} n \\ p \end{matrix} \right\} \text{-Typ-Halbleiter,} \tag{2.43}$$

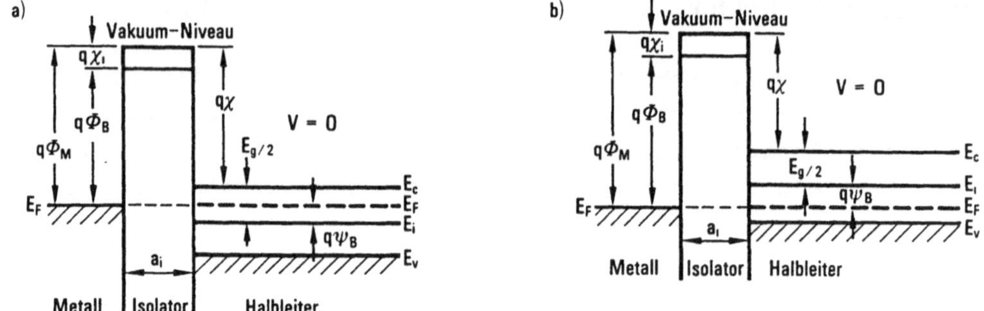

Abb.2.20. Bänderschema einer idealen MIS-Struktur mit V = 0. a) ideale MIS-Diode (n-Typ-Halbleiter); b) ideale MIS-Diode (p-Typ-Halbleiter)

ψ_B bezeichnet die Potentialdifferenz zwischen dem Fermi-Niveau E_F und dem Eigenleitungsniveau E_i. Mit V = 0 befindet sich der Halbleiter im sogenannten Flachbandzustand. Der Isolator ist als ideal sperrend angenommen, es fließt bei angelegter Gleichspannung kein Strom zwischen Metall und Halbleiter.

Wird an eine solche MIS-Struktur eine Spannung angelegt, so können sich drei grundlegende Zustände an der Halbleiteroberfläche ausbilden. In Abb.2.21 sind diese am Beispiel eines p-Halbleiters gezeigt. Ist V < 0, so wird das Valenzband nach oben verbogen und nähert sich dem Fermi-Niveau. Da kein Strom fließt, bleibt E_F im Halbleiter konstant. Als Folge des verminderten Abstands Valenzbandkante-Fermi-Niveau akkumulieren Löcher an der Halbleiteroberfläche (Anreicherung).

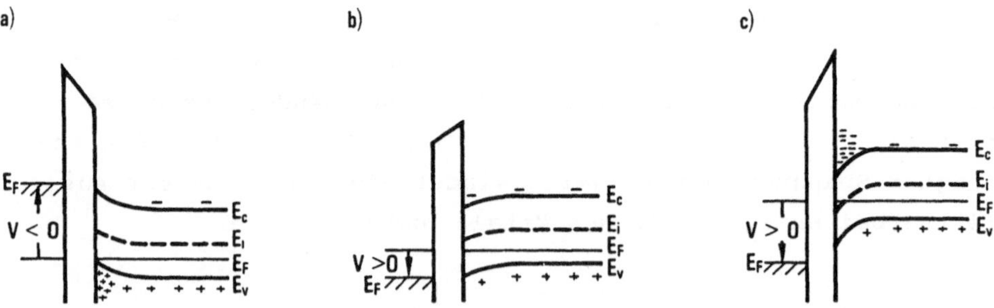

Abb.2.21. Bänderschema einer idealen MIS-Struktur mit V ≠ 0 (p-Typ-Halbleiter). a) Anreicherung (V < 0); b) Verarmung (V > 0); c) Inversion (V > 0)

Wenn $V > 0$ ist, wird das Valenzband nach unten verbogen, und die Zahl der Majoritätsladungsträger nimmt entsprechend ab (Verarmung). Bei höherer positiver Spannung überwiegt an der Halbleiteroberfläche die Konzentration der freien Löcher, die Halbleiteroberfläche wechselt den Leitungstyp: dies ist der wichtige Fall der Inversion.

Eine quantitative Beschreibung dieser Zustände kann mit Hilfe von Abb.2.22 durchgeführt werden. Das Potential ψ gibt die Bandverbiegung als Funktion des Ortes an: im Volumen ist $\psi = 0$, an der Oberfläche $\psi = \psi_S$.

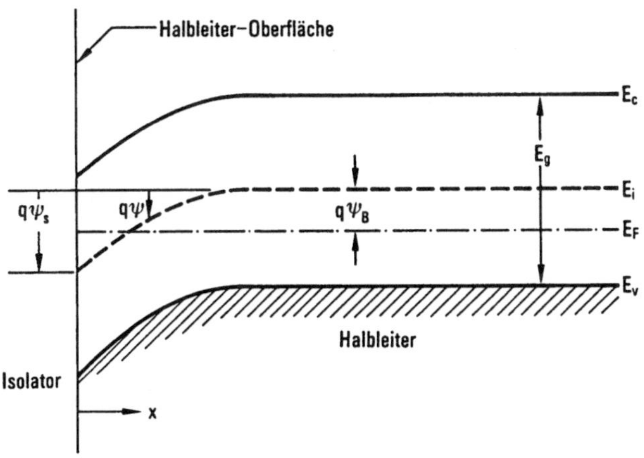

Abb.2.22. Bänderschema an der Oberfläche eines p-Typ-Halbleiters (im Zustand der Inversion). ψ_S ist das auf E_i bezogene Halbleiterpotential. Die drei Fälle von Abb.2.23 werden durch unterschiedliches Oberflächenpotential ψ_S gekennzeichnet. $\psi_S < 0$: Anreicherung; $\psi_B > \psi_S > 0$: Verarmung; $\psi_S > \psi_B$: Inversion

Mit Hilfe der Poisson-Gleichung kann man das Potential ψ als Funktion des Ortes berechnen [1.6]. Da im Volumen des Halbleiters ($\psi = 0$)

$$N_D^+ - N_A^- = n_{p0} - p_{p0} \tag{2.44}$$

und allgemein

$$p_p - n_p = p_{p0} \exp\left(\frac{-q\psi}{kT}\right) - n_{p0} \exp\left(\frac{q\psi}{kT}\right) \qquad (2.45)$$

gilt, läßt sich die Poisson-Gleichung schreiben:

$$\frac{\partial^2\psi}{\partial x^2} = \frac{-q}{\varepsilon_s} (N_D^+ - N_A^- + p_p - n_p) =$$

$$= -\frac{q}{\varepsilon_s} \left[p_{p0} \left(e^{\frac{-q\psi}{kT}} - 1 \right) - n_{p0} \left(e^{\frac{q\psi}{kT}} - 1 \right) \right] . \qquad (2.46)$$

Durch Integration erhält man als Beziehung zwischen dem elektrischen Feld $E \equiv -\partial\psi/\partial x$ und ψ

$$E^2 = \left(\frac{2kT}{q}\right)^2 \left(\frac{q^2 p_{p0}}{2\varepsilon_s kT}\right) \left[\left(e^{\frac{-q\psi}{kT}} + \frac{q\psi}{kT} - 1 \right) + \right.$$

$$\left. + \frac{n_{p0}}{p_{p_0}} \left(e^{\frac{q\psi}{kT}} - \frac{q\psi}{kT} - 1 \right) \right] . \qquad (2.47)$$

Mit der Debye-Länge

$$L_D = \left(\frac{kT\varepsilon_s}{p_{p0} q^2}\right)^{1/2}$$

und

$$F\left(\frac{q\psi}{kT}, \frac{n_{p0}}{p_{p0}}\right) \equiv \left[\left(e^{\frac{-q\psi}{kT}} + \frac{q\psi}{kT} - 1 \right) + \frac{n_{p0}}{p_{p0}} \left(e^{\frac{q\psi}{kT}} - \frac{q\psi}{kT} - 1 \right) \right]^{1/2} \geq 0$$

wird

$$E = -\frac{\partial\psi}{\partial x} = \pm \frac{\sqrt{2}\, kT}{qL_D} F\left(\frac{q\psi}{kT}, \frac{n_{p0}}{p_{p0}}\right) = \left\{ \begin{array}{lcr} > 0 & \text{für} & \psi > 0 \\ < 0 & & \psi < 0 \end{array} \right\} .$$

$$(2.48)$$

Mit $\psi = \psi_s$ (an der Oberfläche) und mit dem Gaußschen Satz gilt für Q_s, die oberflächennahe Flächenladungsdichte im Halbleiter:

$$Q_s = \varepsilon_s E_s = \mp \frac{\sqrt{2}\,\varepsilon_s kT}{qL_D}\, F\left(\frac{q\psi_s}{kT}, \frac{n_{p0}}{p_{p0}}\right), \tag{2.49}$$

wobei sich E_s aus Gl.(2.48) mit $\psi = \psi_s$ ergibt.

In Abb.2.23 ist für einen typischen Fall Q_s als Funktion von ψ_s aufgetragen [2.30]. Man erkennt das Gebiet der Anreicherung ($\psi_s < 0$), den Flachbandfall ($\psi_s = 0$), die Verarmung ($\psi_B > \psi_s > 0$), und schließlich die Inversion ($\psi_s > \psi_B$). Starke Inversion tritt ein für

$$\psi_s(\text{inv}) \approx 2\,\psi_B \approx \frac{2kT}{q} \ln \frac{N_A}{n_i}. \tag{2.50}$$

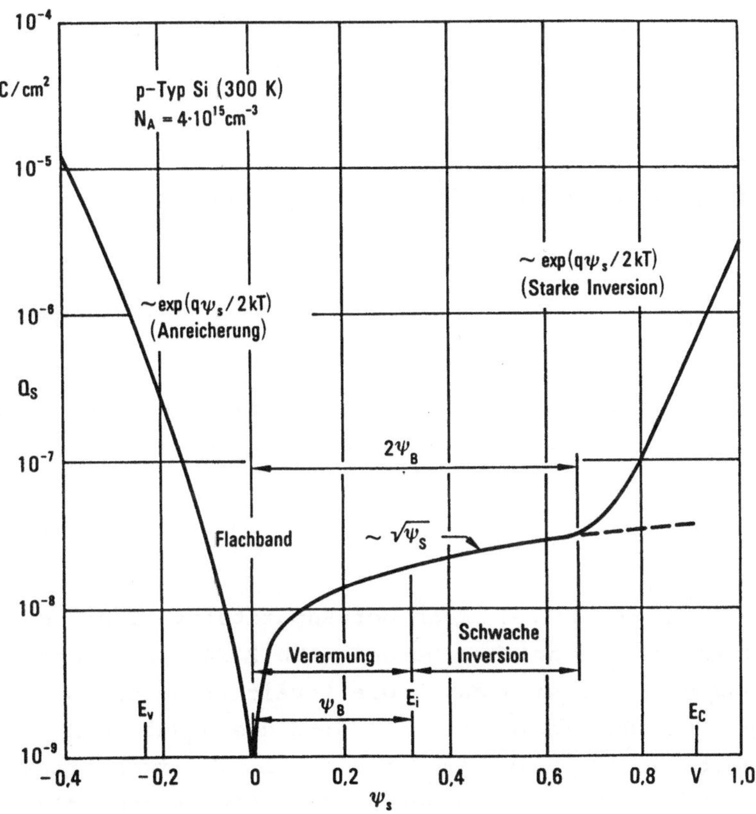

Abb.2.23. Flächenladungsdichte im Halbleiter als Funktion des Oberflächenpotentials ψ_s. $\psi_B = E_F - E_i$ (s. Abb.2.22)

Die Kapazität der Raumladungszone C_D ergibt sich zu

$$C_D = \frac{\partial Q_s}{\partial \psi_s} = \frac{\varepsilon_s}{\sqrt{2}\, L_D} \frac{1 - e^{\frac{-q\psi_s}{kT}} + \frac{n_{p0}}{p_{p0}}\left(e^{\frac{q\psi_s}{kT}} - 1\right)}{F\left(\frac{q\psi_s}{kT}, \frac{n_{p0}}{p_{p0}}\right)}. \qquad (2.51)$$

Aus der Ladungsbilanz

$$Q_M = Q_n + Q_d = Q_s \qquad (2.52)$$

mit Q_M Ladung auf dem Metall, Q_n Inversionsladung, Q_d Ladung der ionisierten Akzeptoren und Q_s gesamte Ladung im Halbleiter, folgt für den Spannungsabfall V_i am Isolator

$$V_i = \frac{Q_s}{\varepsilon_s} a_i = \frac{Q_s}{C_i}. \qquad (2.53)$$

Die angelegte Spannung V fällt über den Isolator und der Raumladungszone ab. Mit Gl.(2.53) ergibt sich

$$V = \frac{Q_s}{C_i} + \psi_s. \qquad (2.54)$$

Die Gesamtkapazität bestimmt sich aus der Serienschaltung von Isolator- und Raumladungskapazität C_i bzw. C_D zu

$$C = \frac{C_i\, C_D}{C_i + C_D}. \qquad (2.55)$$

Mit den Gl.(2.51) bis (2.55) kann der Kapazitätsverlauf der MIS-Struktur [2.31] beschrieben werden (Abb.2.24). Bei negativen Spannungen stellt sich durch die Anreicherung der Löcher die Kapazität des Isolators ein. Wird die negative Spannung verringert, so erscheint in Serie zur Isolatorkapazität die Kapazität der sich nun aufbauenden Raumladungszone; die Gesamtkapazität nimmt ab. In Abb.2.24 sind drei Fälle unterschieden:

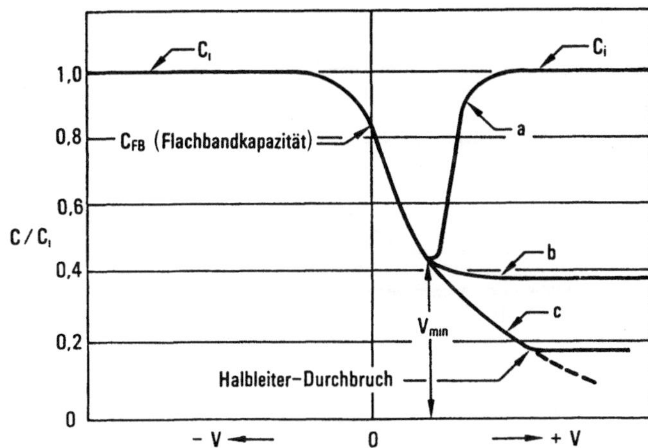

Abb.2.24. Kapazität-Spannungs-Abhängigkeit der idealen MIS-Struktur. a) bei niedriger Frequenz; b) bei hoher Frequenz; c) im Nicht-Gleichgewicht

Kurve a ergibt sich bei niedriger Meßfrequenz und quasistatischem Arbeitspunkt. Die Kapazität erreicht ein Minimum und nimmt dann wieder zu, weil die Inversionsladung Q_n dem Takt des Meßsignals folgen kann. Dies ist möglich, da bei niedrigen Meßfrequenzen zusätzliche Ladungsträger über Generation und Rekombination zur Verfügung stehen.

Kurve b erhält man bei hoher Meßfrequenz und quasistatischem Arbeitspunkt. Die Kapazität steigt nach der Bildung der Inversionsschicht nicht wieder an, weil Q_n nun dem Meßsignal nicht mehr folgen kann. Bei weiterer Erhöhung der Spannung gleicht Q_n die zusätzliche Ladung auf der Metallelektrode aus. Die Weite der Raumladungszone bleibt konstant und damit auch die Kapazität.

Kurve c folgt, wenn auch die Vorspannung so schnell verändert wird (z.B. im Pulsbetrieb), daß die Inversionsschicht nicht mehr aufgebaut werden kann.

In Abb.2.25 ist die Frequenzabhängigkeit der Kapazität einer MOS-Struktur gezeigt [2.32]. Man erkennt, daß sich das von der Theorie her erwartete Frequenzverhalten (s. Abb.2.24) einstellt.

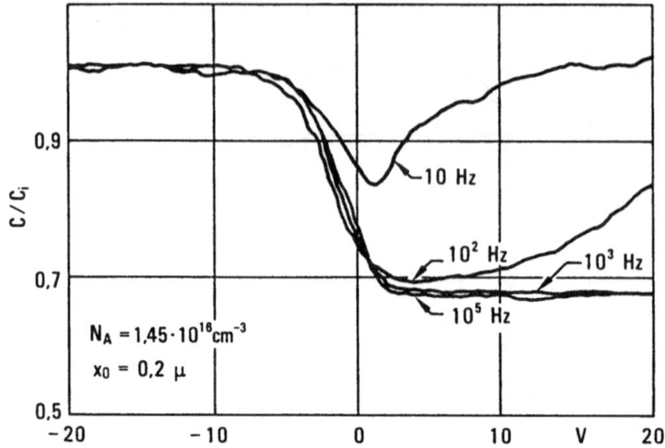

Abb.2.25. Einfluß der Meßfrequenz auf die C-V-Charakteristik von MOS-Strukturen. Nach [2.32]

Erst bei Einsatz der starken Inversion erreicht die Kapazität wieder den Wert C_i. Nach den Gl.(2.50) und (2.54) ergibt sich die zugehörige Einsatzspannung V_t zu

$$V_t = \frac{Q_s}{C_i} + 2\psi_B . \tag{2.56}$$

Bei Eintritt der starken Inversion hat die unter der Inversionsschicht liegende Raumladungszone ihre größte Weite erreicht. Wird die Spannung über V_t hinaus weiter vergrößert, so nimmt die Minoritätsträgerdichte exponentiell zu und schirmt damit das Feld ab. Mit den Gl.(2.27) und (2.50) wird die maximale Weite der Raumladungszone

$$l_m \approx \left(\frac{2\varepsilon_s\psi_s(\mathrm{inv})}{qN_A}\right)^{1/2} = \left(\frac{4\varepsilon_s kT \ln \frac{N_A}{n_i}}{q^2 N_A}\right)^{1/2} . \tag{2.57}$$

2.5.2 Einfluß von Austrittsarbeit des Metalls, von Ladungen im Isolator und von Oberflächenzuständen auf die MIS-Charakteristik

Bei der idealen MIS-Struktur wurde angenommen, daß die Differenz der Austrittsarbeiten ψ_{MHL} verschwindet (Gl.(2.43)).

Im Falle $\psi_{MHL} \neq 0$ ergibt sich dagegen das Bänderschema der MIS-Strukturen entsprechend Abb.2.26. Man erkennt, daß zur Herstellung des Flachbandzustandes die Flachbandspannung V_{FB} notwendig ist, welche sich mit $V_{FB} = \psi_M - \psi_{HL} = \psi_{MHL}$ als Differenz der modifizierten Austrittsarbeiten vom Metall bzw. dem Halbleiter in den Isolator darstellt. Die C-V-Charakteristik wird gegenüber der idealen MIS-Struktur um den Betrag der Flachbandspannung längs der Spannungsachse verschoben.

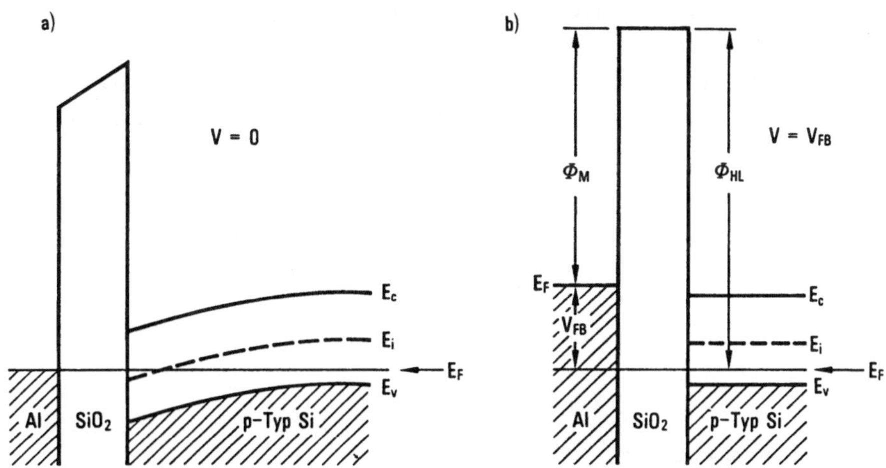

Abb.2.26. Bänderschema des MOS-Kontakts bei unterschiedlicher Austrittsarbeit von Metall (Φ_M) und Halbleiter (Φ_{HL}). a) bei angelegter Spannung $V = 0$; b) im Flachbandzustand (V_{FB} Flachbandspannung)

Enthält der Isolator weiterhin positive feste Ladungen Q_f, welche nicht umgeladen werden können, so beträgt die durch $\psi_{MHL} \neq 0$ und die positiven festen Ladungen erzeugte Verschiebung V_{FB} der C-V-Charakteristik längs der Spannungsachse

$$V_{FB} = -\frac{Q_f}{C_i} + \psi_{MHL}. \tag{2.58}$$

In Abb.2.27 ist eine experimentelle C-V-Charakteristik gezeigt, deren Vergleich mit der theoretischen Kurve die Bestimmung von V_{FB} ermöglicht [2.32]. Damit und mit

$$Q_f = C_i(\psi_{MHL} - V_{FB}) \tag{2.59}$$

kann bei bekannten ψ_{MHL} die Ladungskonzentration im Isolator Q_f/q bestimmt werden. Befinden sich oberflächlich in der Bandlücke des Halbleiters umladbare Zustände, so werden diese bei Anlagen einer Spannung an das Metall nach Maßgabe der Lage des Fermi-Niveaus relativ zum Niveau der Zustände an der Halbleiteroberfläche umgeladen. Die Ladung Q_{ss} in diesen sogenannten schnellen Oberflächenzuständen hängt vom Oberflächenpotential bzw. von der Bandverbiegung ab. Die daraus sich ergebende C-V-Charakteristik wird gegenüber der idealen Charakteristik um einen Betrag verschoben sein, welcher jeweils vom Oberflächenpotential abhängt. Abb.2.28 zeigt, daß sich dadurch die C-V-Charakteristik "verformt" [2.33].

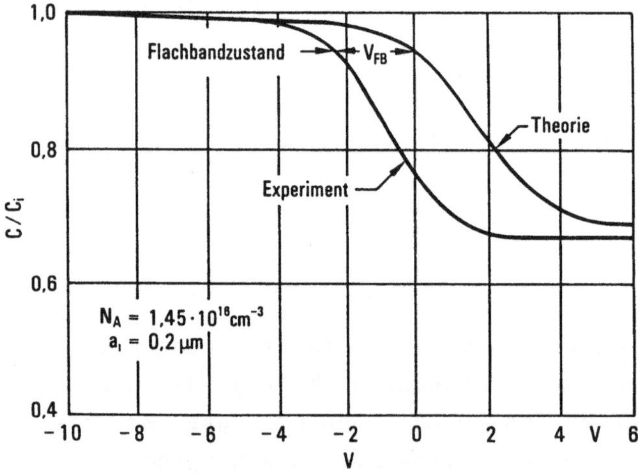

Abb.2.27. Einfluß von Ladungen im Isolator und unterschiedlicher Austrittsarbeiten von Metall und Halbleiter auf die Kapazität-Spannungs-Charakteristik von MOS-Strukturen

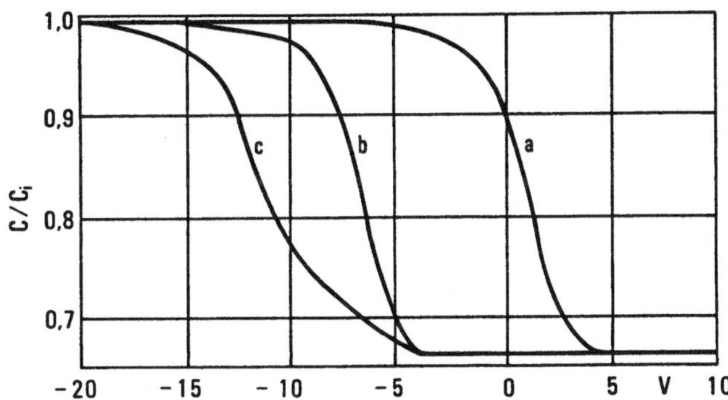

Abb.2.28. Kapazität-Spannungs-Charakteristik einer MOS-Struktur mit Einfluß von schnellen Oberflächenzuständen Q_{ss}.
a) Theorie, ideal; b) experimentell, ohne Q_{ss}; c) experimentell, mit Q_{ss}

Insgesamt zeigt sich, daß durch die geschilderten Abweichungen von der idealen MIS-Struktur die C-V-Charakteristik und damit z.B. die Einsatzspannung realer MIS-Strukturen sowohl von den spezifischen Eigenschaften der Metall-Isolator-Kombination (ψ_{MHL}, Q_{ss}) als auch von der "Güte" der angewendeten Technologie zur Herstellung der Strukturen (Q_f, zeitliche Stabilität, Hysterese der C-V-Charakteristik) erheblich beeinflußt wird.

3 Theorie des Ladungstransports

3.1 Vorbemerkung

In diesem Kapitel werden die Kennlinien für n-Kanal-FET gemäß den Grundvorstellungen des Abschn.2.1 abgeleitet. Dieselben Formeln gelten für p-Kanal-FET, wenn man die entsprechenden Materialparameter (Beweglichkeit, Ladungsträgerkonzentration, Sättigungsgeschwindigkeit) einsetzt. Geht man von der Tatsache aus, daß ein FET mit n-leitendem Kanal eine lineare I_d-V_d-Kennlinie im Bereich kleiner Drainspannung besitzt, so gilt für den Kanalwiderstand

$$R = \frac{L}{W\mu Q} . \tag{3.1}$$

Darin ist L die Gatelänge, W die Gatebreite, Q die für den Stromtransport zur Verfügung stehende Flächenladung, μ die Elektronenbeweglichkeit.

Wird nun V_d erhöht, so wird Q eine Funktion vom Ort x längs des Kanals, da dieser drainseitig dünner wird (Abb.2.4). Die Gatebreite W sei groß im Vergleich zur Gatelänge und zur Kanaldicke. Es reicht daher aus, den Querschnitt in der xy-Ebene zu betrachten (vgl. auch Abb.3.2).

Der Drainstrom I_d wird nach folgendem Verfahren berechnet: Der Kanal sei in Elemente der Breite dx unterteilt. Der Spannungsabfall dV an einem Element der Breite dx ist dann

$$dV = I_d dR = I_d \frac{dx}{W\mu Q(x)} . \tag{3.2}$$

Da I_d durch jedes dieser Elemente fließt, ist I_d für die Integration als konstant zu betrachten. Gelingt es außerdem, Q(x) als Funktion von V darzustellen, so kann man in Gl.(3.2) die Variablen trennen:

$$W\mu\ Q(V)dV = I_d dx. \tag{3.3}$$

Die Integration dieser Gleichung in den Grenzen $[0,V_d]$ für V und [0,L] für x liefert den Zusammenhang $I_d(V_d)$, d.h. die Kennlinie. Durch diesen Ansatz, der Auf Shockley [3.1] zurückgeht, läßt sich das zweidimensionale Problem auf ein eindimensionales zurückführen. Er beruht auf der Annahme, daß die Flächenladung längs des Kanals sich nicht abrupt ändert, und heißt daher "gradual channel approximation" [1]. Die Annahme ist im Kanalbereich, wo keine Sättigung auftritt, gut erfüllt, da in diesem Bereich die transversale Feldstärkekomponente E_y keine großen Änderungen erfährt und außerdem klein gegen E_x ist. Diese Vereinfachung gilt für den Kanal im Sättigungsbereich nicht (vgl. Abschn.3.5).

Zur Integration von Gl.(3.3) wird noch die Beweglichkeit $\mu(E)$ als Funktion der Feldstärke benötigt. Diese Funktion läßt sich mit $\mu = dv/dE$ aus einer gegebenen Geschwindigkeits-Feldstärke-Charakteristik gewinnen.

Abb.3.1 zeigt zwei vereinfachte Verläufe von v(E). Die ausgezogene Kurve ist ein stückweise linearer Verlauf mit $\mu = \mu_0$ für $E < E_s$ und $v = v_s$ für $E \geq E_s$. Der Knick in der v(E) Kurve einem "harten" Einsatz der Sättigung in den I(V)-Kennlinien. Dies ist bei Modellen unerwünscht, die für den Entwurf und die Berechnung integrierter Schaltungen ("computer-aided design" = CAD) verwendet werden, da der Knick zu Konvergenzproblemen führen kann. Solche CAD-Modelle verwenden häufig

---

[1] Die Voraussetzungen für die "gradual channel approximation" sind: (1) $E_x \gg E_y$ im leitenden Kanal, (2) $\partial E_x/\partial x \gg \partial E_y/\partial y$ außerhalb des leitenden Kanals, (3) abrupter Übergang zwischen Kanal und Raumladungszone, (4) konstante Beweglichkeit.

empirisch ermittelte Beziehungen für v(E) oder $\mu(E)$. Trofimenkoff [3.2] gab eine Beziehung an

$$\mu/\mu_0 = 1/(1 + E/E_s), \tag{3.4}$$

die heute noch vielfach, wenn auch manchmal in modifizierter Form angewandt wird. Die zu Gl.(3.4) gehörende v(E) Kurve ist in Abb.3.1 ebenfalls eingetragen. Man erkennt, daß $\mu = dv/dE$ erst bei $E \to \infty$ gegen Null geht. Da also v monoton mit E zunimmt, gibt es keine Sättigungsgeschwindigkeit. Der Vergleich mit experimentell bestimmten v(E)-Kurven (Abb.3.1) zeigt, daß Gl.(3.4) keine gute Näherung darstellt, insbesondere für Halbleiter mit kleiner Sättigungsfeldstärke. Für die v(E)-Charakteristik von Si sind bessere Näherungen als Gl.(3.4) bekannt, vgl. etwa [3.11]. Da diese jedoch höheren rechnerischen Aufwand mit sich bringen, ohne weitere physikalische Einsichten zu vermitteln, begnügen wir uns hier mit dem stückweise linearen Verlauf.

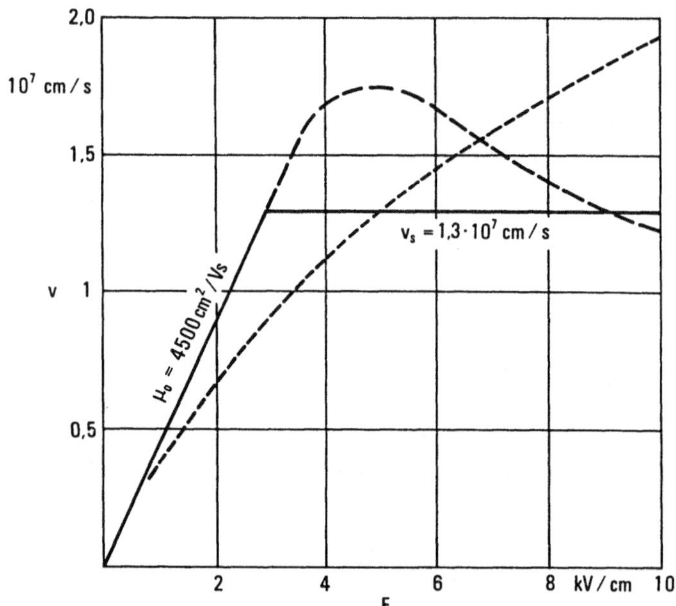

Abb.3.1. Vereinfachte Geschwindigkeits-Feldstärke-Charakteristiken. —— stückweise linear; ----- Näherung nach Gl.(3.4). Die Werte für Beweglichkeit und Sättigungsgeschwindigkeit sind typisch für GaAs mit $N = 1 \cdot 10^{17}$ cm^{-3}. Nach [3.7]. Zum Vergleich, tatsächliche v(E)-Charakteristik (– – –; nach [3.19])

Aus der v(E)-Charakteristik nach Abb.3.1 folgt, daß beim Betrieb im Sättigungsbereich ($V_d > V_p$) der Kanal in zwei Bereiche zerfällt (Abb.3.2):

"gradual-channel"-Bereich: $0 \leq x < L_1$, $\mu = \mu_0$, $E < E_s$,

Sättigungsbereich: $L_1 \leq x \leq L$, $v = v_s$, $E > E_s$.

Die vereinfachte Form der v(E)-Charakteristik ermöglicht es, in den Abschn.3.2 und 3.3 für das physikalische Verständnis ausreichende Beziehungen abzuleiten, ohne auf zweidimensionale numerische Lösungen zurückgreifen zu müssen. Da jedoch nur diese eine exakte Lösung des Problems ermöglichen, werden einige Ergebnisse von Computerlösungen in Abschn.3.5 besprochen.

Die Abschn.3.2 und 3.3 beschäftigen sich nur mit dem "inneren" FET ohne äußere Widerstände. Deshalb wird in Abschn.3.4 der Einfluß der äußeren Widerstände auf die Kennlinien abgeleitet.

3.2 Kennlinien von JFET und MESFET

3.2.1 Die "gradual channel"-Näherung

Um die Formeln in der in der Literatur gebräuchlichen Schreibweise zu erhalten, wird die Ableitung für einen symmetrischen FET durchgeführt [2]. Diese Gleichungen können für den einseitig gesteuerten MESFET verwendet werden, wenn anstelle des Schichtleitwerts für den völlig offenen Kanal beim symmetrischen FET,

$$g_0 = 2aqN\mu_0 \tag{3.5}$$

[2] Die Ableitung ist hier für einen normally-on FET dargestellt. Die Formeln gelten aber auch für einen normally-off FET, solange der Flußstrom über die Source-Gate-Strecke klein ist im Vergleich zum Drainstrom.

der halbe Wert, also der Schichtleitwert des MESFET, eingesetzt wird. a ist die Kanaldicke, N die als konstant angenommene Dotierungskonzentration, $N = N_D - N_A$.

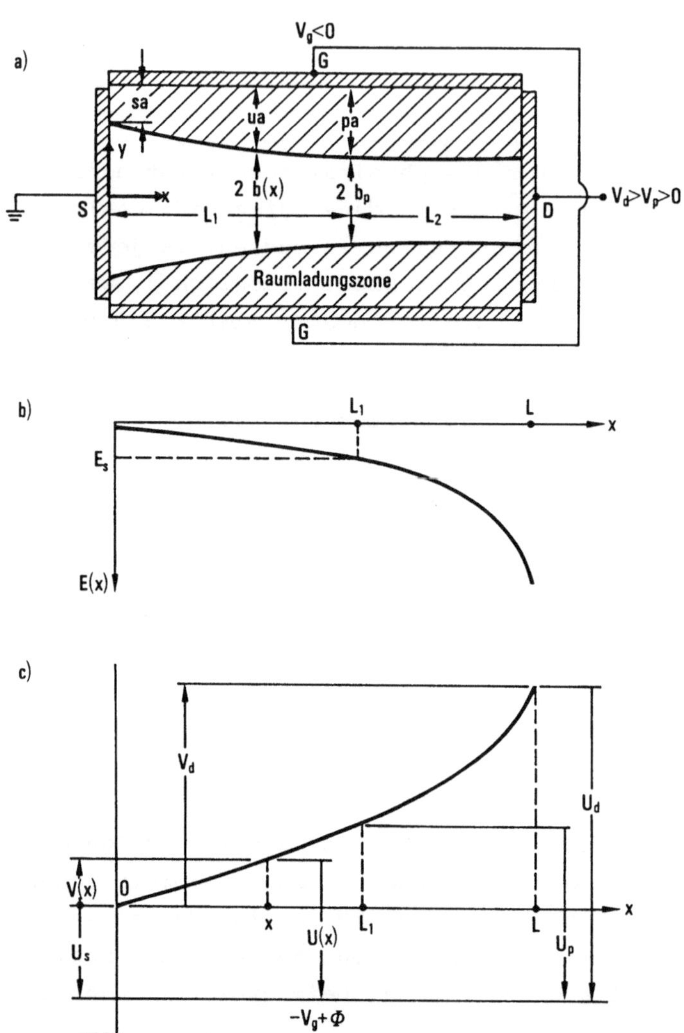

Abb.3.2. "Innerer" MESFET oder JFET ohne Bahnwiderstände. Nach [3.7]. a) Querschnitt: s, p, u sind normierte Variable nach Gl.(3.12), sa, pa, wa die entsprechenden Raumladungszonenbreiten. 2a ist die Kanaldicke; "gradual channel"-Bereich: $0 \le x \le L_1$; Sättigungsbereich: $L_1 \le x \le L$; b) Feldstärkeverlauf längs der x-Achse; c) Spannungsverlauf längs der x-Achse, U_s, U_p, U(x) siehe Gl.(3.11)

In Abb.3.2 können an einem Querschnitt des idealisierten FET die verwendeten Symbole abgelesen werden. Source liegt auf Masse, V_d ist positive und V_g negativ. Die Flächenladung als Funktion von x ist

$$Q(x) = 2qNb(x). \tag{3.6}$$

Die "gradual channel"-Näherung besagt nun, daß die Raumladungszonenbreite $[a - b(x)]$ nach den Formeln für einen abrupten p^+n-Übergang bzw. einen Schottky-Kontakt (Gl.(2.27)) berechnet werden kann, wenn die an der Stelle x anliegende Sperrspannung U(x) eingesetzt wird. Zur Sperrspannung $(-V_g + \phi)$ kommt an der Stelle x noch der Spannungsabfall V(x) im Kanal, es gilt also

$$U(x) = -V_g + \phi + V(x) \tag{3.7}$$

(alle Spannungen erhöhen U, wegen $V_g < 0$).

Nach Gl.(2.27) folgt das Potential U_{00} zum vollständigen Ausräumen der Schicht [3]:

$$U_{00} = (qNa^2)/2\varepsilon_s. \tag{3.8}$$

Für U(x) gilt Gl.(2.27) ebenso, nur ist die Raumladungszonenbreite $[a - b(x)]$ anstelle von a zu setzen. Daraus folgt

$$U(x)/U_{00} = [1 - b(x)/a]^2. \tag{3.9}$$

Mit den Gl.(3.9) und (3.7) ist die Flächenladung Q(x) (Gl.(3.6)) als Funktion der Spannungen Q(V) darstellbar. Q(V) in Gl.(3.3) eingesetzt, liefert

$$2Wq\mu_0 Na\,[1 - \sqrt{(-V_g + \phi + V(x)/U_{00}}]\,dV = I_d dx. \tag{3.10}$$

Bevor Gl.(3.10) im Bereich der "gradual channel"-Näherung ($x = 0$ bis $x = L_1$) integriert wird, seien einige Größen defi-

[3] Der Zusammenhang zur pinch-off-Spannung V_t' lautet: $-V_t' + \phi = U_{00}$, $V_t' < 0$.

niert. Die Spannungen $U(x)$ an den Stellen $x = 0$, L_1 und L werden wie folgt bezeichnet:

$$U(0) = U_s = -V_g + \phi,$$

$$U(L_1) = U_p = -V_g + \phi + V_p, \tag{3.11}$$

$$U(L) = U_d = -V_g + \phi + V_d.$$

Wir führen normierte Variable ein. Im Kanalbereich $x \le L_1$ haben sie die Bedeutung der auf die Kanaldicke a bezogenen Raumladungszonenbreiten

$$s = \sqrt{U_s/U_{00}},$$

$$p = \sqrt{U_p/U_{00}},$$

$$d = \sqrt{U_d/U_{00}}, \tag{3.12}$$

$$u(x) = \sqrt{U(x)/U_{00}}.$$

Damit wird aus Gl.(3.10) mit $dV = dU = 2U_{00}\, udu$

$$2g_0WU_{00}(1-u)udu = I_d dx. \tag{3.13}$$

Die Integration in den Grenzen $[s,p]$ für u und $[0,L_1]$ für x liefert I_d

$$I_d = \frac{g_0WU_{00}}{L_1} f_1(s,p), \tag{3.14a}$$

darin ist

$$f_1(s,p) = p^2 - s^2 - \frac{2}{3}(p^3 - s^3). \tag{3.14b}$$

Für $V_d < V_p$ tritt noch keine Sättigung auf, d.h. in Abb.3.2 ist $L_1 = L$; anstelle der Integrationsgrenze p können wir in Gl.(3.14) d als obere Integrationsgrenze einsetzen. Mit den Gl.(3.12) und (3.11) ergibt sich aus Gl.(3.14) die $I_d(V_d)$-Kennlinie mit V_g als Parameter

$$\frac{I_d}{I_0} = 3\,\frac{V_d}{U_{00}} - 2\left(\frac{-V_g + \phi + V_d}{U_{00}}\right)^{3/2} + 2\left(\frac{-V_g + \phi}{U_{00}}\right)^{3/2} \qquad (3.15a)$$

mit dem Sättigungsstrom I_0 bei offenem Kanal ($s = 0$, $p = 1$)

$$I_0 = \frac{g_0 W U_{00}}{3L}\,. \qquad (3.15b)$$

Gl.(3.15) ist das Resultat der Analyse nach Shockley [3.1].

3.2.2 Der Einsatz der Sättigung

An der Stelle $x = L_1$ geht der "gradual-channel"-Bereich in den Sättigungsbereich über. Der Sättigungsdrainstrom $I_{d\,sat}$ ist in diesem Fall sowohl durch Gl.(3.14) als auch durch den Kanalquerschnitt $[2a(1-p)]$ und die Sättigungsgeschwindigkeit v_s bestimmt; es gilt

$$I_{d\,sat} = 2qNv_sWa(1-p) \qquad (3.16)$$

oder

$$I_{d\,sat} = I_s(1-p) \qquad (3.17)$$

mit

$$I_s = 2qNv_sWa = g_0WE_s. \qquad (3.18)$$

Der Sättigungsstrom I_s würde fließen, wenn bei völlig offenem Kanal alle Ladungsträger mit Sättigungsgeschwindigkeit liefen. Die Sättigungsdrainspannung V_p ist nach den Definitionen der Gl.(3.11) und (3.12)

$$V_p = U_{00}(p^2 - s^2). \qquad (3.19)$$

Gleichsetzen von Gl.(3.14) und (3.17) ergibt

$$f_1(s,p) = \xi(1-p)L_1/L, \qquad (3.20)$$

mit dem sogenannten Sättigungsparameter

$$\xi = E_s L / U_{00}. \tag{3.21}$$

Bei Einsatz der Sättigung ($V_d = V_p$ bzw. $p = d$) erreichen die Elektronen genau bei $x = L$ die Sättigungsgeschwindigkeit; die Ausdehnung des Sättigungsgebietes ist gleich null, also $L_1 = L$. Gl.(3.20) ist dann bei gegebenem s und ξ eine kubische Gleichung für p. Die Nullstellen von p im Bereich $0 \leq p \leq 1$ ergeben nach Gl.(3.19) die Sättigungsdrainspannung V_p und nach Gl.(3.17) den Sättigungsdrainstrom $I_{d\,sat}$. Da für $V_d \leq V_p$ Gl.(3.14) mit $L_1 = L$ gilt, erhält man auf diese Weise Kennlinien in Abhängigkeit von ξ, wenn man vereinfachend annimmt, daß der Drainstrom für $V_d > V_p$ konstant bleibt.

Turner und Wilson [3.3] haben dieses Modell vorgeschlagen. Das wichtigste Resultat zeigt Abb.3.3. Gegenüber dem Shockley-Modell ($\xi = \infty$) werden die Kennlinien bei Berücksichtigung der Sättigung zusammengedrückt: $I_{d\,sat}/I_0$ nimmt ab und V_p ist stets kleiner als U_{00} [4]. Je kleiner also ξ, desto stärker wird die Abweichung vom Shockley-Modell. Nur wenn $E_s L$ groß gegen U_{00} ist (Gl.(3.21)), gilt das Shockley-Modell. Bei Hochfrequenz-FET ist dies jedoch nie der Fall.

Die Abb.3.4 und 3.5 zeigen V_p und $I_{d\,sat}$ als Funktion der normierten Gatespannung s^2 mit ξ als Parameter (nach [3.4]).

3.2.3 Sättigungsbereich

Obwohl für Hochfrequenz-FET das Turner-Wilson-Modell eine wesentlich bessere Näherung an experimentelle Kennlinien als das von Shockley darstellt, ergibt es bei $V_d = V_p$ einen Knick in der Kennlinie. Dies wird experimentell nicht beobachtet. Diese Inkonsistenz läßt sich auch durch eine einfache Überlegung aufzeigen: Wenn bei konstanter Gatespannung die Drainspannung V_d über V_p hinaus erhöht wird, muß der Sättigungsbereich ($L_1 \leq x \leq L$) den Zuwachs an Spannung und Feldstärke

[4] Mit abnehmendem L steigt aber $I_{d\,sat}$, wegen $I_0 \sim L^{-1}$.

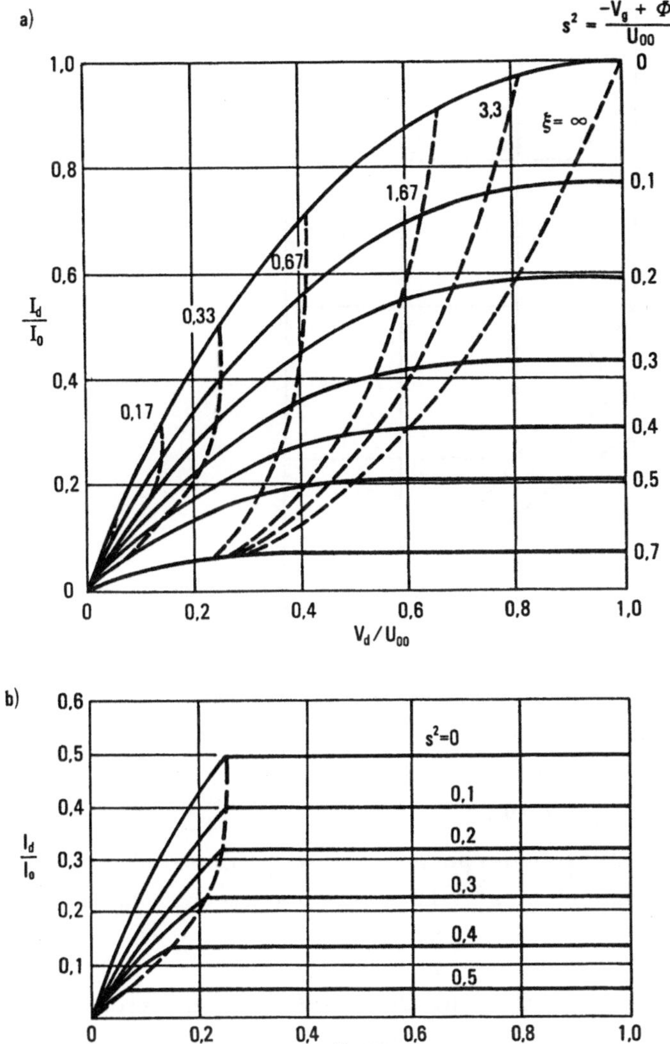

Abb.3.3. Turner-Wilson-Modell. Nach [3.3]. a) Kennlinien (——) nach Gl.(3.15) und Ortskurven (-----) für den Einsatz der Sättigung. ξ ist der Sättigungsparameter; b) aus a) abgeleitete Kennlinien für $\xi = 0{,}33$

aufnehmen. Er wird dies durch Ausdehnung seiner Länge tun. Dies bedeutet aber eine Zunahme von $I_d \sim f_1/L_1$ gemäß Gl. (3.14), wobei $f_1(s,p)$ sich nur wenig ändert. Die Annahme $I_{d\,sat} = \text{const}$ für $V_d > V_p$ ist also nicht haltbar.

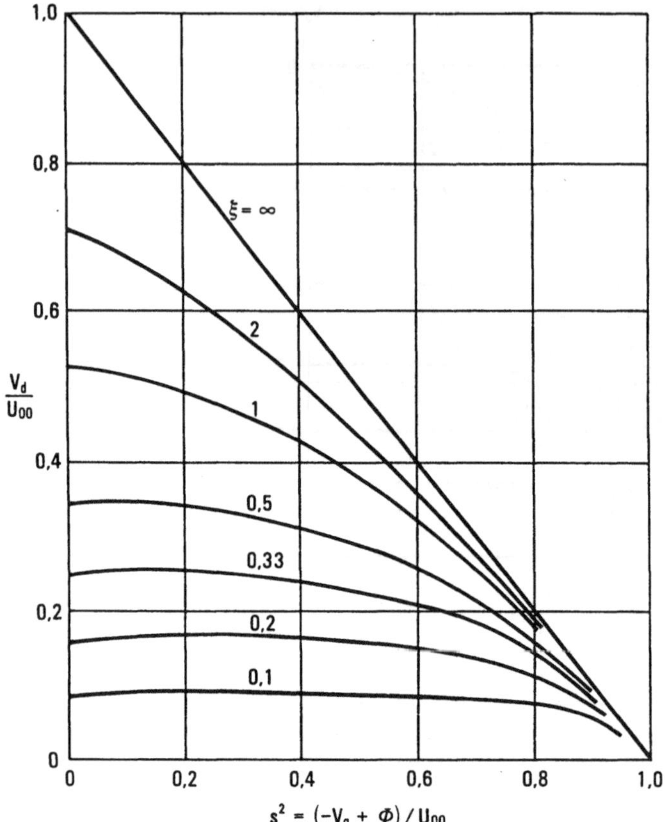

Abb.3.4. Normierte Sättigungsspannung V_p/U_{00} als Funktion der normierten Gatespannung s^2 mit ξ als Parameter. Nach [3.4]

Im folgenden wird eine Lösung für den Sättigungsbereich vorgestellt. Grebene und Ghandi [3.5] postulierten in ihrer Arbeit eine endliche Kanaldicke im Sättigungsbereich, da die bislang herrschende Vorstellung des totalen Abschnürens des Kanals zu einer physikalisch unhaltbaren Situation geführt hatte: Der Drainstrom sollte durch ein Gebiet fließen, das von freien Ladungsträgern völlig ausgeräumt war! Nun wäre es zwar theoretisch denkbar, daß andere Strommechanismen wie Lawinenmultiplikation oder thermische Generation eine Rolle spielen. Diese zeigen jedoch ein ganz anderes Verhalten und können zur Erklärung der sich sättigenden I_d-V_d-Kennlinie nicht herangezogen werden.

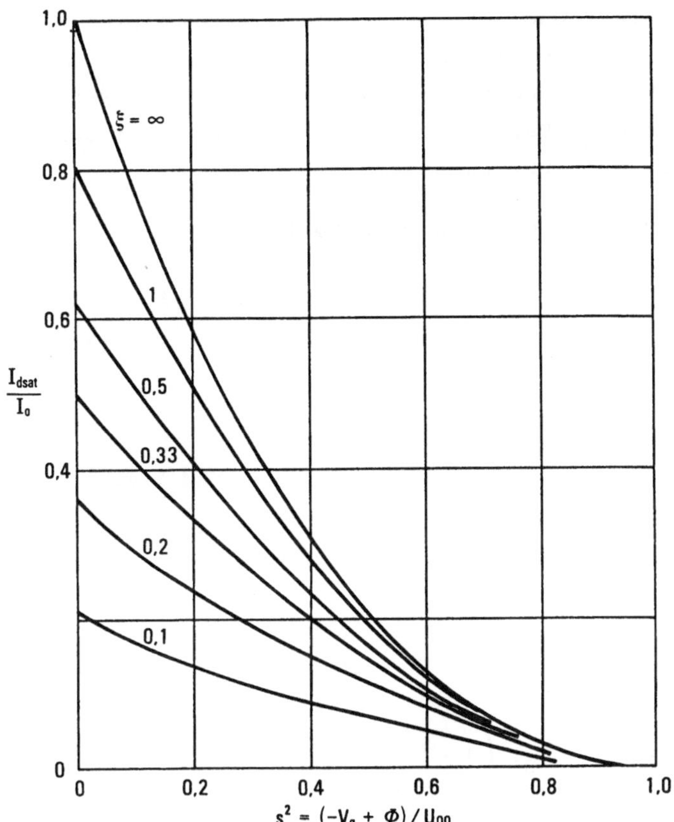

Abb.3.5. Normierter Sättigungsstrom $I_{d\,sat}/I_0$ als Funktion der normierten Gatespannung s^2 mit ξ als Parameter. Nach [3.4]

Im Sättigungsbereich wird die Raumladungszonenbreite nicht mehr über die Spannung V(x) gesteuert. Weiterhin gilt das Ohmsche Gesetz nicht mehr ($v = v_s$!) und die Feldstärke kann auf sehr kurzen Strecken sehr große Werte, bis hin zur Lawinenmultiplikation annehmen. Somit kann der Sättigungsbereich nicht durch die "gradual-channel"-Näherung beschrieben werden. Es ist also die Poisson-Gleichung für $N_D - N_A = N$ und $N_D \gg N_A$

$$\frac{\partial^2 V}{\partial x^2} + \frac{\partial^2 V}{\partial y^2} = -\frac{qN}{\varepsilon_s} \tag{3.22}$$

zu lösen.

Die Lösung dieser Gleichung unter Einhaltung der Kontinuitätsgleichung für den Strom im Kanal ist ein Problem, das am besten numerisch durch Computer gelöst wird. Damit wäre jedoch keine analytische Darstellung mehr möglich. Der Lösungsweg nach [3.5] sei kurz skizziert:

1. Die Lösung der Poisson-Gleichung im Rechteck

$$L_1 \leq x \leq L, \quad 0 \leq y \leq a \tag{3.23}$$

soll die Randwerte

$$\begin{aligned} &a)\ V(x,a) = V_g - \phi, \\ &b)\ \frac{\partial V}{\partial y}(x,0) = 0, \\ &c)\ \frac{\partial V}{\partial x}(L_1,0) = -E_s, \\ &d)\ V(L_1,y) = V_g - \psi + U_{00}\left(1 - \frac{y^2}{a^2}\right) \end{aligned} \tag{3.24}$$

annehmen. Die erste Randbedingung behandelt die Gateelektrode als Äquipotentialfläche, die zweite folgt aus der Symmetrie des Kanals zur Mittelachse $y = 0$, die dritte verlangt die Stetigkeit der Feldstärke im leitenden Kanal und die vierte ist die Potentialverteilung nach der "gradual channel"-Näherung an der Stelle $x = L_1$. Dabei wurde vorausgesetzt, daß die Dicke des leitenden Kanals in der Sättigung klein gegen a ist, wie dies in der Shockleyschen Näherung ($p \approx 1$) gilt. Nur in diesem Fall lassen sich die Randbedingungen in der einfachen Weise angeben.

2. Die Lösung der Poisson-Gleichung setzt sich zusammen aus der allgemeinen Lösung V_1 der homogenen (Laplaceschen) Gleichung ($\Delta V = 0$) plus einer partikulären Lösung V_2 der inhomogenen (Poissonschen) Gleichung:

$$V = V_1 + V_2. \tag{3.25}$$

Ein geeigneter Ansatz für V_1 ist

$$V_1(x,y) = \sum_{n=1}^{\infty} A_n \cos[(2n-1)\pi y/(2a)]\sinh[(2n-1)\pi(x-L_1)/(2a)]. \tag{3.26}$$

Dies ist jedoch nicht die allgemeine Lösung von $\Delta V_1 = 0$ (vgl. etwa [3.6]). Es handelt sich vielmehr um Lösungen, die an drei Rändern des Rechtecks (Gl.(3.23)) verschwinden, am drainseitigen Rand ($x = L$) wegen des sinh-Terms jedoch große Werte annehmen. Eine der Gl.(3.26) ähnliche Form der Lösungen hatte bereits Shockley [3.1] vorgeschlagen.

3. Da die Randwerte für $x = L$ nicht vorgegeben sind, kann man die Koeffizienten A_n in Gl.(3.26) nicht berechnen. Es läßt sich jedoch zeigen, daß sie mit steigendem n exponentiell abnehmen. Als Näherungslösung wird daher das erste Glied der Reihe (3.26) gewählt. A_1 wird so bestimmt, daß die Randbedingung c) von (3.24) erfüllt ist. Damit gilt

$$V_1(x,y) = \frac{2}{\pi} aE_s \cos[\pi y/(2a)]\sinh[\pi(x-L_1)/(2a)]. \tag{3.27}$$

4. Als partikuläre Lösung V_2 wird die Randbedingung d) von Gl.(3.24) verwendet.

Über diese Ergebnisse von Grebene und Ghandhi [3.5] hinaus haben nun Pucel, Haus und Statz [3.7] zusätzlich angenommen, daß die longitudinale Spannungsverteilung in der Kanalmitte, die aus Gl.(3.27) für $y = a$ folgt, auch im Fall eines dicken Kanals im Sättigungsgebiet ($0 < p \le 1$) gilt. Damit läßt sich für $x = L$ der Spannungsabfall im Sättigungsbereich berechnen. Addiert man dazu den Spannungsabfall im "gradual-channel"-Bereich nach Gl.(3.19), so erhält man die Drainspannung V_d

$$V_d = U_{00}\left(p^2 - s^2 + \frac{2}{\pi}\frac{a}{L}\,\xi\,\sinh\frac{\pi L_2}{2a}\right). \tag{3.28}$$

Aus den Gl.(3.28) und (3.20) läßt sich bei gegebenem V_g und V_d die Unbekannte L_1 eliminieren. Man erhält eine nichtlineare Gleichung für p, die am besten durch Computer gelöst wird. Die Lösungen für p müssen im Bereich $0 \leq s < p \leq 1$ liegen, wie aus den Gl.(3.11) und (3.12) abzulesen ist. I_d folgt dann aus Gl.(3.17). Umgekehrt kann man auch V_d und I_d vorgeben. p liegt dann durch Gl.(3.17) fest, und man kann das Gleichungssystem für L_1 und s lösen. Diese Vorgangsweise ist dann angebracht, wenn man Resultate als Funktion des normierten Drainstroms I_d/I_s darstellen will, wie dies zum Vergleich mit Hochfrequenzmessungen häufig erwünscht ist.

Obwohl in [3.7] für die Annahme der Gültigkeit von Gl.(3.27) keine theoretische Begründung gegeben wurde, lieferte das Modell bei GaAs-MESFET eine ausgezeichnete Übereinstimmung zwischen Theorie und Experiment, und zwar sowohl für die Kennlinien als auch für die Kleinsignalparameter und das Rauschen. Es ist demzufolge geeignet, als Grundlage für das Kapitel über GaAs-MESFET (Kap.4) zu dienen. Einige Probleme, die durch dieses Modell nicht lösbar sind, werden im Abschn. 3.5 erörtert.

Mit Resultaten aus [3.7], die einige prinzipielle Einsichten vermitteln, wollen wir diesen Abschnitt beenden. Der Sättigungsparameter ξ liegt dabei stets im Wertebereich, wie er für GaAs-MESFET üblich ist. So ist z.B. $\xi \approx 0{,}1$ für einen FET mit $L = 1\ \mu m$ und $U_{00} = 3\ V$.

Abb.3.6 zeigt die relative Kanalöffnung auf der Sourceseite $(1 - s)$ im Vergleich zur Kanalöffnung beim Einsatz der Sättigung $(1 - p)$ als Funktion des normierten Drainstroms I_d/I_s. Für typische Arbeitspunkte liegt I_d/I_s im Bereich 0,05 bis 0,5. Trotz der starken Abhängigkeit der Kanalöffnung vom Drainstrom oder - was dasselbe bedeutet - von der Gatespannung, ändert sich die Kanalöffnung bei konstantem Drainstrom nur wenig. Das bedeutet, daß die Kanalgrenze nahezu parallel zur Symmetrieachse verläuft. Erst bei kleinen Strömen treten größere Abweichungen auf, die um so größer werden, je größer L/a ist. Bei großen Strömen und kleinem L/a gilt in guter Näherung $s \approx p$.

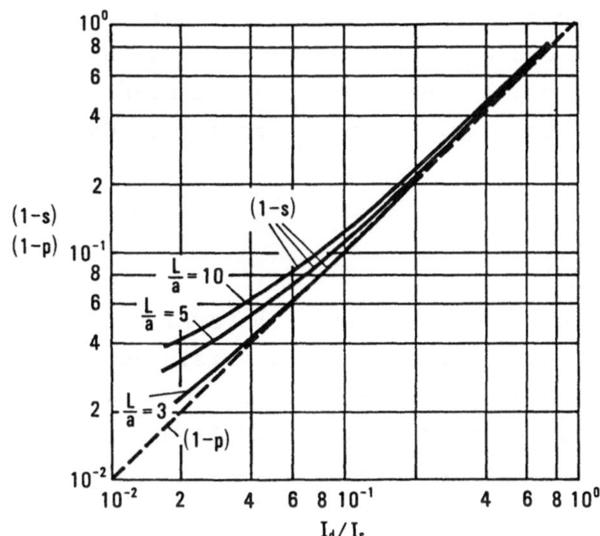

Abb.3.6. Normierte Kanalöffnung auf der Sourceseite (1 - s) und auf der Drainseite (1 - p) bei gegebener Drainspannung ($V_d = U_{00}$) und Sättigungsparameter ($\xi = 0,1$) als Funktion des normierten Drainstroms. Nach [3.7]

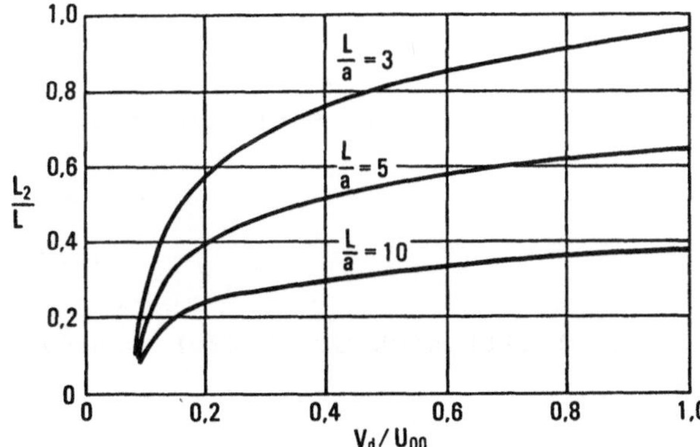

Abb.3.7. Relative Länge des Sättigungsgebiets L_2/L als Funktion der normierten Drainspannung mit L/a als Parameter. Gegeben: $\xi = 0,1$, $I_d/I_s = 0,5$. Nach [3.7]

Während p von der Drainspannung nicht abhängt, hängt L_2 in großem Maße von V_d ab, wie dies in Abb.3.7 für einige Werte von L/a dargestellt ist. Mit zunehmendem V_d dehnt sich der Sättigungsbereich immer mehr aus. Für einen typischen GaAs-FET mit z.B. L = 1 µm, a = 0,3 µm, umfaßt der Sättigungsbereich mehr als 90% des gesamten Kanals, wenn $V_d = U_{00}$ gewählt wird.

3.2.4 Vereinfachtes Modell

Für grobe Abschätzungen und für Vergleiche von JFET und MESFET mit MISFET wollen wir noch eine stark vereinfachte Beschreibung der Kennlinien durchführen [3.8]. Abb.3.6 zeigt, daß bei nicht allzu kleinen Strömen und $L/a \leq 5$ die Kanalöffnungen auf der Sourceseite und der Drainseite nahezu gleich sind ($s \approx p$). Wenn nun außerdem der größte Teil des Kanals durch das Sättigungsgebiet eingenommen wird (vgl. Abb.3.7, L/a = 3), so kann man näherungsweise den Spannungsabfall im "gradual channel"-Bereich vernachlässigen, d.h. $V(x) = 0$ in Gl.(3.7) setzen. Für den Einsatz der Sättigung soll wieder Gl.(3.16) gelten, für $V_d > V_p$ soll I_d konstant bleiben.

Daraus folgt

$$I_d = \frac{g_0 W V_d}{L}(1 - s) \qquad \text{für} \qquad V_d < V_p, \tag{3.29a}$$

$$I_{d\,sat} = g_0 W E_s (1 - s) \qquad \text{für} \qquad V_d \geq V_p. \tag{3.29b}$$

Gleichsetzen dieser Gleichungen ergibt die Sättigungsdrainspannung

$$V_p = E_s L = \xi U_{00}. \tag{3.30}$$

Mit den Gl.(3.15b) und (3.30) läßt sich Gl.(3.29b) schreiben als

$$I_{d\,sat}/I_0 = 3\xi(1 - s). \tag{3.31}$$

Vergleichen wir nun Gl.(3.30) mit Abb.3.4, in der V_p/U_{00} als Funktion von s^2 mit ξ als Parameter dargestellt ist, so erkennt man, daß bei $\xi = 0,1$ aus Abb.3.4 ein $V_p/U_{00} \approx 0,1$ in einem großen Bereich von s^2 abzulesen ist. Dies stimmt mit Gl. (3.30) überein. Der Vergleich von Gl.(3.31) mit Abb.3.5 zeigt, daß für $s = 0$ und $\xi = 0,1$ nach dem Turner-Wilson-Modell sich $I_{d\,sat}/I_0 = 0,21$, nach dem vereinfachten Modell sich dagegen $I_{d\,sat}/I_0 = 0,3$ ergibt. Für $\xi < 0,1$ wird die Abweichung geringer, für $\xi > 0,1$ liefert das vereinfachte Modell allerdings viel zu große Werte für den Sättigungsdrainstrom, z.B. bei $\xi = 0,2$; 1; 10 um die Faktoren 1,67; 3,75; 30. Abb.3.8 zeigt das Kennlinienfeld nach dem vereinfachten Modell, das für $\xi \leq 0,1$ eine Näherung des Turner-Wilson Modells darstellt.

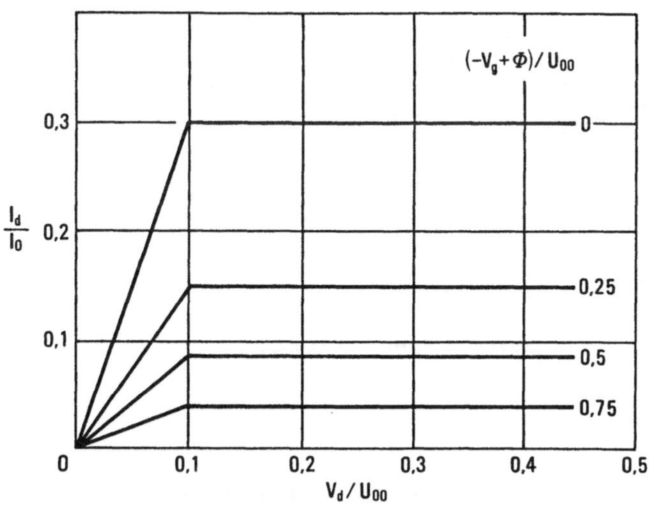

Abb.3.8. Vereinfachte Kennlinien nach Gl.(3.29) für $\xi = 0,1$ (kurze Kanallänge)

3.3 Kennlinien von MISFET

Obwohl die Kenntnis der Funktion des MISFET für die Behandlung des MESFET nicht unbedingt erforderlich ist, wird hier (um den Stoff abzurunden) der MISFET kurz behandelt. Wir wollen hier versuchen, die prinzipiellen Unterschiede von MISFET zu JFET bzw. MESFET aufzuzeigen und zu diskutieren. Dafür werden die MISFET-Kennlinien nur in den einfachsten Näherungen benötigt.

3.3.1 Normally-on-MISFET

Dieser Typ ist mit dem JFET bzw. MESFET nahe verwandt, da er ebenfalls im Verarmungsbetrieb (depletion mode) arbeitet. Abb.3.9 zeigt seinen Querschnitt. Das Substrat ist bei einem Si-MOSFET p-leitend, bei einem GaAs- oder InP-MISFET semiisolierend. Der Steuereffekt des Substrats wird vernachlässigt.

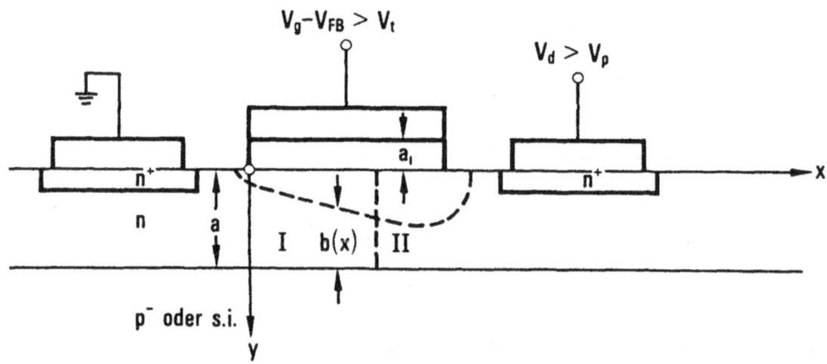

Abb.3.9. Querschnitt durch normally-on-MISFET

Für eine MIS-Struktur (Isolatordicke a_i, Dielektrizitätskonstante ε_i) mit vernachlässigbarer Oberflächenzustandsdichte ($Q_{ss}/q < 10^{11}$ cm^{-2} eV^{-1}) gilt mit den Gl.(2.54) und (2.58)

$$V_g - V_{FB} = -\frac{Q_d(x)}{C_i} + \psi(x), \tag{3.32}$$

wobei die im Halbleiter induzierte Ladung nur aus der Ladung der Raumladungszone Q_d besteht. Bei normally-on-MISFET ist $V_g - V_{FB} < 0$, da der FET im Verarmungsbetrieb arbeitet. Die Breite der Raumladungszone wird durch die Potentialdifferenz $V(x) - \psi(x)$ gemäß Gl.(2.27) festgelegt:

$$V(x) - \psi(x) = qN[a - b(x)]^2/2\varepsilon_s. \tag{3.33}$$

Q_d ist die Flächenladung der Raumladungszone

$$Q_d(x) = qN[a - b(x)]. \tag{3.34}$$

Mit den Gl.(3.33) und (3.34) wird Gl.(3.32) zu einer quadratischen Gleichung für b(x)/a. Führt man U_{00} gemäß Gl. (3.8) ein, so lautet die Lösung

$$\frac{b(x)}{a} = 1 + \frac{\varepsilon_s a_i}{\varepsilon_i a} - \sqrt{\left(\frac{\varepsilon_s a_i}{\varepsilon_i a}\right)^2 - \frac{-V_g + V_{FB} + V(x)}{U_{00}}}\,. \tag{3.35}$$

Daraus läßt sich mit $Q = -qNb(x)$ durch Integration der Gl. (3.3) die Kennlinie in der Shockleyschen Näherung, analog zu Gl.(3.15) ableiten:

$$\frac{I_d}{I_0} = 3\left(1 + \frac{\varepsilon_s a_i}{\varepsilon_i a}\right)\frac{V_d}{U_{00}} - 2\left[\left(\frac{\varepsilon_s a_i}{\varepsilon_i a}\right)^2 + \frac{-V_g + V_{FB} + V_d}{U_{00}}\right]^{3/2} + \\ + 2\left[\left(\frac{\varepsilon_s a_i}{\varepsilon_i a}\right)^2 + \frac{-V_g + V_{FB}}{U_{00}}\right]^{3/2}. \tag{3.36}$$

Für $a_i = 0$ geht Gl.(3.36) in Gl.(3.15) über. Definiert man eine Barrierenspannung

$$\Phi' = U_{00}\left(\frac{\varepsilon_s a_i}{\varepsilon_i a}\right)^2 + V_{FB}, \tag{3.37}$$

so wird aus Gl.(3.36)

$$\frac{I_d}{I_0} = 3\left(1 + \frac{\varepsilon_s a_i}{\varepsilon_i a}\right)\frac{V_d}{U_{00}} - 2\left(\frac{-V_g + \Phi' + V_d}{U_{00}}\right)^{3/2} + \left(\frac{-V_g + \Phi'}{U_{00}}\right)^{3/2}. \tag{3.38}$$

Gl.(3.38) ist bis auf den Faktor $\left(1+\frac{\varepsilon_s a_i}{\varepsilon_i a}\right)$ bei V_d/W_{00} mit Gl.(3.15) identisch. Man erhält die Sättigungsdrainspannung V_p' durch Nullsetzen von $\partial I_d/\partial V_d$:

$$-V_g + V_{FB} + V_p' = U_{00}\left(1 + 2\,\frac{\varepsilon_s a_i}{\varepsilon_i a}\right). \tag{3.39}$$

Gl.(3.39) in Gl.(3.36) eingesetzt, liefert den Sättigungsdrainstrom I_0' bei offenem Kanal, d.h. $-V_g + V_{FB} = 0$:

$$I_0' = I_0\left(1 + 3\,\frac{\varepsilon_s a_i}{\varepsilon_i a}\right), \tag{3.40}$$

wobei I_0 der Sättigungsdrainstrom eines MESFET mit langem Kanal gemäß Gl.(3.15) ist. Die pinch-off-Spannung V_t' erhalten wir, wenn wir $\partial I_d/\partial V_d = 0$ setzen. Dies ergibt bei $V_d \approx 0$:

$$-V_t' + V_{FB} = U_{00}\left(1 + 2\,\frac{\varepsilon_s a_i}{\varepsilon_i a}\right). \tag{3.41}$$

Der MISFET in der Shockleyschen Näherung liefert also gemäß den Gl.(3.39) bis (3.41) höhere Werte für Sättigungsdrainspannung, Sättigungsdrainstrom und pinch-off-Spannung als ein MESFET mit denselben Daten für N, a, μ_0, L, W.

Abb.3.10 zeigt einen Vergleich der Kennlinien von MISFET und MESFET mit langem Kanal, wobei $\varepsilon_s a_i/\varepsilon_i a = 1$ gewählt wurde.

Für Hochfrequenz-FET interessiert vor allem der Fall kurzer Kanallängen. Es würde aber zu weit führen, eine Analyse entsprechend den Abschn.3.2.1 und 3.2.2 durchzuführen. Wir begnügen uns hier mit einem vereinfachten Modell analog Abschn. 3.2.4.

In dieser Vereinfachung wird $V(x) = 0$, und Q und Q_d werden unabhängig von x. Mit den Gl.(3.35) und (3.3) folgt I_d für $V_d < V_p$. Der Einsatz der Sättigung soll wieder durch Gl.(3.16) bestimmt werden, und I_d soll für $V_d > V_p$ konstant bleiben. Damit folgt

$$I_d = \frac{W}{L} g_0 V_d \left(1 + \frac{\varepsilon_s a_i}{\varepsilon_i a} - \sqrt{\left(\frac{\varepsilon_s a_i}{\varepsilon_i a}\right)^2 + \frac{-V_g + V_{FB}}{U_{00}}} \right), \quad V_d < V_p$$

(3.42a)

und

$$I_{d\,sat} = g_0 W E_s \left(1 + \frac{\varepsilon_s a_i}{\varepsilon_i a} - \sqrt{\left(\frac{\varepsilon_s a_i}{\varepsilon_i a}\right)^2 + \frac{-V_g + V_{FB}}{U_{00}}} \right), \quad V_d \geq V_p .$$

(3.42b)

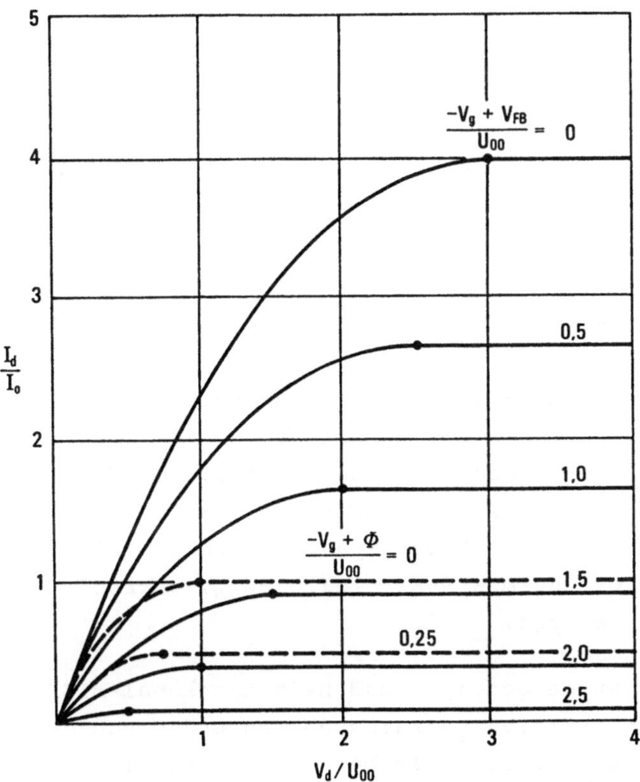

Abb.3.10. Kennlinienvergleich zwischen normally-on-MISFET (——) und -MESFET (-----) mit großer Kanallänge. Beim MISFET wurde $(\varepsilon_s a)/(\varepsilon_i a) = 1$ angenommen. Die Punkte bezeichnen den Einsatz der Sättigung ($V_d = V_p$)

Für die Sättigungsdrainspannung V_p gilt Gl.(3.30) ebenso wie bei JFET und MESFET.

Mit der Barrierenspannung Φ' gemäß Gl.(3.37) lassen sich die Gl.(3.42) in die für den Vergleich mit Gl.(3.29) bequemere Form bringen:

$$I_d = \frac{W}{L} g_0 V_d (1 - s'), \quad V_d < V_p, \tag{3.43a}$$

$$I_{d\,sat} = g_0 W E_s (1 - s'), \quad V_d \geq V_p. \tag{3.43b}$$

Darin ist

$$s' = \sqrt{\frac{-V_g + \Phi'}{U_{00}}} - \frac{\varepsilon_s a_i}{\varepsilon_i a}. \tag{3.44}$$

Φ' ist im Gegensatz zu Φ bei JFET und MESFET keine Materialkonstante, sondern abhängig von den Transistordaten.

Für den offenen Kanal ist $s' = 0$ ($V_g = V_{FB}$), im pinch-off-Zustand ist $s' = 1$ mit V_t' nach Gl.(3.41). Für den Sättigungsdrainstrom gilt analog zu Gl.(3.31)

$$I_{d\,sat}/I_0 = 3\xi(1 - s'). \tag{3.45}$$

Bei offenem Kanal haben MISFET und MESFET denselben Sättigungsstrom. Die Steuerwirkung der Gateelektrode ist aber wegen Gl.(3.44) beim MISFET wesentlich schlechter. Abb.3.11 zeigt die vereinfachten Kennlinien für einen MISFET mit $\varepsilon_s a_i/\varepsilon_i a = 1$. In diesem Fall ist der Spannungshub vom offenen Kanal bis zum pinch-off beim MISFET gleich $3U_{00}$, während er beim MESFET nur U_{00} beträgt.

In diesem Abschnitt wurde gezeigt, daß beim Langkanal-MISFET Sättigungsdrainstrom, Sättigungsdrainspannung und pinch-off-Spannung wesentlich größer sind als bei einem vergleichbaren MESFET. Für Kurzkanal-FET bleiben die Sättigungsdrainspannung und der Sättigungsdrainstrom gleich, nur die pinch-off-Spannung liegt beim MISFET wesentlich höher als beim MESFET. Normally-on MISFET erreichen demzufolge eine wesentlich geringere Steilheit $\partial I_d/\partial V_g$ im Sättigungsgebiet als MESFET. Dieser Nachteil kann bei Hochfrequenzanwendungen durch die geringere Gate-Source-Kapazität des MISFET ausgeglichen werden.

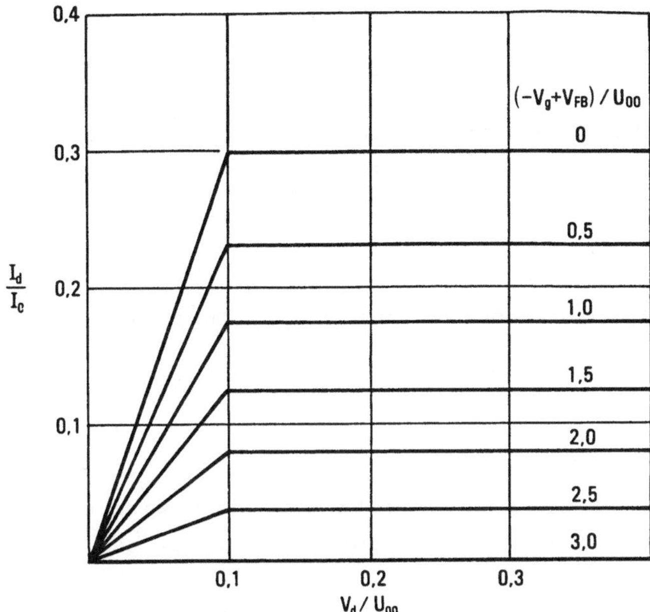

Abb.3.11. Vereinfachte Kennlinien nach Gl.(3.42) für normally-on-MISFET mit $\xi = 0{,}1$ und $(\varepsilon_s a_i)/(\varepsilon_i a) = 1$ (vgl. Abb.3.8, MESFET kurzer Kanallänge)

3.3.2 Normally-off-MISFET

Dieser Transistortyp unterscheidet sich prinzipiell von den bisher behandelten Ausführungsformen, da durch Inversion der Halbleiteroberfläche der Kanal erst erzeugt werden muß. Die Abb.2.1a und 2.4a zeigen Querschnitte durch normally-off-MISFET.

Substrat und Source liegen an Masse, d.h. die Steuerwirkung des Substrats wird vernachlässigt. Für eine MIS-STruktur (Isolatordicke a_i, Dielektrizitätskonstante ε_i, Oberflächenzustandsdichte $Q_{ss}/q = 0$) gilt nach Gl.(2.54) an der Stelle x im Kanal:

$$+V_g - V_{FB} = -\frac{Q_s(x)}{C_i} + \psi(x). \tag{3.46}$$

Nun ist, im Gegensatz zu Gl.(3.32), $V_g - V_{FB} > 0$. Q_s ist die gesamte im Halbleiter induzierte Ladung, die sich aus der Ladung der Inversionsschicht Q_n und der Ladung der Raumladungszone Q_d zusammensetzt (vgl. Abschn.2.5):

$$Q_s = Q_n + Q_d. \tag{3.47}$$

Verwenden wir nun für ψ die Näherung für starke Inversion, so gilt Gl.(2.50):

$$\psi_s(\text{inv}) \approx 2\psi_B. \tag{3.48}$$

Wenn der ganze Bereich $0 \leq x \leq L$ invertiert ist, dann wird $\psi(x)$ durch das Potential im Kanal V(x) und durch Gl.(3.48) bestimmt:

$$\psi(x) = V(x) + 2\psi_B. \tag{3.49}$$

Da $(V + 2\psi_B)$ die Barrierenspannung des feldinduzierten Übergangs der Inversionsschicht in die anschließende Raumladungszone darstellt, läßt sich mit Gl.(2.27) Q_d wie folgt schreiben:

$$Q_d = -qN_A l = -\sqrt{2\varepsilon_s q N_A [V(x) + 2\psi_B]}. \tag{3.50}$$

Mit Q_s aus den Gl.(3.46) und (3.49) sowie Q_d aus Gl.(3.50) wird aus Gl.(3.47)

$$Q_n = Q_s - Q_d = -[V_g - V_{FB} - 2\psi_B - V(x)]C_i + \sqrt{2q\varepsilon_s N_A [V(x) + 2\psi_B]}. \tag{3.51}$$

Q_n ist die Ladung im Kanal, die, in Gl.(3.3) eingesetzt, nach Integration in den Grenzen $0 \leq V \leq V_D$ und $0 \leq x \leq L$ die Kennlinie in der Shockleyschen Näherung ergibt:

$$I_d = \frac{W}{L} \mu C_i \left\{ \left(V_g - V_{FB} - 2\psi_B - \frac{V_d}{2} \right) V_d - \right.$$
$$\left. - \frac{2}{3} \frac{\sqrt{2\varepsilon_s q N_A}}{C_i} \left[(V_d + 2\psi_B)^{3/2} - (2\psi_B)^{3/2} \right] \right\} . \tag{3.52}$$

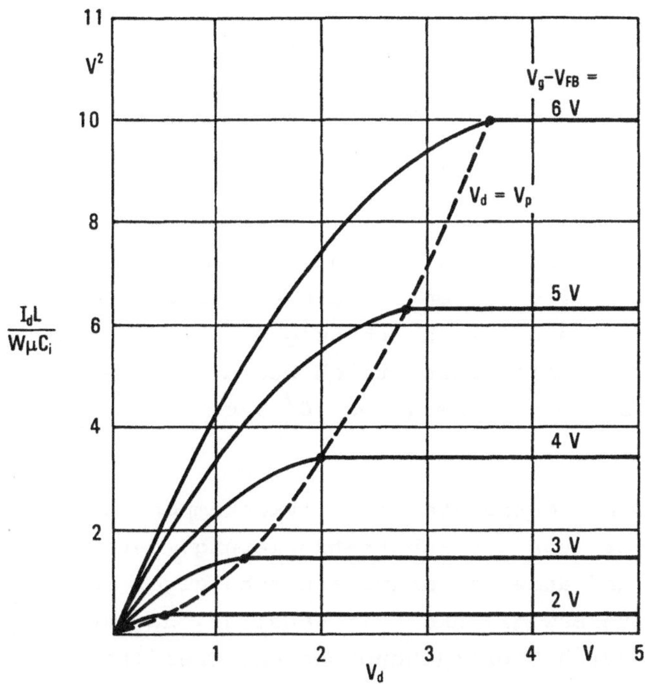

Abb.3.12. Kennlinien eines normally-off-MISFET mit großer Kanallänge nach Gl.(3.52). $N_A = 10^{15}$ cm^{-3}; $a_i = 10^{-5}$ cm; $\varepsilon_i/\varepsilon_0 = 3{,}9$; $V_t = 1$ V

Abb.3.12 zeigt einen Gl.(3.52) entsprechenden Kennlinienverlauf, wobei I_d = const für $V > V_p$ angenommen wurde. Leider läßt sich ein Vergleich der Kennlinien nun nicht in einfacher Weise durchführen, da Gl.(3.52) ganz andere Parameter als Gl.

(3.15) enthält. Mit Hilfe der Abb.3.12, in der für MOSFET typisch Werte gewählt wurden ($N_A = 10^{15}$ cm^{-3}; $a_i = 10^{-5}$ cm, $\varepsilon_i/\varepsilon_0 = 3{,}9$), läßt sich ein Vergleich zu einem normally-off-MESFET durchführen. Da beim MESFET die Gatediode in Flußrichtung gepolt ist, beträgt der maximale Hub der Gatespannung 0,8 V, wenn man $\Phi = U_{00} = 0{,}8$ V annimmt. Multipliziert man den aus Abb.3.12 für $V_g - V_t = 1$ V (V_t nach Gl.(2.51) und (2.47)) abgelesenen Sättigungsstrom mit C_i, so folgt [5]

$$I_{d\,sat} \frac{L}{W\mu} \approx 1 \cdot 10^{-8}\ \mathrm{J/cm^2}. \qquad (3.53)$$

Für den MESFET gilt nach den Gl.(3.15) und (3.8):

$$I_0 \frac{L}{W\mu} = \frac{qN^2a^3}{6\varepsilon_s}. \qquad (3.54)$$

Mit $N = 1 \cdot 10^{17}$ cm^{-3} und $a = 0{,}1$ µm ergibt dies einen Wert von $4 \cdot 10^{-8}$ J/cm^2.

In dem für MESFET zugänglichen Gatespannungsbereich liefert dieser also vier mal so viel Strom als ein vergleichbarer MISFET. Der MISFET läßt sich durch Erhöhung der Gatespannung wesentlich weiter aussteuern, theoretisch bis die Durchbruchfeldstärke des Dielektrikums (etwa 10^7 V/cm bei SiO_2) erreicht wird.

Wird die zur Oberfläche senkrechte Feldstärkenkomponente größer als ein bestimmter, von der Substratdotierung, der Ladungsdichte im Oxid und anderen Parametern abhängiger Wert, so sinkt die effektive Beweglichkeit im Kanal ab, da zusätzliche Streuprozesse durch Oberflächenphononen, Oberflächenladungen und Oberflächenrauhigkeit auftreten [3.10]. Diese Situation ist bei hoher Gatespannung gegeben. Die Abnahme der Beweglichkeit bewirkt eine Abnahme der Steilheit, d.h. ein Zusammenrücken der Kennlinien mit zunehmender Gatespannung.

[5] Gl.(3.52) liefert um bis zu 30% zu große Werte für $I_{d\,sat}$, was aber für diese Abschätzung nicht stört. [3.9] beschreibt genauere Modelle für MOSFET mit langem Kanal.

Im gewählten Beispiel würde dies etwa bei $V_g - V_t > 5$ V zu beobachten sein.

Wir wollen uns nun dem Fall kurzer Kanallängen zuwenden. Hier muß betont werden, daß die Modellierung von Kurzkanal-MOSFET ein komplexes Problem darstellt, das derzeit in zahlreichen Forschungsinstituten bearbeitet wird. Eine eingehende Behandlung dieses Themas übersteigt weit den Rahmen dieses Buches. Für einen Einstieg sei [3.11] empfohlen. [3.12] beschreibt ein MOSFET-Modell, das dem in Abschn.3.2 vorgestellten Modell nach Pucel [3.7] sehr ähnlich ist: Der Kanal ist ebenfalls in zwei Bereiche geteilt, das gradual channel-Gebiet und das Sättigungsgebiet. Dies ermöglicht eine eindimensionale Näherung für das zweidimensionale Problem.

Das Modell des Abschn.3.2.4 stellt für MISFET eine noch größere Vereinfachung dar als für MESFET, da zahlreiche Effekte, die in realen MOSFET auf Silizium eine Rolle spielen, ignoriert werden. Dennoch kann man argumentieren, daß der Transport der bei $V_d = 0$ induzierten Ladung mit Sättigungsgeschwindigkeit eine Richtgröße für $I_{d\,sat}$ liefern wird. Dabei wäre noch zu berücksichtigen, daß bei extrem kurzen Kanallängen v_s über den statischen Wert hinausgehen kann, weil die Elektronen die kurze Strecke durchfliegen können, ohne eine Streuung zu erleiden (vgl. Abschn.3.5). Unter diesen Vorbehalten soll hier ein Vergleich zwischen normally-off-MISFET und normally-off-MESFET durchgeführt werden.

In Abschn.3.2.4 wurde gezeigt, daß erst für $\xi \leq 0,1$ das vereinfachte Modell brauchbare Werte liefert. Während wir wieder $\xi = 0,1$, so läßt sich mit den Gl.(3.31) und (3.54) der Sättigungsstrom des MESFET berechnen ($U_{00} = 0,8$ V; $a = 10^{-5}$ cm; $N = 10^{17}$ cm^{-3}). Für den MISFET erhält man mit $V(x) = 0$ in Gl. (3.51) und einer Sättigungsbedingung analog Gl.(3.16):

$$I_d = \frac{W}{L} \mu C_i V_d (V_g - V_t), \quad V_d \leq V_p \tag{3.55a}$$

und

$$I_{d\,sat} = W \mu C_i E_s (V_g - V_t), \quad V_d \geq V_p \tag{3.55b}$$

mit

$$V_t = V_{FB} + 2\psi_B + 2\sqrt{q\varepsilon_s N_A \psi_B}/C_i . \qquad (3.55c)$$

Für den Vergleich soll nun $V_p = E_s L$ beim MISFET und beim MESFET gleich groß sein, d.h. wegen $V_p = \xi U_{00}$ folgt $V_p = 0{,}08$ V. Abb.3.13 zeigt die Kennlinien für MISFET und MESFET. Der MESFET besitzt in seinem Gatespannungsbereich eine wesentlich höhere Steilheit, wenn auch die $V_g = 0{,}8$ V-Kennlinie in Wirklichkeit wegen des Diodenflußstroms und des damit verbundenen Spannungsabfalls zwischen Source und Gate näher bei der 0,6-V-Kennlinie liegt. Der MISFET läßt sich dagegen weiter aussteuern.

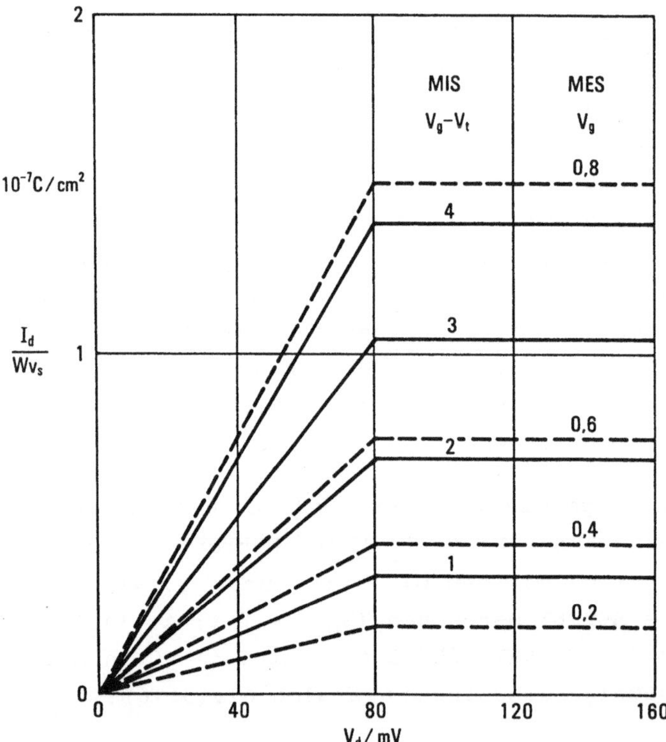

Abb.3.13. Vereinfachte Kennlinien nach Gl.(3.56) für normally-off-MISFET (——) mit $E_s\,L = 0{,}08$ V; $N_A = 10^{15}$ cm^{-3}; $a_i = 10^{-5}$ cm. Zum Vergleich: normally-off-MESFET-Kennlinien (----) mit $U_{00} = 0{,}8$ V; $N = 10^{17}$ cm^{-3}; $a = 10^{-5}$ cm

Es sei nochmals erwähnt, daß Abb.3.13 nur eine grundsätzliche Tendenz für Kurzkanal-FET aufzeigt. Bei Silizium würde sich für $E_s L = 0,08$ V mit $E_s \approx 10^4$ V/cm eine Gatelänge $L \approx 0,08$ µm ergeben, die jenseits der heutigen Realisierungsmöglichkeiten liegt. Für GaAs mit $E_s \approx 3 \cdot 10^3$ V/cm ist zwar eine Gatelänge von 0,25 µm realisierbar, die normally-off-MISFET-Technologie wird jedoch bis heute nicht beherrscht.

3.4 Einfluß der Zuleitungswiderstände

Für einen Vergleich der bisher behandelten Modelle mit realen FET dürfen die Zuleitungswiderstände R_s, R_g und R_d im allgemeinen nicht vernachlässigt werden (Abb.3.14). Dabei handelt es sich um Kontakt- und Bahnwiderstände, die zwischen den äußeren Kontakten des FET und dem inneren FET auftreten. Den Serienwiderstand des häufig aus Metall bestehenden Gate wollen wir für die Betrachtung der Kennlinien außer acht lassen, obwohl dieser Widerstand im Hochfrequenzverhalten eine wichtige Rolle spielt. Für die Kennlinien ist er solange unbedeutend, wie im FET-Betrieb kein Gatestrom fließt.

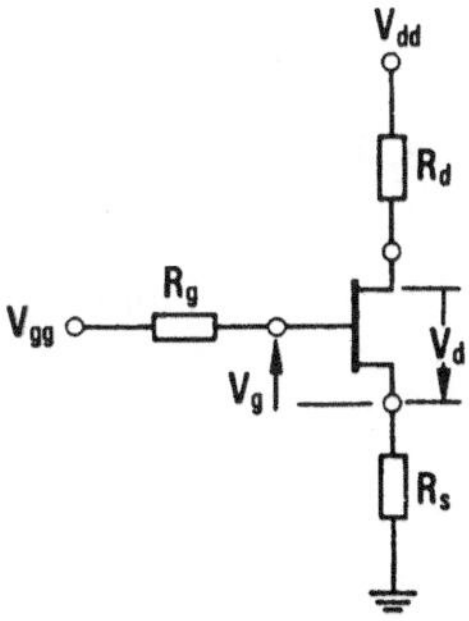

Abb.3.14. FET mit Zuleitungswiderständen. V_{gg} und V_{dd} beziehen sich auf Masse, V_g und V_d auf das Sourcepotential des inneren FET ohne Zuleitungswiderstände

Zwischen den "inneren" Spannungen V_g und V_d und den äußeren Spannungen V_{gg} und V_{dd} erhält man mit Hilfe der Abb.3.14

$$V_d = V_{dd} - I_d(R_d + R_s), \tag{3.56}$$

$$V_g = V_{gg} - I_d R_s. \tag{3.57}$$

Die Serienwiderstände vermindern also die innere Drainspannung und R_s wirkt als Gegenkopplung: Er beeinflußt die innere Gatevorspannung so, daß I_d abnimmt. (Für p-Kanal-FET sind in Gl.(3.56) und (3.57) die Vorzeichen von I_d zu ändern). Ein gemessenes Kennlinienfeld stellt I_d als Funktion von V_{dd} mit V_{gg} als Parameter dar. R_s und R_d müssen also bekannt sein, damit $I_d(V_d)$ mit V_g als Parameter bestimmt werden kann. Denn nur V_d und V_g dürfen in die Gleichungen der Abschn.3.2 und 3.3 eingesetzt werden.

Zur Berechnung des inneren Kennlinienfeldes aus einem gemessenen, äußeren Kennlinienfeld werden die Spannungsabfälle an R_s und R_d für den inneren Transistor rechnerisch korrigiert. Bei gegebenen Spannungen und Widerständen ist $I_d(V_{dd}, V_{gg}) = I_d(V_d, V_g)$.

Erhöht man die inneren Spannungen um $\Delta V_d = I_d(R_s + R_d)$ bzw. $\Delta V_g = I_d R_s$, so liegen nunmehr die Spannungswerte V_{gg} und V_{dd} am inneren Transistor an. Der für den inneren Transistor korrigierte Drainstrom ergibt sich in erster Näherung zu

$$I_d(V_d + \Delta V_d,\ V_g + \Delta V_g) = I(V_d, V_g)\left[1 + \frac{R_s + R_d}{r_d} + g_m R_s\right]. \tag{3.58}$$

Darin ist

$$r_d = \left(\frac{\partial V_d}{\partial I_d}\right)_{V_g} \tag{3.59}$$

der innere Drainwiderstand und

$$g_m = \left(\frac{\partial I_d}{\partial V_g}\right)_{V_d} \quad (3.60)$$

die innere Steilheit. Die entsprechenden äußeren Größen sind

$$r_d' = \left(\frac{\partial V_{dd}}{\partial I_d}\right)_{V_{gg}} \quad (3.61)$$

und

$$g_m' = \left(\frac{\partial I_d}{\partial V_{gg}}\right)_{V_{dd}} . \quad (3.62)$$

Durch Differenzieren der Gl.(3.56) und (3.57) nach I_d folgt

$$r_d = r_d' - (R_s + R_d) \quad (3.63)$$

und

$$g_m = g_m'/(1 - R_s g_m') . \quad (3.64)$$

Mit den Gl.(3.58), (3.63) und (3.64) läßt sich das innere Kennlinienfeld punktweise aus dem äußeren berechnen.

Für eine Abschätzung des Verlaufs einer inneren Kennlinie genügt meist die Betrachtung des linearen Bereichs und des Sättigungsbereichs: Im linearen Bereich wird wegen der Abnahme der Steilheit bei kleinem V_d der Term $g_m R_s$ in Gl.(3.58) vernachlässigbar, und Gl.(3.58) geht in Gl.(3.63) über. Im Sättigungsbereich gilt in der Regel $g_m \gg 1/r_d$, so daß der Term $(R_s + R_d)/r_d$ zu vernachlässigen ist. Gl.(3.58) geht dann in Gl.(3.64) über.

Abb.3.15 zeigt einen Vergleich experimenteller Kennlinien eines GaAs-MESFET [3.7] mit dem Modell nach Abschn.3.2.3 unter Einschluß der Zuleitungswiderstände. Der im Turner-Wilson-Modell unvermeidliche Knick in den Kennlinien bei $V_d = V_p$ tritt nun nicht mehr auf. Die Übereinstimmung mit dem Experiment ist recht gut.

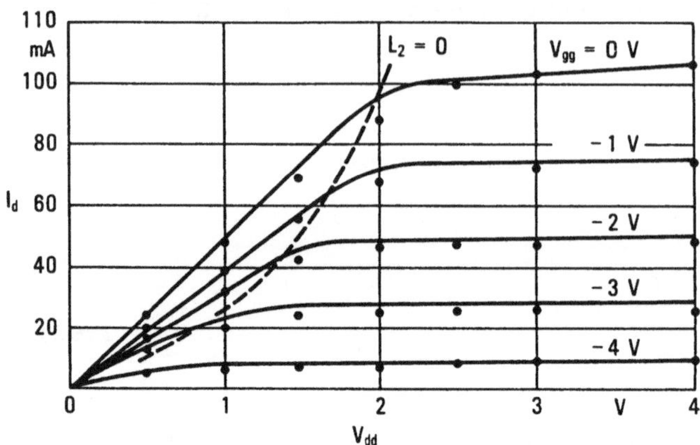

Abb.3.15. Berechnete (——) und gemessene (....) Kennlinien für GaAs-MESFET. Die gestrichelte Kurve stellt den Einsatz der Sättigung dar. L = 1 µm; W = 500 µm; a = 0,34 µm; $N = 6{,}5 \cdot 10^{16}$ cm^{-3}. Nach [3.7]

3.5 Numerische Lösungen der Poisson-Gleichung

Trotz der im Prinzip einfachen Wirkungsweise von Feldeffekttransistoren konnten in den Abschn.3.2 und 3.3 keine exakten Modelle abgeleitet werden. Die am schwersten wiegenden Abweichungen der Modelle von den physikalisch gegebenen Verhältnissen finden sich bei der Einführung einer stückweise linearen Geschwindigkeits-Feldstärke-Charakteristik und bei der Ableitung der Lösung im Sättigungsgebiet.

Computersimulationen ermöglichen dagegen eine numerische Lösung der zweidimensionalen Poisson-Gleichung, wobei auch die Abhängigkeit der Beweglichkeit von der Feldstärke berücksichtigt werden kann. Es lassen sich also auf diese Weise sehr wirklichkeitsnahe Potentialverteilungen und Kennlinien gewinnen. Der Rechenaufwand ist allerdings so hoch, daß dieses Verfahren nur für prinzipielle Untersuchungen angewendet wird.

Für JFET und MESFET werden in diesem Abschnitt einige Ergebnisse aus Computersimulationen mit dem Modell des Abschn. 3.2 verglichen. Im Fall des MISFET begnügen wir uns mit Hinweisen auf die Literatur [3.13, 3.14]. Kennedy und O'Brien [3.15] führten eine Analyse des Si-JFET durch. Dabei legten sie eine symmetrische Struktur nach Abb.3.2 zugrunde, allerdings mit Einschluß von Bahngebieten. Der Abstand zwischen Source und Drain beträgt etwa 2 µm, das Gate liegt symmetrisch mit $L_1 = 1$ µm, $L_2 = 0{,}2$ µm und $L_3 = 0{,}0286$ µm.

Abb.3.16 zeigt die Potentialverteilung für konstante und feldabhängige Beweglichkeit für eine Hälfte des FET. Die Drainspannung liegt mit 5 V im Sättigungsbereich. Auch im Fall $\mu = \text{const}$ kommt es zu keinem völligen Abschnüren des Kanals. Bei Berücksichtigung der Driftsättigung (Abb.3.16b) wird der Kanal breiter. Dennoch fließt weniger Strom als im Fall $\mu = \text{const}$, wie aus dem Abstand der Äquipotentiallinien im Bereich der Bahnwiderstände zu erkennen ist. An welcher Stelle tritt in Abb.3.16b nun die Sättigungsgeschwindigkeit auf? Mit $v_s = 8{,}4 \cdot 10^7$ cm/s und $\mu = 630$ cm^2/(Vs) folgt $E_s = 1{,}33 \cdot 10^4$ V/cm. Aus den Abständen der Potentiallinien findet man, daß E_s etwa beim Schnittpunkt der Symmetrieachse in Abb.3.2 mit der 0,3-V-Linie erreicht wird. In Übereinstimmung mit den Vorstellungen des Abschn.3.2 überdeckt das Sättigungsgebiet einen großen Teil des Kanals. Im Gegensatz zum Abschn.3.2 steht jedoch die Tatsache, daß auch im Sättigungsgebiet der Kanal sich zur Drainseite weiterhin verengt.

Abb.3.17 zeigt berechnete Kennlinien eines Si-JFET mit 1 µm Gatelänge.

Die Einführung einer feldabhängigen Beweglichkeit bewirkt eine Abnahme des Sättigungsstroms. Dies stimmt qualitativ mit dem Turner-Wilson-Modell (Abschn.3.2.1) überein. Der Einsatz der Sättigung ist hier jedoch weich, im Gegensatz zum Turner-Wilson-Modell.

Abb.3.18 zeigt die Potentialverteilung für FET kurzer Gatelänge. Der Sättigungsbereich beginnt beim 0,2-µm-FET gleich am Kanalanfang, etwa beim Schnittpunkt der 0,75-V-Kurve mit

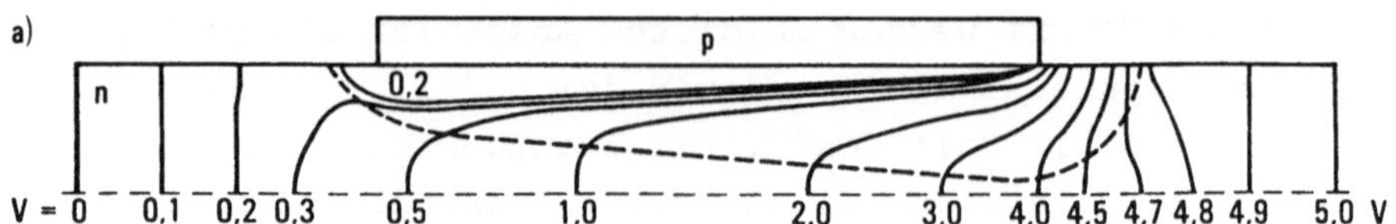

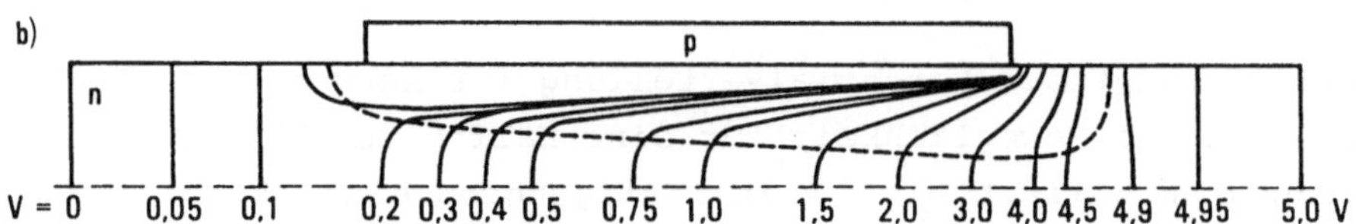

Abb.3.16. Potentialverteilung in Si-JFET mit L = 1 µm, V_{gg} = 0 V, V_{dd} = 5 V. Nach [3.15]. ----- Grenze der Raumladungszone bei 50% Verarmung. a) konstante Beweglichkeit; b) feldabhängige Beweglichkeit. Weitere Daten: a = 0,2 µm; U_{00} = 4,53 V; V_t' = 3,63 V; n = 1,5 10^{17} cm^{-3}, µ = 630 cm^2/Vs

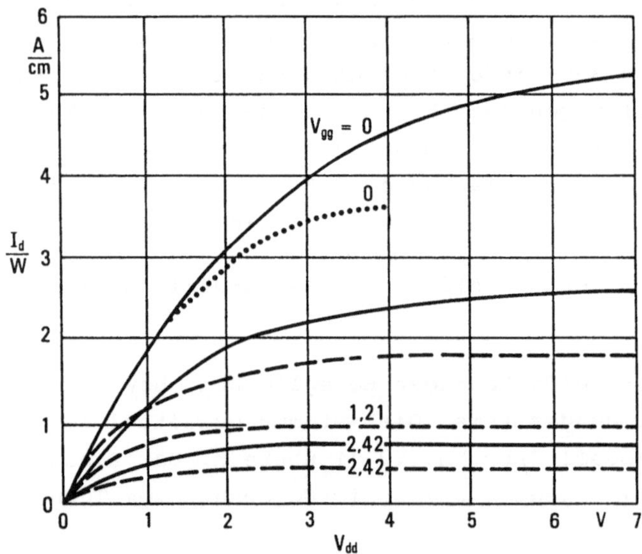

Abb.3.17. Kennlinien für Si-JFET mit L = 1 µm. Nach [3.15]. ——— konstante Beweglichkeit; ······ Näherung nach Shockley; ------ feldabhängige Beweglichkeit. Weitere Daten s. Abb.3.16

der Symmetrieachse. Bei der Struktur mit L = 0,0286 µm ist bereits im Bereich der Bahnwiderstände $E > E_s$, d.h. im ganzen Gebiet laufen die Elektronen mit Sättigungsgeschwindigkeit. Eine derartige Struktur würde wegen des sehr hohen R_s und R_d im Vergleich zum Kanalwiderstand einen schlechten FET darstellen. Das Beispiel zeigt, daß die Bahnwiderstände entsprechend der Gatelänge reduziert werden müssen, wenn die Vorteile extrem kurzer Gatelängen zum tragen kommen sollen.

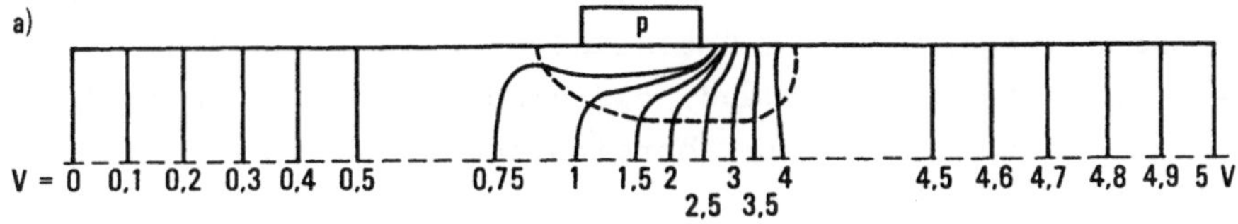

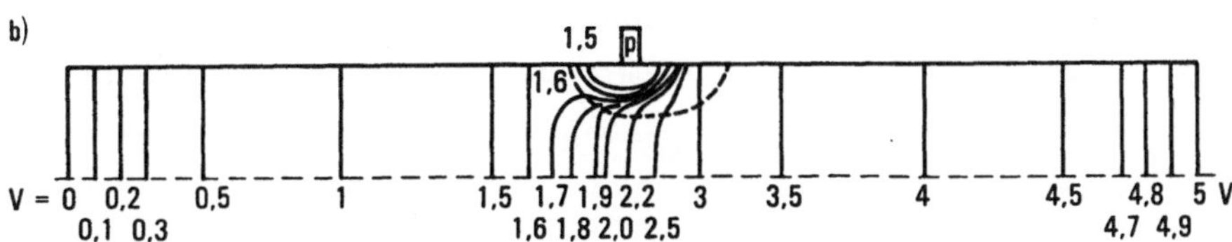

Abb.3.18. Potentialverteilung bei feldabhängiger Beweglichkeit für Si-JFET. $V_{gg} = 0$ V, $V_{dd} = 5$ V. Nach [3.15]. a) L = 0,2 µm; b) L = 0,0286 µm. Weitere Daten s. Abb.3.16

In Abb.3.19 ist die Kennlinie für $V_{gg} = 0$ V für die untersuchten FET dargestellt. Zum Vergleich sollen nun die Sättigungsströme nach den Modellen des Abschn.3.2 berechnet werden. Der Spannungsabfall am sourceseitigen Bahngebiet ist aus den Abb.3.16b und 3.18 abzulesen. Damit ergeben sich die Werte in der Tabelle zu Abb.3.10. I_d/W erhält man mit Hilfe der Abb.3.5 für den FET mit L = 1 µm. Für die beiden Kurzkanal-FET mit L = 0,2 µm wurde I_d/W nach dem vereinfachten Modell, Gl. (3.29b), berechnet. Die Abweichungen zu den exakt berechneten Kennlinien sind in Abb.3.19 zu erkennen. Der zu hohe

Wert des Turner-Wilson-Modells beim FET mit $L = 1$ µm ist verständlich: Die stückweise lineare v(E)-Charakteristik liefert einen zu kleinen Wert für die Sättigungsspannung und damit einen zu hohen Wert für I_d. Bei Kurzkanal-FET wird die Raumladungszonenbreite nicht mehr in einfacher Weise durch die Source-Gate-Spannung bestimmt. Wie in [3.15] gezeigt wurde, tritt im Kanal beim Erreichen der Sättigungsgeschwindigkeit auf der Sourceseite eine Anreicherung, auf der Drainseite eine Verarmung an Ladungsträgern auf. Diese Dipolschicht, die sich in der Nähe des drainseitigen Kanalendes bildet, ist bei kurzen Kanallängen für die Potentialverteilung und Raumladungszonenbreite entscheidend, die eindimensionalen Formeln gelten also nicht mehr. Die Übereinstimmung beim FET mit $L = 0{,}2$ µm ist auf die Kompensation des Fehlers im Turner-Wilson-Modell durch diese zweidimensionalen Effekte (Dipolschicht) zurückzuführen.

Die Diskussion von [3.15] sollte die Grenzen der Gültigkeit des einfachen Modells nach Abschn.3.2 aufzeigen. Ähnliche Arbeiten, in denen unter anderem auch der Einfluß des Substrats untersucht wurde, hat Reiser [3.16, 3.17] durchgeführt.

Wir wollen nun noch einen Effekt erwähnen, der bei Gatelängen unter 1 µm an Bedeutung gewinnt, aber in den bisher erwähnten Arbeiten nicht berücksichtigt ist. Bei einer sprunghaften Erhöhung der Feldstärke ändert ein Elektron seine Geschwindigkeit nicht nach der statischen v(E)-Kurve, sondern es schießt über den statischen Wert hinaus und findet erst nach einer Relaxationszeit zur statischen Geschwindigkeit [3.18]. Der Effekt tritt dann deutlich zutage, wenn die Flugzeit eines Elektrons vergleichbar mit der Relaxationszeit ist. Im Falle des GaAs liegt diese Relaxationszeit bei 1 ps. Abb.3.20 zeigt, daß dabei die Elektronengeschwindigkeit ein Mehrfaches der statischen Maximalgeschwindigkeit betragen kann. In GaAs tritt dieser Effekt stärker in Erscheinung als in Si, so daß er an GaAs FET mit $L \leq 0{,}5$ µm bereits beobachtet wird [3.19, 3.20].

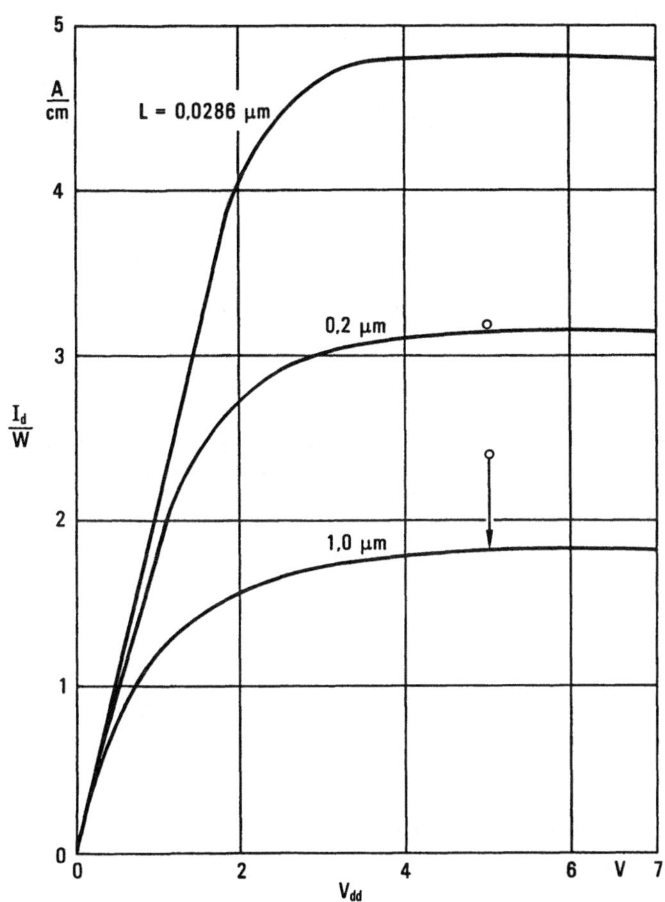

Abb.3.18. Kennlinien für $V_{gg} = 0$ V. Nach [3.15]. Die Punkte wurden mit Hilfe von Abb.3.16 und 3.18 nach Gleichungen des Abschn.3.2 berechnet (s. Text, die Tabelle zeigt die hierfür verwendeten Werte)

L(μm)	ξ	$-V_g$(V)	s^2	I_d/W (A/cm)
1,0	0,293	0,2	0,243	2,37
0,2	$5{,}9 \cdot 10^{-2}$	0,75	0,364	3,18
0,0286	$8{,}4 \cdot 10^{-3}$	1,7	0,574	1,95

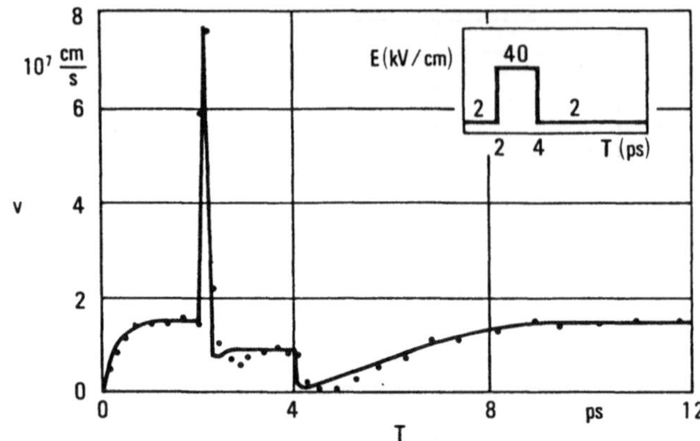

Abb.3.20. Elektronengeschwindigkeit in GaAs als Funktion der Zeit beim Anlegen eines Feldstärkeimpulses. Nach [3.19].
——— analytische Darstellung der Energie-Impuls-Relaxation;
••••• Monte-Carlo-Rechnungen

Abb.3.21 zeigt einen Vergleich von mit und ohne Relaxationseffekt berechneten Kennlinien [3.19]. Bei L = 0,2 µm liegt die Elektronengeschwindigkeit im Mittel bei etwa $3{,}3 \cdot 10^7$ cm/s, ohne Relaxation bei weniger als dem halben Wert. Die Übereinstimmung dieser Rechnungen mit dem Experiment konnte bereits gezeigt werden [3.19].

In [3.19] wurde auch der starke Anstieg und Abfall der Feldstärke am drainseitigen Ende des Gate von GaAs-MESFET gefunden. Dieser führt zu einer Anreicherung und Absenkung der Ladungsträgerkonzentration (s. Abb.3.22). Diese Dipolschicht, fälschlich auch als Gunn-Domäne bezeichnet, wurde in vereinfachten Modellen für die Erklärung der Sättigungskennlinie herangezogen [3.21, 3.22]. Für die Übereinstimmung zwischen Theorie und Experiment wird bei diesen Modellen ein aus dem Substrat kommender Strom benötigt, dessen Ursprung noch unklar ist. Ein weiterer Einwand gegen diese Modelle liegt darin, daß in ihnen angenommen wird, die Sättigungsfeldstärke werde erst am drainseitigen Ende unter dem Gate erreicht, also bei dieser Dipolschicht. Dies ist jedoch im Widerspruch, zu den Resultaten von [3.15, 3.19] und [3.20], wo gezeigt wird, daß bei genügend großer Drainspannung das Sättigungsgebiet von FET mit Kanallängen um 1 µm bereits am sourceseitigen Ende beginnt.

a)

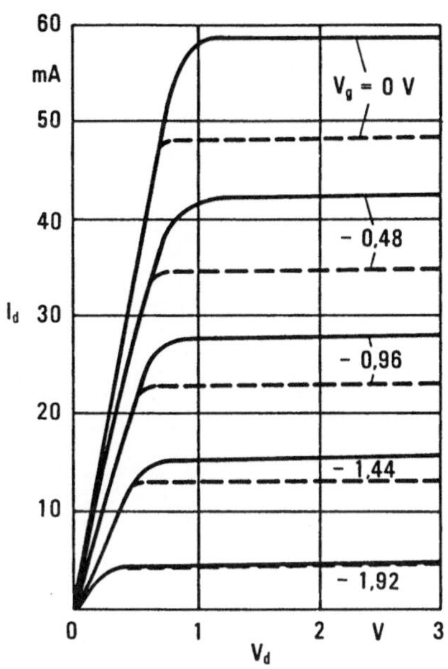

b)

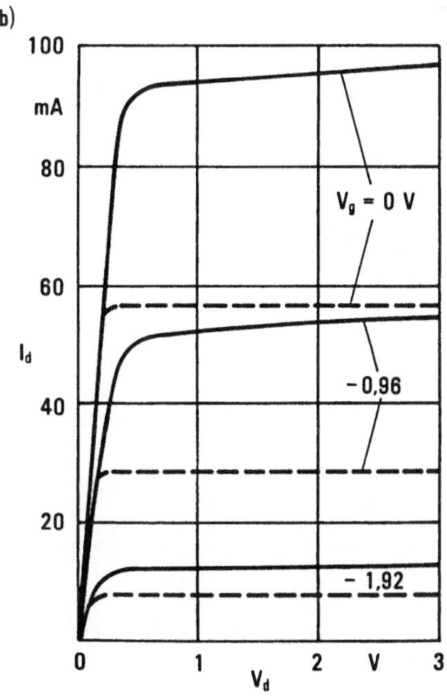

Abb.3.21. Kennlinie mit (———) und ohne (-----) Relaxationseffekt bei GaAs-MESFET mit folgenden Daten: W = 150 µm; a = 0,15 µm; U_{00} = 3,27 V; N = 2 · 10^{17} cm^{-3}. Nach [3.19].
a) L = 1 µm; b) L = 0,2 µm

a)

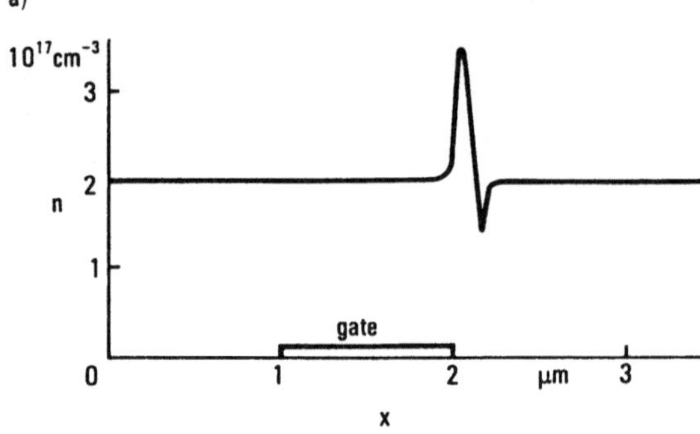

b)

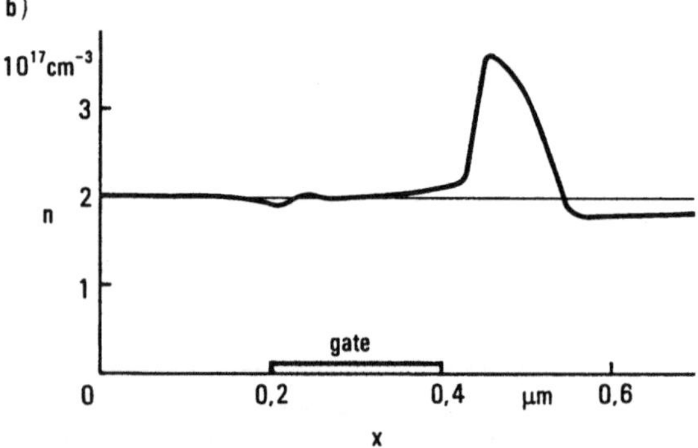

Abb.3.22. Elektronendichte im Kanal von GaAs-MESFET; $V_g = -1$ V. $V_d = 2$ V, übrige Parameter s. Abb.3.21. a) L = 1 μm; b) L = 0,2 μm. Nach [3.19]

4 GaAs-MESFET

4.1 Kleinsignalverhalten

4.1.1 Ersatzschaltbild

Das Hochfrequenzverhalten von FET ist durch eine partielle Differentialgleichung für das zeitabhängige Potential V(x,y,t) im Kanal zu beschreiben. Für den eindimensionalen Fall läßt sich diese Differentialgleichung für V(x,t) aus der Kontinuitätsgleichung, der Transportgleichung und einer Beziehung zwischen Flächenladung Q und Potential V leicht ableiten. Diese Beziehung Q(V) hängt, wie in Kap.3 erläutert, vom Steuermechanismus der Gateelektrode ab. Wenn sich die Flächenladung im Kanal nicht abrupt ändert, läßt sich Q(V) angeben und das zweidimensionale Problem auf ein eindimensionales zurückführen.

In [4.1] sind die Lösungen der eindimensionalen partiellen Differentialgleichungen für JFET und MISFET großer Kanallänge ausführlich abgeleitet. Sie enthalten die volle örtliche und zeitliche Abhängigkeit von Strom und Spannung. Die Lösungen beschreiben auch die sogenannten Laufzeiteffekte, die zu beobachten sind, wenn die Signalfrequenz sich dem Reziprokwert der Laufzeit der Elektronen im Kanal nähert.

Legt man an den Eingang eines FET eine Wechselspannung, die nur kleine Schwankungen um die eingestellten Gleichstromwerte bewirkt, so spricht man vom Kleinsignalbetrieb. Ein FET im Kleinsignalbetrieb läßt sich als Übertragungsleitung mit variablem Widerstand pro Länge und variabler Kapazität pro Länge auffassen [4.2-4.4]. Entwickelt man die Lösungen der

Differentialgleichung als Potenzreihe der Frequenz, so erhält man Vierpolparameter als Funktion der Spannungen und der Frequenz. Bricht man die Potenzreihe nach dem zweiten Glied ab, so erhält man Beziehungen, die eine Darstellung des FET durch ein Ersatzschaltbild mit frequenzunabhängigen, diskreten Elementen ermöglichen. Dieses Modell gilt nur für kleine Signale sowie für Signalfrequenzen $\ll$ (Laufzeit)$^{-1}$.

In Kap.3 wurde gezeigt, daß die eindimensionale "gradual-channel"-Näherung Hochfrequenz-FET schlecht beschreibt, weil das Sättigen des Drainstroms wesentlich durch das Erreichen der Sättigungsgeschwindigkeit der Elektronen bestimmt wird und nicht durch das langsame Abschnüren des Kanals.

Eine exakte Ableitung des Kleinsignalmodells müßte von einer Linearisierung des zweidimensionalen Problems ausgehen. Dies würde den Rahmen dieses Buches sprengen. Statt dessen wird hier vom bekannten Ersatzschaltbild für FET großer Kanallänge ausgegangen, wobei jedoch die Berechnung der Elemente des Ersatzschaltbildes auf dem Modell des Abschn.3.2 beruht. In diesem Modell wird der Kanal in zwei Gebiete ("gradual-channel"-Gebiet, Sättigungsgebiet) aufgeteilt [4.5].

Die Elemente des Ersatzschaltbildes können aus dem physikalischen Aufbau des FET abgelesen werden (Abb.4.1). Wie in Kap.3 erläutert, besteht ein realer FET aus dem inneren FET (gestrichelt eingerahmt in Abb.4.1) sowie den äußeren parasitären Elementen: Sourcewiderstand R_s, Drainwiderstand R_d, Gatewiderstand R_g, Source-Drain-Kapazität C_{sd}. Entsprechend dem Aufbau des GaAs-MESFET werden die Formeln in diesem Kapitel für den unsymmetrischen FET angegeben (vgl. Abschn.3.2.1).

In Kap.3 (Abb.3.2) besteht der innere FET nur aus dem Gebiet unterhalb der Gate-Elektrode. Der innere FET in Abb.4.1 schließt nun auch das Gebiet der lateralen Ausdehnung der Raumladungszone zu Source und Drain mit ein.

Über die Steilheit g_m kommt die Verstärkung im FET zustande: Eine Wechselspannung v_g an C_{sg} erzeugt auf der Drainseite einen Wechselstrom $g_m v_g$. Dies ist im Ersatzschaltbild durch die Stromquelle dargestellt. Der Ausgangskreis, bestehend aus dem FET und einem Lastwiderstand, verbraucht Wechselstromleistung, die der Batterie entnommen wird. Da auch im Eingangskreis an den Widerständen R_g, R_s und r_i Wirkleistung verbraucht wird, ist der Gewinn, d.h. das Verhältnis Ausgangsleistung zu Eingangsleistung, nicht unendlich groß.

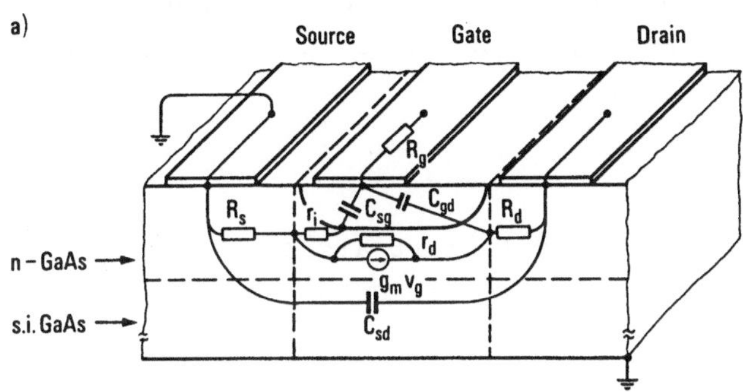

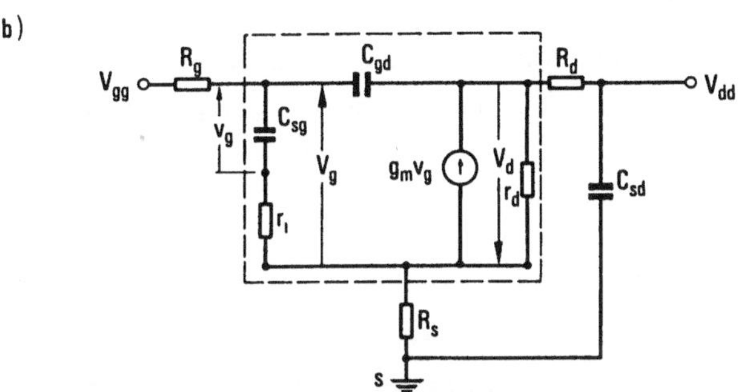

Abb.4.1. Kleinsignal-Ersatzschaltbild eines GaAs-MESFET.
a) Lageplan; b) Schaltbild

Weitere Elemente des inneren FET sind die Source-Gate-Kapazität C_{sg}, die über den Vorwiderstand r_i geladen wird, sowie der Ausgangsleitwert $1/r_d$, der die Steigung der I_d-(V_d)-Kennlinie bei konstanter Gatespannung darstellt. Zum inneren FET gehört noch C_{gd}, die Rückwirkungskapazität zwischen Drain und Gate. Sie wird durch die Raumladungszone im Gebiet zwischen Drain und Gate gebildet. Zum äußeren FET gehört die Kapazität zwischen Drain und Source, C_{sd}, die durch die Kapazität der Leiterbahnen des Draingebietes entsteht. In den folgenden Abschnitten werden zunächst die Formeln für Steilheit g_m, Drainwiderstand des inneren FET r_d, Innenwiderstand r_i und Source-Gate-Kapazität C_{sg} abgeleitet. Diese Größen hängen stark von den Versorgungsspannungen ab. Da Kleinsignal-FET gewöhnlich bei Arbeitspunkten mit $V_d > V_p$ betrieben werden, werden wir uns auf diesen Bereich beschränken. Anschließend werden die spannungsunabhängigen Größen betrachtet.

4.1.2 Steilheit g_m

Die statische Steilheit g_m ist definiert als Quotient Änderung des Drainstroms durch Änderung der Gatespannung bei konstanter Drainspannung:

$$g_m = \left(\frac{\partial I_d}{\partial V_g}\right)_{V_d}. \tag{4.1}$$

Die dynamische Steilheit $g_{\tilde{m}}$ berücksichtigt in erster Näherung den Laufzeiteffekt der Elektronen im Sättigungsbereich [4.6] [1]

$$g_{\tilde{m}} = g_m \exp(-j2\pi f\tau). \tag{4.2}$$

Der Betrag des Drainstroms wird hauptsächlich im "gradual-channel"-Bereich durch die Gatespannung beeinflußt. Durch die Laufzeit τ der Elektronen im Sättigungsbereich entsteht eine Verzögerung, die den Phasenfaktor $\exp(-j2\pi f\tau)$ in Gl. (4.2) hervorruft. Die Länge des Sättigungsbereichs ist bei typischem Arbeitspunkt wenig kleiner als die Gatelänge L (Kap.3). Damit gilt für τ:

$$\tau = (L - L_1)/v_s \approx L/v_s. \tag{4.3}$$

---

[1] Eine Potenzreihenentwicklung von Gl.(4.2) führt auf die in [4.6] angegebene Gleichung: $g_{\tilde{m}} = g_m[1 - j2\pi f\tau - (2\pi f\tau)^2 + \ldots]$.

Mit $L = 1\ \mu m$ und $v_s = 1{,}3 \cdot 10^7$ cm/s folgt $\tau = 8$ ps, in Übereinstimmung mit experimentellen Werten. Für $2\pi f\tau = 1$ (entsprechend 20 GHz im angeführten Beispiel) wird sich der negative Einfluß der Laufzeit τ auf die Hochfrequenzeigenschaften stark bemerkbar machen.

Die Steilheit im Bereich $V_d > V_p$ wird durch Differenzieren der Gl.(3.17) für $I_{d\,sat}$ nach V_g gewonnen. Mit Hilfe der Definition für s und p, Gl.(3.11) und (3.12), folgt

$$g_m = \frac{g_0 W E_s}{2sU_{00}} \frac{\partial p}{\partial s}. \tag{4.4}$$

Zur Berechnung von $\partial p/\partial s$ bildet man das totale Differential von Gl.(3.28) und setzt es gleich null. Da mit der Gatespannungsvariablen s sowohl die Sättigungsspannungsvariable p als auch die Länge des Sättigungsgebietes L_2 verändert wird, benötigt man zur Berechnung des totalen Differentials die Ausdrücke $\partial L_2/\partial p$ und $\partial L_2/\partial s$, die unter Berücksichtigung von $L = L_1 + L_2$ durch Differenzieren der Gl.(3.20) gewonnen werden. Damit folgt

$$g_m = \frac{I_s}{U_{00}} f_g(s,p,\xi). \tag{4.5}$$

Darin ist

$$f_g(s,p,\xi) = \frac{(1-s)\cosh(\pi L_2/2a) - (1-p)}{[2p(1-p) + \xi(L_1/L)]\cosh(\pi L_2/2a) - 2p(1-p)}. \tag{4.6}$$

Der Quotient

$$\frac{I_s}{U_{00}} = 2\varepsilon_s v_s \frac{W}{a} \tag{4.7}$$

ist unabhängig von der Dotierung [2].

---

[2] Symmetrischer FET: Faktor 4 statt Faktor 2 in Gl.(4.7).

Da f_g nur wenig von den übrigen Designgrößen abhängt, läßt sich eine Erhöhung der Steilheit am leichtesten durch eine Vergrößerung der Gatebreite W erreichen [3]. Abb.4.2 zeigt f_g als Funktion des normierten Drainstroms, wobei für den Sättigungsparameter ξ und das Verhältnis Kanallänge zu Kanaldicke (L/a) typische Werte für Mikrowellen-FET gewählt wurden. Da die Gatediode in Sperrichtung gepolt ist, kann der Anstieg von g_m im Bereich $I_d/I_s = 0{,}5$ in der Praxis nicht ausgenützt werden. Die Steilheit hängt im Sättigungsbereich nur wenig von der Drainspannung ab (Abb.4.2); daher ist die Wahl von $V_d = U_{00}$ unkritisch. Für Mikrowellen-FET liegt also f_g im Bereich 0,4 bis 0,8. Die geringe Abhängigkeit der Steilheit von ξ, L/a und I_d wird verständlich, wenn wir uns daran erinnern, daß bei Transistoren kurzer Kanallänge bei typischem Arbeitspunkt (nicht zu kleinem Strom) die Öffnung auf Source- und Drainseite nahezu gleich groß ist: Damit wird $s = p$, $L_1 = 0$, $L_2 = L$ (vgl. Abb.3.6). Gl.(4.5) vereinfacht sich dann zu

$$g_m = I_s/(2U_{00}p), \tag{4.8a}$$

oder, mit Gl.(3.17) zu

$$g_m = I_s/[2U_{00}(1 - I_d/I_s)]. \tag{4.8b}$$

Gl.(4.8b) beschreibt den Bereich, in dem die Kurven von Abb.4.2 zusammenlaufen.

Für Transistoren großer Kanallänge ist g_m dagegen von der Kanaldotierung stark abhängig (vgl. Gl.(4.7)): Mit $L_2 = 0$ und $p = d$ erhält man aus Gl.(4.5)

$$g_m = g_0 W(d - s)/L, \tag{4.9}$$

wobei die Schichtleitfähigkeit g_0 nach Gl.(3.5) proportional zur Dotierung ist.

---

[3] Die sinnvolle Vergrößerung von W wird begrenzt: einerseits durch die Zunahme des Gatewiderstands $R_g \sim W$ (vgl. Abschn. 4.1.9), andererseits durch die Abnahme der Eingangsimpedanz des FET.

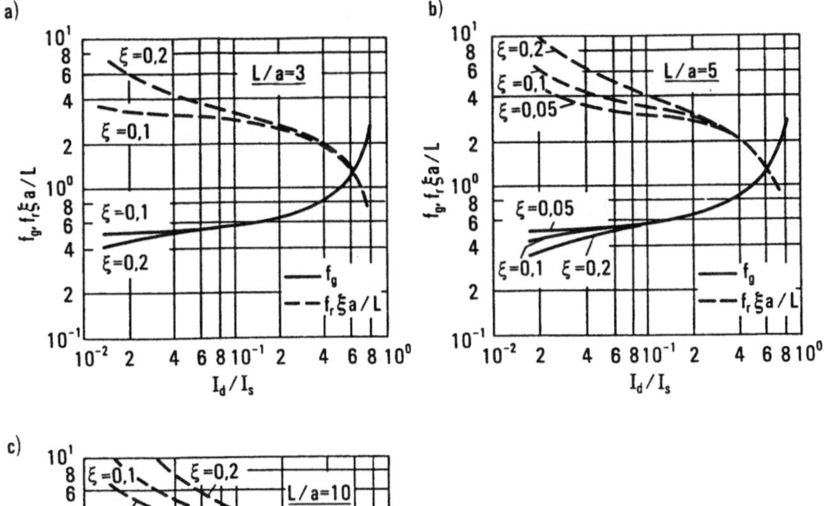

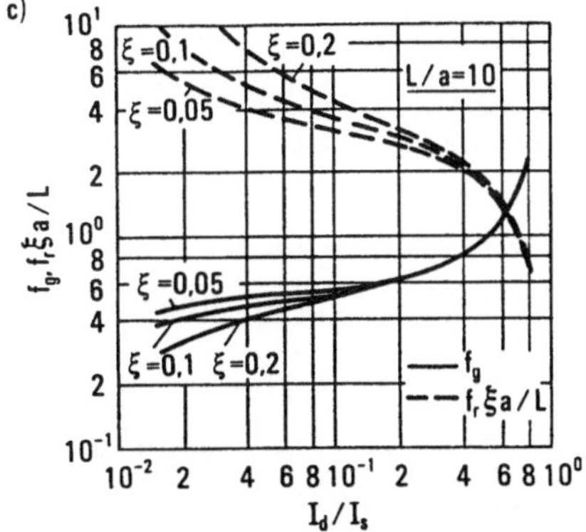

Abb.4.2. Steilheitsfunktion f_g und Drainwiderstandsfunktion $f_T\xi a/L$ in Abhängigkeit vom normierten Drainstrom bei gegebener Drainspannung $V_d/U_{00} = 1$ für verschiedene Werte des Sättigungsparameters ξ. Nach [4.5]. a) $L/a = 3$; b) $L/a = 5$; c) $L/a = 10$

4.1.3 Drainwiderstand des inneren FET r_d

Der Drainwiderstand des inneren FET r_d ist definiert als Quotient Änderung der Drainspannung durch Änderung des Drainstroms bei konstanter Gatespannung:

$$r_d = \left(\frac{\partial V_d}{\partial I_d}\right)_{V_g} . \tag{4.10}$$

Da $\partial I_d = -I_s\,\partial p$ (Gl.(3.17)), kann r_d durch Differenzieren von Gl.(3.28) gewonnen werden, wobei $\partial L_2/\partial p$ wie bei der Berechnung der Steilheit aus Gl.(3.20) bestimmt wird. Damit folgt

$$r_d = \frac{U_{00}}{I_s}\, f_r(s,p,\xi), \tag{4.11}$$

wobei

$$f_r(s,p,\xi) = \frac{1}{1-p}\left\{\left[2p(1-p) + \xi\,\frac{L_1}{L}\right]\cosh\frac{\pi L_2}{2a} - 2p(1-p)\right\}. \tag{4.12}$$

Abb.4.2 zeigt die Drainwiderstandsfunktion $f_r\xi a/L$ in Abhängigkeit vom normierten Drainstrom für Werte von ξ und L/a, wie sie für Mikrowellen-FET typisch sind. Im Gegensatz zu f_g hängt f_r vom Drainstrom (und damit von der Gatespannung) stark ab.

Die Normierung von f_r in Abb.4.2 wird verständlich, wenn man die Näherung von Gl.(4.12) für kurze Kanallängen betrachtet: Mit $L_2 = L$, $L_1 = 0$, Gl.(3.28) und der Näherung $\cosh x = 0{,}5 \exp x = \sinh x$ wird aus Gl.(4.12)

$$f_r = \frac{\pi L}{\xi a}\,\frac{V_d}{U_{00}}\,p. \tag{4.13}$$

Gl.(4.13) beschreibt die Kurven für $\xi = 0{,}1$ und $I_d/I_s > 0{,}1$ in Abb.4.2 recht gut. Aus den Gl.(4.7) und (4.13) folgt für r_d [4]

$$r_d = \pi(2\varepsilon_s v_s E_s W)^{-1}\, V_d(1 - I_d/I_s). \tag{4.14}$$

In dieser Näherung ist r_d unabhängig von L und a und eine lineare Funktion von V_d und I_d.

[4] Symmetrischer FET: Faktor 4 statt Faktor 2 in Gl.(4.14)

4.1.4 Innenwiderstand r_i

Der Innenwiderstand r_i ist der Vorwiderstand für die Source-Gate-Kapazität C_{sg} im inneren FET. Für FET großer Kanallänge läßt sich r_i aus den Lösungen einer partiellen Differentialgleichung für V(x,y,t) als Realteil der Eingangsimpedanz ableiten [4.1]. Für FET kleiner Kanallängen lassen sich - hauptsächlich wegen des schwer zu berechnenden Einflusses des Sättigungsgebiets - keine einfachen Gleichungen für r_i angeben. Wir begnügen uns hier mit einer einfachen Überlegung zur Abschätzung von r_i.

Dazu wird ein planarer Schottky-Kontakt als Übertragungsleitung mit einem differentiellen Längswiderstand $R_\square/W$ und einem differentiellen Leitwert $j\omega C_\square W$ betrachtet (Abb.4.3). Die bekannten Lösungen der Leitungsgleichungen für Strom und Spannung mit $V(0) = V_1$ und $I(0) = I_1$ lauten [4.16, 4.17]:

$$V(x) = V_1 \cosh \gamma x - I_1 Z^* \sinh \gamma x, \tag{4.15a}$$

$$I(x) = I_1 \cosh \gamma x - (V_1/Z^*) \sinh \gamma x \tag{4.15b}$$

mit der charakteristischen Impedanz

$$Z^* = \frac{1}{W}\left(\frac{R_\square}{j\omega C_\square}\right)^{1/2} \tag{4.16}$$

und der Ausbreitungskonstante

$$\gamma = (j\omega R_\square C_\square)^{1/2}. \tag{4.17}$$

Der Wechselstrom fließt im Eingangskreis zwischen Source und Gate. Dabei wird sich unterhalb des Schottky-Kontakts eine Strom- und Spannungsverteilung entsprechend Gl.(4.15) einstellen. Mit der Näherung $I(L) = 0$ folgt für die Impedanz des Schottky-Kontakts:

$$Z_s = Z^* \coth \gamma L. \tag{4.18}$$

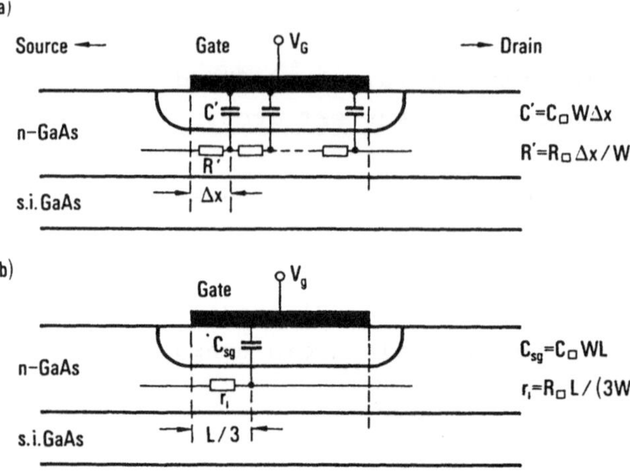

Abb.4.3. a) Planarer Schottky-Kontakt als Übertragungsleitung; b) Querschnitt und Ersatzschaltbild für $|\gamma L| \leq 1$

Einsetzen der Gl.(4.16) und (4.17) in Gl.(4.18) und Trennung nach Real- und Imaginärteil ergibt mit der Reihenentwicklung $\gamma L \coth \gamma L \approx 1 + (\gamma L)^2/3$ für $|\gamma L| \leq 1$:

$$r_i = R_\square L/(3W) = L/[3g_0W(1 - s)]. \tag{4.19}$$

$$C_{sg} = C_\square WL. \tag{4.20}$$

s^2 ist die normierte Gatespannung nach Gl.(3.12), $1 - s$ die relative Kanalöffnung. Dieses Ergebnis läßt sich für das Kleinsignal-Ersatzschaltbild so interpretieren, daß bei genügend niedrigen Frequenzen [5] der Punkt, an dem C_{sg} angeschlossen ist, im Kanal bei $x = L/3$ liegt.

Wie in Kap.3 dargestellt, besitzen Hochfrequenz-FET bei typischem Arbeitspunkt ein ausgedehntes Sättigungsgebiet. Im Modell der Übertragungsleitung (Abb.4.3) kann man sich den Einfluß der Driftsättigung so vorstellen, daß die differen-

---

[5] Das Einsetzen typischer Werte z.B. $n = 1 \cdot 10^{17}$ cm^{-3}, $a = 0{,}2$ µm, $\mu_0 = 4000$ cm^2/(Vs), $L = 1$ µm, ergibt bei halboffenem Kanal $|\gamma L| = 1$ bei etwa 100 GHz. Die Abweichung von Gl.(4.19) ist dabei kleiner als 5 %.

tiellen Längswiderstände $R_{\square}/W$ zur Drainseite hin wegen der Abnahme der Beweglichkeit zunehmen, wodurch r_i sich erhöht. Die dem Modell des Kap.3 zugrunde gelegte stückweise lineare v(E)-Charakteristik ermöglicht wegen ihres Knicks keine vernünftige Abschätzung der Zunahme von r_i mit wachsendem Drainstrom. Ein Vergleich mit experimentellen Werten aus der Literatur [4.8, 4.9, 2.1] zeigt, daß r_i nach Gl.(4.19) um den Faktor 3 bis 6 zu niedrige Werte liefert. Es ist aber auch festzustellen, daß die experimentelle Bestimmung von r_i schwierig ist, da aus den S-Parameter-Messungen die Summe aus $r_i + R_s + R_g$ resultiert, die nur durch zusätzliche Informationen aus statischen Messungen in ihre Summanden zerlegt werden kann. Über die Abhängigkeit des Vorwiderstands r_i vom Arbeitspunkt gibt es kaum experimentelle Untersuchungen. Rechnungen nach einem analytischen Modell [4.8] ergaben folgende Zusammenhänge:

1. r_i steigt mit negativer werdender Gatespannung etwa nach der Abhängigkeit in Gl.(4.19);
2. r_i ist etwa dreimal so groß wie in Gl.(4.19) abgeschätzt;
3. r_i steigt mit zunehmender Drainspannung im Sättigungsbereich nur noch schwach an;
4. r_i sinkt mit zunehmender Kanallänge.

Diese Feststellungen passen - mit Ausnahme von Punkt 4 - zur hier entwickelten Modellvorstellung.

4.1.5 Source-Gate-Kapazität C_{sg}

Die gesamte Kanalladung Q_k läßt sich aus drei Teilen zusammensetzen (Abb.4.4):

$$Q_k = Q_1 + Q_2 + Q_3. \tag{4.21}$$

Q_1 ist die Ladung im sourceseitigen, und Q_3 die Ladung im drainseitigen Randgebiet. Q_2 ist die Kanalladung direkt unter der Gateelektrode. Q_k hängt von V_g und V_d ab. Somit gilt für das totale Differential

$$dQ_k = \left(\frac{\partial Q_k}{\partial V_g}\right)_{V_d} dV_g + \left(\frac{\partial Q_k}{\partial V_d}\right)_{V_g} dV_g , \tag{4.22a}$$

$$dQ_k = C_{sg} dV_g + C_{gd} dV_d . \tag{4.22b}$$

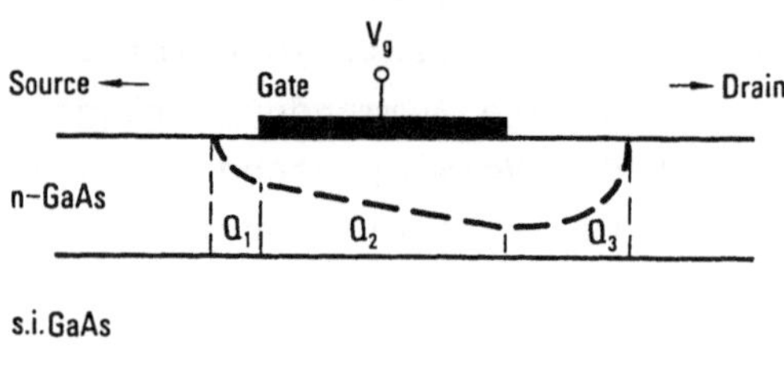

Abb.4.4. Aufteilung der gesamten Kanalladung in Q_k in Q_1, Q_2 und Q_3

Mit Gl.(4.22) ist die Source-Gate-Kapazität C_{sg} und die Gate-Drain-Kapazität C_{gd} definiert. Für einen FET in der Sättigung wird angenommen, daß einerseits Q_1 und Q_2 nicht von V_d, andererseits Q_3 nicht von V_g abhängen:

$$\left(\frac{\partial Q_1}{\partial V_d}\right)_{V_g} = \left(\frac{\partial Q_2}{\partial V_d}\right)_{V_g} = \left(\frac{\partial Q_3}{\partial V_g}\right)_{V_d} = 0 . \tag{4.23}$$

Veranschaulichen läßt sich Gl.(4.23) durch die Modellvorstellungen in Kap.3: Die Steuerung des FET erfolgt durch die Variation des Kanalquerschnitts mit der Gatespannung. Dem entspricht im Kleinsignal-Ersatzschaltbild die Umladung der Source-Gate-Kapazität. Da mit dem Überschreiten der Drainsättigungsspannung der Drainstrom nur noch wenig zunimmt, wird Q_k im wesentlichen von V_g beeinflußt, so daß $\partial Q_1/\partial V_d = \partial Q_2/\partial V_d = 0$ tatsächlich gilt. Im Abschn.3.5 wurde auf die Existenz einer Dipolschicht (Elektronenanreicherung und -verarmung) am drainseitigen Kanalende hingewiesen. Diese Dipolschicht trennt gewissermaßen Q_2 und Q_3, so daß $\partial Q_3/\partial V_g = 0$ verständlich wird.

Aus den Gl.(4.21), (4.22) und (4.23) folgt für C_{sg} und C_{gd}

$$C_{sg} = \left(\frac{\partial Q_1}{\partial V_g}\right)_{V_d} + \left(\frac{\partial Q_2}{\partial V_g}\right)_{V_d}, \tag{4.24}$$

$$C_{gd} = \left(\frac{\partial Q_3}{\partial V_d}\right)_{V_g}. \tag{4.25}$$

Für den ersten Term in Gl.(4.24) ergibt eine Näherungsformel [4.7]

$$\left(\frac{\partial Q_1}{\partial V_g}\right)_{V_d} = 0{,}78\ \varepsilon W. \tag{4.26}$$

Der zweite Term enthält Q_2, welches durch Integration der auf der Oberfläche der Gateelektrode senkrecht stehenden Feldstärkekomponente E_y längs der Gateelektrode zu berechnen ist

$$Q_2 = \varepsilon W \left[\int_0^{L_1} E_{y1}(x,a)\,dx + \int_{L_1}^{L} E_{y2}(x,a)\,dx \right]. \tag{4.27}$$

$E_{y1}(x,a)$ wird durch Raumladung der ionisierten Störstellen bestimmt

$$E_{y1}(x,a) = \frac{qN}{\varepsilon}\ [a - b(x)] = \frac{U_{00}}{a}\ [1 - \frac{b(x)}{a}], \tag{4.28}$$

wobei a die Kanaldicke und $a - b(x)$ die Weite der Raumladungszone bedeuten (Abschn.3.2.1).

Aus der Potentialverteilung nach Gl.(3.27) ergibt sich für

$$E_{y2}(x,a) = 2\ \frac{U_{00}}{a}\ p + E_s\ \sinh\frac{\pi(x - L_1)}{2a}. \tag{4.29}$$

Führt man die Integration nach Gl.(4.27) aus, so erhält man

$$Q_2 = qNaW \left[\frac{f_2(s,p)}{f_1(s,p)} L_1 + pL_2 + \frac{\xi a^2}{\pi L} \left(\cosh \frac{\pi L_2}{2a} - 1 \right) \right] \quad (4.30)$$

mit $f_1(s,p)$ gemäß Gl.(3.14b) und

$$f_2(s,p) = \frac{2}{3}(p^3 - s^3) - \frac{1}{2}(p^4 - s^4). \quad (4.31)$$

Gl.(4.30) ist nun nach V_g zu differenzieren. Mit Hilfe der Identitäten

$$\left(\frac{\partial p}{\partial V_g} \right)_{V_d} = \frac{f_g}{U_{00}} \quad (4.32a)$$

und

$$\left(\frac{\partial L_2}{\partial V_g} \right)_{V_d} = \frac{1 - pf_g}{E_s \cosh(\pi L_2/2a)} \quad (4.32b)$$

entsteht aus Gl.(4.24)

$$C_{sg} = \varepsilon W f_c \quad (4.33a)$$

mit

$$f_c = 0{,}78 + f_{c1} + f_{c2}, \quad (4.33b)$$

wobei

$$f_{c1}(s,p,\xi) = \frac{2L_1}{f_1 a} \left\{ f_g \left[\frac{2p^2(1-p)^2 + f_2}{1-p} \right] - s(1-s) \right\} \quad (4.34a)$$

und

$$f_{c2}(s,p,\xi) = 2\,\frac{L_2}{a} f_g + (1 - 2pf_g) \times \left[2\,\frac{L}{a}\,\frac{p}{\xi \cosh(\pi L_2/2a)} + \tanh \frac{\pi L_2}{2a} \right]. \quad (4.34b)$$

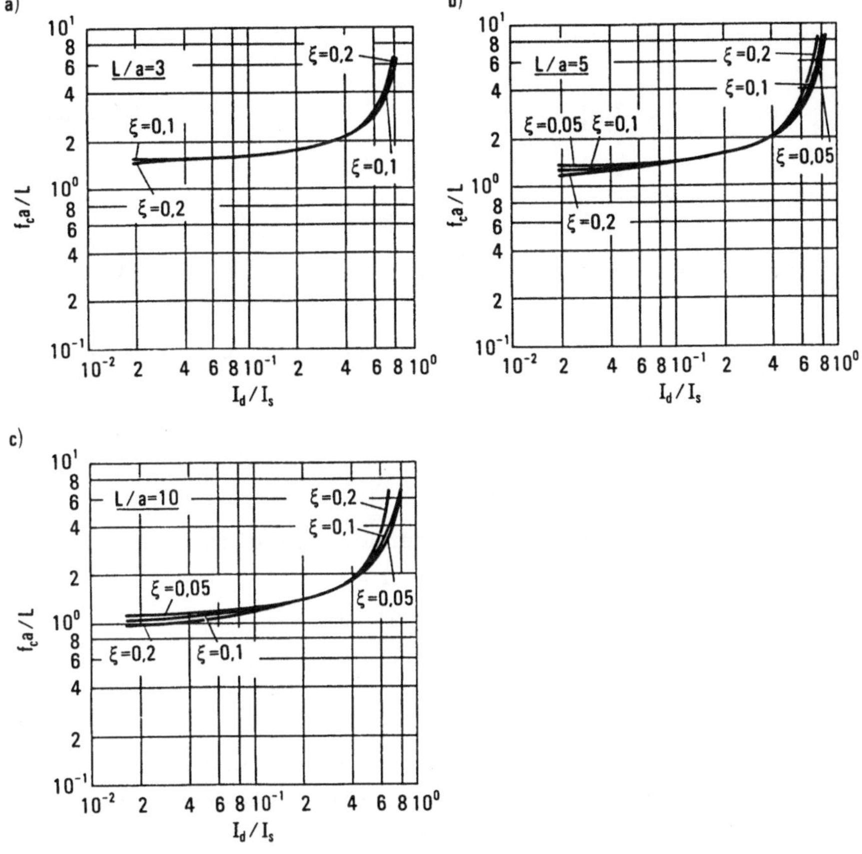

Abb.4.5. Normierte Source-Gate-Kapazität $f_c a/L$ als Funktion des normierten Drainstroms bei gegebener Drainspannung $V_d/U_{00} = 1$ für verschiedene Werte des Sättigungsparameters ξ. Nach [4.5]. a) L/a = 3; b) L/a = 5; c) L/a = 10

f_{c1} und f_{c2} stellen die Beiträge des "gradual-channel-" und des Sättigungsgebiets dar, der Summand 0,78 berücksichtigt die Randkapazität. Die normierte Funktion $f_c a/L$ ist in Abb.4.5 in Abhängigkeit vom normierten Drainstrom dargestellt. Die Drainspannung ist konstant ($V_{dd} = W_{00}$), die Parameter ξ und L/a liegen im Bereich typischer Werte für Mikrowellen-FET. Man erkennt, daß $f_c a/L$ nur schwach vom Sättigungsparameter ξ abhängt. Für kurze Kanallängen ($\xi \leq 0,1$) und nicht zu kleine

Ströme gilt nach Kap.3 $s \approx p$, $L_1 \approx 0$. In dieser Näherung bleibt nur der erste Term von f_{c2} übrig und man erhält

$$C_{sg} = \varepsilon W \left[\frac{L}{ap} + 0{,}78 \right] , \qquad (4.35a)$$

oder

$$C_{sg} = \varepsilon W \left[\frac{L}{a} \frac{1}{1 - I_d/I_s} + 0{,}78 \right] . \qquad (4.35b)$$

Gl.(4.35) ist eine gute Näherung für die Kurvenscharen in Abb.4.5 mit $L/a = 3$ und $L/a = 5$.

4.1.6 Gate-Drain-Kapazität C_{gd}

Nach den Ausführungen des vorhergehenden Abschnitts liegt nahe, für $\partial Q_3/\partial V_d$ in Gl.(4.25) eine zu Gl.(4.26) analoge Näherungsformel zu verwenden. Damit folgt für C_{gd}:

$$C_{gd}/W = 0{,}78\ \varepsilon = 89\ \mathrm{fF/mm}. \qquad (4.36)$$

C_{gd} ist demnach unabhängig vom Arbeitspunkt. Genauere Rechnungen zeigen, daß im Sättigungsbereich C_{gd} weder von V_g noch von V_d stark abhängt. Die Änderungen liegen unter 20 % [4.8].

Experimentell wurde gezeigt, daß C_{gd} beim Übergang vom linearen zum Sättigungsbereich stark abnimmt und auch im Sättigungsbereich mit zunehmendem V_d weiterhin sinkt [4.9]. Dieses Verhalten ist so zu verstehen, daß die Dipolschicht (Abschn.3.5) am drainseitigen Ende den Spannungszuwachs aufnimmt. Zur Kantenkapazität gemäß Gl.(4.26) wird also eine Dipolkapazität in Serie geschaltet, so daß C_{gd} bis auf etwa ein Drittel des Werts von Gl.(4.26) sinken kann [4.9].

C_{gd} hängt ferner von technologischen Parametern ab, die modellmäßig schwer zu erfassen sind. So spielen z.B. das Dotierungsprofil, die Eigenschaften des Substrats (z.B. Haftstellenprofil) Oberflächenzustände, der Übergang von der leitenden Schicht zum Substrat und die Form des Ätzgrabens beim

Gate-recess (s. Kap.5: Technologie) eine Rolle. Zur Abschätzungen leistet Gl.(4.26) dennoch gute Dienste. Obwohl C_{gd} sehr viel kleiner als C_{sg} ist, spielt C_{gd} als Rückwirkungskapazität für das Hochfrequenzverhalten der FET eine wichtige Rolle.

4.1.7 Source-Drain-Kapazität C_{sd}

Die Source-Drain-Kapazität C_{sd} kann als spannungsunabhängige Größe betrachtet werden, da sie durch die gesamte Drainmetallisierungsfläche gegen Source (Masse) gebildet wird. Genaue Berechnungen von C_{sd} erfordern großen mathematischen Aufwand [4.10, 4.11]. Da C_{sd} nicht zum inneren FET gehört, spielt sie für das Hochfrequenzverhalten nur eine untergeordnete Rolle. Außerdem gilt $C_{sd} \ll C_{sg}$. Aus dem Querschnitt eines FET (Abb.4.1) erkennt man, daß die Gateelektrode den koplanaren Anteil der Source-Drain-Kapazität erheblich verkleinert, zumal die n-leitende Schicht die Feldlinien im GaAs konzentriert. Demzufolge wird nur der Anteil zu der auf Masse liegenden Substratrückseite berücksichtigt. Nach [4.12] beträgt die Kapazität eines Streifens der Breite W, Länge L_d mit $W \gg L_d$ auf einem dielektrischen Substrat der Dicke H:

$$C_{sd} = \varepsilon L_d W/H + 0{,}88\ \varepsilon W. \tag{4.37a}$$

Experimentell ergab sich für quadratische und rechteckige Elektroden auf semiisolierendem GaAs [4.13]:

$$C_{sd} = 1{,}3\ \varepsilon L_d W/H + 1{,}84\ \varepsilon (W + L_d)/\log(10^4\ H), \tag{4.37b}$$

wobei H in cm einzusetzen ist (typ. $10^{-2} \leq H \leq 4 \cdot 10^{-2}$ cm).

Die Gl.(4.37a) und (4.37b) liefern ähnliche Werte für C_{sd}. Meist gilt $L_d \ll H$, so daß jeweils der zweite Summand dominiert. C_{sd} ist dann etwa so groß wie C_{dg} (Gl.(4.36)).

4.1.8 Sourcewiderstand R_s und Drainwiderstand R_d

Bei einem FET, dessen Gate symmetrisch zu Source und Drain liegt, ist $R_s = R_d$. Es gilt dann

$$R_s = R_d = R_c + R'_{\square} \cdot \frac{S}{W}, \tag{4.38}$$

wobei R_c den Kontaktwiderstand und der zweite Term den Bahnwiderstand darstellt. S ist der Abstand zwischen Source und Gate bzw. Gate und Drain. $R'_{\square}$ ist der Schichtwiderstand des Bahngebiets. Bestehen im Bahngebiet Bereiche mit unterschiedlichen Dotierungsverhältnissen, so ist in Gl.(4.38) $R'_{\square}S$ zu ersetzen durch $R_{1\square}S_1 + R_{2\square}S_2 + \ldots$, wobei $R_{1\square}$, $R_{2\square}, \ldots$ die Schichtwiderstände und S_1, $S_2, \ldots$ die entsprechenden Abmessungen darstellen. Will man Verstärkung und Rauschen eines FET optimieren, so muß man die Summe der Widerstände $R_s + R_g + r_i$ möglichst klein halten, da nach dem Ersatzschaltbild (Abb.4.1) über diese Widerstände die Source-Gate-Kapazität C_{sg} umgeladen wird. Da R_s als Gegenkopplungswiderstand die Steilheit reduziert (vgl. Abschn.3.4, Gl.(3.64)), bringt die Reduzierung dieses Widerstands erhebliche Verbesserungen. Dies läßt sich durch Heranrücken des Gate nahe an Source, durch Gateversenken oder durch Kontaktimplantationen erreichen. Eine Erhöhung von R_d bringt manchmal Vorteile: Die Durchbruchspannung Gate-Drain hängt vom Feldverlauf zwischen Gate und Drain ab. Eine Vergrößerung des Gate-Drain-Abstands, verbunden mit einer genauen Einstellung von Dicke und Dotierung kann die Gate-Drain-Durchbruchspannung wesentlich erhöhen, was zum Erzielen hoher Leistungen wichtig ist (vgl. Abschn. 4.4: Leistungs-FET).

4.1.9 Gatewiderstand R_g

Der Gatewiderstand R_g hat als Vorwiderstand für die Source-Gate-Kapazität einerseits Einfluß auf Verstärkung und Rauschen, andererseits begrenzt er auch die "zweckmäßige" maximale Gatebreite eines einzelnen Gatefingers. Ab dieser Gatebreite läßt sich bei einer bestimmten Frequenz die HF-Ausgangsleistung nicht mehr erhöhen, weil die einzelnen FET-

Elemente in der z-Richtung mit Phasenverzögerung, d.h. zum Teil "gegeneinander" arbeiten. Auf diese Weise können sogar unerwünschte Oszillationen zustande kommen [4.14].

Für typische GaAs-FET treten für $W \leq 150$ µm und Frequenzen ≤ 18 GHz die in [4.14] behandelten Effekte nicht auf. Für R_g läßt sich dann eine einfache Gleichung ableiten [4.6, 4.15]:

$$R_g = \frac{1}{3} \rho \frac{W}{Ld} . \tag{4.39}$$

Darin ist ρ der spezifische Widerstand, d die Dicke der Metallschicht. Der Faktor 1/3 kommt von der Reihenentwicklung der Lösung nach dem Transmission-Line-Modell, bei dem der FET in differentielle Elemente in z-Richtung zerlegt wurde. Gl.(4.39) gilt unter folgenden Voraussetzungen:

- Source und Drain sind Äquipotentialflächen.
- Der Gatestrom ist gleich null.
- Das Gate wird einseitig angesteuert, d.h. das andere Ende ist offen.
- Im betrachteten Frequenzbereich ist der Betrag der Eingangsimpedanz sehr groß gegen R_g. Diese Bedingung ist im allgemeinen erfüllt, wenn der kapazitive Anteil der Eingangsimpedanz überwiegt.

Der Gatewiderstand kann vermindert werden, indem man anstelle eines langen Fingers mehrere kurze parallel schaltet. Verteilt man eine gesamte Gatebreite W auf m Finger ($W = mW'$), so sinkt einerseits der Gatewiderstand des einzelnen Gatefingers proportional zu 1/m, andererseits erniedrigt die Parallelschaltung den resultierenden Widerstand entsprechend $R_g' \sim 1/m$, so daß folgt:

$$R_g' = R_g/m^2 . \tag{4.40}$$

R_g' läßt sich wie folgt schreiben:

$$R_g' = \frac{1}{3} \rho W'^2/(WLd) . \tag{4.41}$$

W' ist die Breite des einzelnen Gatefingers, W die gesamte Gatebreite. Die Auswirkungen einer unterschiedlichen Anzahl von Gatefingern auf den maximalen unilateralen Gewinn G_u (Definition s. Anhang) verdeutlicht Abb.4.6 [4.15].

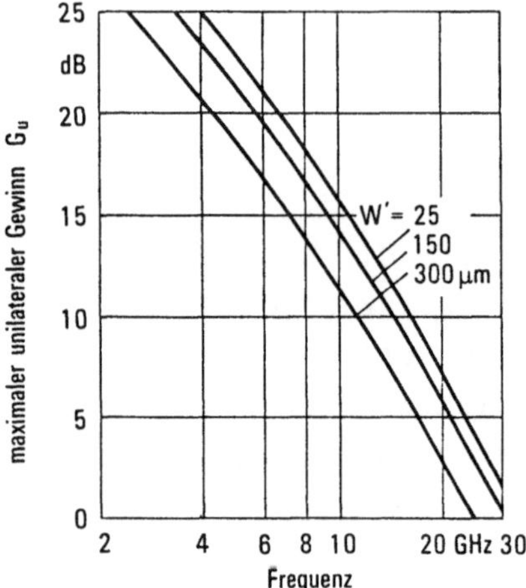

Abb.4.6. Einfluß des Gatewiderstands auf den berechneten maximalen unilateralen Gewinn G_u als Funktion der Frequenz. Die gesamte Gatebreite ist mit W = 300 µm konstant, die Breite des Einzelfingers variiert: W' = 25/150/300 µm; $R_s + r_i$ = 10 Ω; C_{sg} = 180 ff; ρ/(Ld) = 0,1 Ω/µm. Nach [4.15]

4.2 Rauschen

Das Rauschen in einem FET wird einerseits von inneren Rauschquellen des Elements und andererseits von äußeren thermischen Quellen erzeugt, welche durch die parasitären Widerstände des Elements gegeben sind. Zum inneren Rauschen tragen zwei Mechanismen bei: Im "gradual channel"-Bereich (mit $\mu = \mu_0$, konstante Trägerbeweglichkeit) entsteht ein thermischer Rauschbeitrag, während im Kanalteil mit Sättigung der Elektronengeschwindigkeit ($v = v_s$, konstante Trägergeschwindigkeit) das sogenannte Diffusionsrauschen erzeugt wird. Dieser zweite Teil bestimmt bei kurzer Kanallänge das Rauschverhalten des Elements.

4.2.1 Das Rausch-Ersatzschaltbild und die minimale Rauschzahl des inneren FET

Das Rausch-Ersatzschaltbild des inneren Transistors zeigt Abb.4.7 [4.18]. Im Eingangskreis liegt die Gate-Source-Kapazität C_{sg}. Am Ausgang liegt die Stromquelle $g_m v_g$, wobei v_g die Signalspannung an der Gate-Source-Kapazität darstellt. Parallel dazu liegt der Ausgangsleitwert $g_d = 1/r_d$ des Transistors. Die Rauschquellen des inneren FET lassen sich durch Stromquellen i_g bzw. i_d darstellen [1.11], welche am Eingang bzw. am Ausgang des FET liegen. Nach van der Ziel [4.19] fließt im Gate ein Rauschstrom, der durch das thermische Rauschen des Drainstroms im Kanal und der damit verbundenen Spannungsfluktuationen hervorgerufen wird. Nach Baechthold [4.20] wird dieser Rauschanteil durch den Einfluß heißer Elektronen noch verstärkt. Im Sättigungsgebiet des Kanals wird außerdem das Diffusionsrauschen erzeugt, welches über eine kapazitive Kopplung ebenfalls zum Gaterauschen beiträgt. Am Ausgang des FET liegt die Rauschquelle i_d. Dieser Rauschanteil entsteht aus dem durch heiße Elektronen erhöhten thermischen Rauschen im Kanalteil I und - wie noch gezeigt wird - durch spontan erzeugte Dipole, welche im Kanalteil II zum Drain driften.

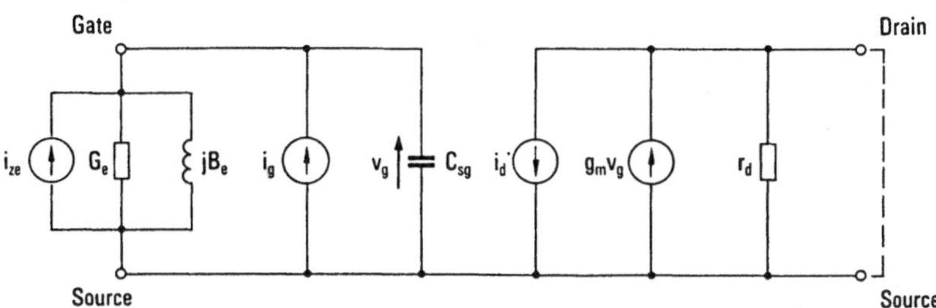

Abb.4.7. Rausch-Ersatzschaltbild des inneren FET mit Rauschanpassung am Eingang. Gegenüber Abb.4.1 wurde r_i und C_{dg} vernachlässigt. $Y_e = G_e + jB_e$: Eingangsleitwert; i_{ze}: Rauschquelle, zu G_s gehörig. Ausgang kurzgeschlossen

Die Rauschzahl F ist definiert als Quotient aus Signal-Geräusch-Verhältnis am Eingang zu Signal-Geräusch-Verhältnis am Ausgang. Aus dieser Definition folgt, daß F - 1 gleich ist dem Verhältnis der Rauschleistung des realen Verstärkers zur Rauschleistung des idealen (rauschfreien) Verstärkers mit einem auf 290 K befindlichen Generatorwiderstand [1.11]. Damit ergibt sich für die Schaltung in Abb.4.7 (Ausgang kurzgeschlossen)

$$F - 1 = \frac{|\overline{i_g' + i_d'}|^2}{|\overline{i_{ze}'}|^2} . \tag{4.42}$$

Mit $Y_e = G_e + jB_e$ und den auf den kurzgeschlossenen Ausgang bezogenen Strömen $i_{ze}' = g_m(4kT\ \Delta f)^{1/2}/(Y_e + j\omega C_{sg})$, $i_g' = g_m i_g/(Y_e + j\omega C_{sg})$ und $i_d' = v_d g_d$ wird

$$F - 1 = \frac{\overline{|i_g g_m/(Y_e + j\omega C_{sg}) + v_d g_d|^2}}{4kT\ G_e \Delta f g_m^2 |1/(Y_e + j\omega C_{gs})|^2} . \tag{4.43}$$

Im allgemeinen sind i_g und v_d korreliert, da das thermische Rauschen im Kanal sowohl den Gate-Rauschstrom als auch v_d beeinflußt. Mit dem komplexen Korrelationskoeffizienten jC [1.11]

$$jC = \frac{\overline{v_d i_g^*}}{\left(|\overline{v_d^2}|\,|\overline{i_g^2}| \right)^{1/2}}$$

sowie den für minimales Rauschen optimalen $B_{e\,opt}$ und $G_{e\,opt}$

$$B_{e\,opt} = -\omega C_{gs} + \frac{g_m}{g_d} C \frac{\left(|\overline{i_g^2}| \right)^{1/2}}{|\overline{v_d^2}|}$$

bzw.

$$G_{e\,opt} = \frac{g_m \left(|\overline{i_g^2}| \right)^{1/2}}{g_d \left(|\overline{v_d^2}| \right)^{1/2}} (1 - C^2)^{1/2}$$

wird schließlich

$$(F-1)_{min} = \frac{1}{2kTg_m\Delta f}\left(|\overline{i_g^2}|\right)^{1/2}\left(|\overline{i_d^2}|\right)^{1/2}(1-C^2)^{1/2}. \tag{4.44}$$

Damit führt die Berechnung der minimalen Rauschzahl auf die Ermittlung der Größen $|\overline{i_g^2}|$, $|\overline{i_d^2}|$ und C in Abhängigkeit von den Parametern des FET.

4.2.2 Drainrauschen (innerer FET)

4.2.2.1 Kanalteil I

Das mittlere Schwankungsquadrat der im Kanalteil I thermisch erzeugten Rauschspannung wurde von van der Ziel [4.19] berechnet. Die am Ende des Kanalteils I auftretende Rauschspannung Δv_1, welche durch das thermische Rauschen eines kleinen Kanalelements Δx am Ort x entsteht, ergibt sich nach [4.20]: [6]

$$|\overline{\Delta v_1^2}| = \frac{8kT_e(x)\Delta f U_{00}}{I_d(1-p)^2}(1-u)^2\, udu \tag{4.45}$$

mit

$$T_e/T_0 = 1 + \delta(E/E_s)^3,$$

wobei T_e die effektive Rauschtemperatur bedeutet, $T_0 = 300$ K, E elektrische Feldstärke, E_s Sättigungsfeldstärke und δ eine empirische Konstante [4.20].

---

[6] Gl. (4.45) läßt sich mit Hilfe der Variationsrechnung ableiten, indem man $\delta I_d = \delta[2qn\mu b(dU/dx)] = 0$ setzt. Wegen der Korrelation bewirkt eine Schwankung der Kanaldicke b eine Änderung der Feldstärke dU/dx, so daß I_d konstant bleibt. Gl. (4.45) folgt dann nach einigen Umformungen mit Hilfe der Gl. (3.9), (3.11) und (3.12).

Durch die Rauschspannung Δv_1 wird am Ende des Kanalteils II eine Rauschspannung Δv_{d1} erzeugt. Da bei konstantem Strom I_d die Weite des Kanals im Teil II und damit auch die Spannung am pinch-off-Punkt festliegt, kann einzig die Lage des pinch-off-Punkts bzw. die Länge des Kanalteils I noch variieren. Damit wird

$$\Delta L_1 = \Delta v_1 / E_s .$$

Die mit der Modulation des pinch-off-Punkts erzeugte Fluktuation Δv_{d1} wird mit Gl.(3.28)

$$\Delta v_{d1} = \left.\frac{dV_{sd}}{dL_1}\right|_{s,p} \Delta L_1 = \Delta v_1 \cosh\left(\frac{\pi L_2}{2a}\right),$$

wobei $\Delta L_1 = -\Delta L_2$. Integration obiger Gleichung im Bereich $0 \leq x \leq L_1$ ergibt mit Gl.(4.45)

$$|\overline{v_{d1}^2}| = \frac{4kT_0 \Delta f (P_0 + P_\delta)}{(g_0 W/L_1)(1 - p^2)} \cosh^2 \frac{\pi L_2}{2a}, \tag{4.46}$$

wobei

$$P_0 = (f_1)^{-1} \left[(p^2 - s^2) - \frac{4}{3}(p^3 - s^3) + \frac{1}{2}(p^4 - s^4) \right],$$

$$P_\delta = 2\delta (f_1)^{-1} (1 - p)^3 \left[(s - p) + \ln \frac{1 - s}{1 - p} \right].$$

Der Anteil mit P_δ in Gl.(4.46) stellt den durch die heißen Elektronen erzeugten Rauschbeitrag dar; ohne P_δ entspricht Gl.(4.46) der von van der Ziel [4.19] abgeleiteten Beziehung.

4.2.2.2 Kanalteil II

Im Kanalteil II driften die Ladungsträger mit Sättigungsgeschwindigkeit. Wie van der Ziel [1.10] zeigt, läßt sich die spektrale Rauschleistung des Rauschstroms $j_n(x)$ am Ort x schreiben als

$$|\overline{Aj_n(x)^2}| = \frac{4q^2DN\Delta f}{\Delta x} . \tag{4.47}$$

Hierin sind D Hochfeld-Diffusionskoeffizient der Elektronen; N Trägerdichte; A Querschnitt des Kanals, $A = bW$ (b ist hier die Kanalöffnung im Sättigungsgebiet); Δf Bandbreite; Δx Dipollänge (s. unten).

Mit der Einstein-Beziehung $D = \mu\, kT/q$ geht diese Gleichung in die Nyquist-Gleichung für thermisches Rauschen über. Da die Voraussetzung für die Gültigkeit der Einsteinschen Beziehung eine Maxwell-Verteilung der Ladungsträger ist, diese aber für Elektronen in hohen Feldern (heiße Elektronen) im allgemeinen nicht gegeben ist, erweist sich das Diffusionsrauschen als der allgemeinere Vorgang gegenüber dem thermischen Rauschen.

Der Rauschstrom $j_n(x)$ kann als Verteilung von zeitlich und räumlich voneinander unabhängigen Stromimpulsen betrachtet werden. Durch Vergleich mit dem Ausdruck für das Schrotrauschen [1.11]

$$|\overline{i^2}| = 2qI_0\Delta f$$

(I_0 Gleichstromkomponente) läßt sich Gl.(4.47) als eine Folge von Stromimpulsen betrachten, welche mit der Rate $r = I_0/q = 2DNA/\Delta x_0$ erfolgen. Jeder Stromimpuls entspricht der Verschiebung der Elementarladung q um die Strecke Δx_0 (Dipollänge).

Die somit spontan am Ort x_0 entstandenen Dipole mit dem Moment $q\Delta x_0/A$ driften (im Gebiet der Sättigungsgeschwindigkeit) unverändert zum Drainkontakt, wobei $L_1 < x_0 < L$.

Das Potential des Dipols mit dem Moment $q\Delta x_0/A$ am Ort x_0 läßt sich durch eine zweidimensionale harmonische Reihe darstellen (vgl. Abschn.3.2.3), in welcher jeder Term in positiver und negativer x-Richtung außerhalb des Dipols exponentiell abfällt. Damit wird das Dipolpotential (als erstes Glied der Reihe)

$$\psi(x,y) \approx \pm \frac{2}{\pi\varepsilon} \left(\frac{q\Delta x_0}{bW}\right) \sin\frac{\pi b}{2a} \cos\frac{\pi y}{2a} \exp\left(-\frac{\pi}{2a}|x-x_0|\right). \tag{4.48}$$

Unter Berücksichtigung der Drift des Dipols in Richtung Drain läßt sich die zeitabhängige Potentialstörung am Drain darstellen als

$$\Delta v_{d2} = -\frac{2}{\pi\varepsilon}\left(q\,\frac{\Delta x_0}{bW}\right) \sin\frac{\pi b}{2a} \exp\left\{\frac{\pi}{2a}\,[L-x_0-v_s(t-t_0)]\right\} \tag{4.49}$$

mit $0 \leq t-t_0 \leq (L-x_0/v_s)$.

Um das mittlere Schwankungsquadrat $\overline{|\Delta v_{d2}^2|}$ zu berechnen, muß die spektrale Dichte des einzelnen Pulses bestimmt und mit der Generationsrate der Dipole multipliziert werden. Durch Integration über alle Dipole im Kanalteil II ergibt sich schließlich

$$\overline{|v_{d2}^2|} = I_{d\,sat}\,\frac{64a^3}{\pi^5 v_s^3}\,\frac{qD\Delta f}{\varepsilon^2 b^2 W^2}\,\sin^2\left(\frac{\pi b}{2a}\right)\cdot \cdot\left[\exp\frac{\pi L_2}{a} - 4\exp\frac{\pi L_2}{2a} + 3 - \frac{\pi L_2}{a}\right]. \tag{4.50}$$

Nach dieser Gleichung hängt $\overline{|v_{d2}^2|}$ direkt vom Drainsättigungsstrom $I_{d\,sat}$ ab und ist proportional zum Hochfeld-Diffusionskoeffizienten D. [7]

[7] Für den symmetrischen FET (z.B. Si-JFET) ist der Faktor 64 durch 16 zu ersetzen. $I_{d\,sat}$ ist dann der Drainsättigungsstrom des symmetrischen Transistors (vgl. Abschn.3.2).

Da die Rauschspannungsbeiträge aus den beiden Gebieten nicht korreliert sind, gilt

$$|\overline{i_{d1}^2}| + |\overline{i_{d2}^2}| = |\overline{i_d^2}|, \tag{4.51}$$

wobei

$$i_{d1} = \frac{v_{d1}}{r_d} \quad \text{und} \quad i_{d2} = \frac{v_{d2}}{rd}.$$

4.2.3 Gaterauschen (innerer FET)

4.2.3.1 Kanalteil I

Über die kapazitive Kopplung des Kanals mit dem Gate werden durch Spannungsschwankungen im Kanal Ladungen auf dem Gate erzeugt. Die Größe der Ladung ist zeitabhängig; somit entsteht im Gatekreis ein Rauschstrom. Nach [4.1] läßt sich die induzierte Gateladung Δq_{11}, welche durch eine thermische Spannungsschwankung am Ort x_0 im Kanalteil I erzeugt wird, schreiben zu

$$\Delta q_{11} = (aqNWL_1/r_d I_d)[-k + \gamma\ u(x_0)]\Delta v_{d1} \tag{4.52}$$

mit

$$k = f_1^{-1}\left[-\frac{1}{3}(p^3 - s^3) + \frac{1}{6}(p^4 - s^4) + (s^2 - \frac{2}{3}\ s^3)(p - s)\right] + \gamma p,$$

$$\gamma = \frac{(1-p)^2\ f_r}{f_1\ \cosh(\pi L_2/2a)},$$

(f_r siehe Gl.(4.12)).

Eine z.B. durch eine Stromerhöhung Δi_{d1} induzierte Gateladung Δq_{11} bewirkt eine Zunahme des Spannungsabfalls am Kanalteil II und somit eine Zunahme von L_2: dies wirkt der Stromerhöhung

Δi_{d1} entgegen. Die entsprechende Gateladung Δq_{12} hat also das entgegengesetzte Vorzeichen von Δq_{11}:

$$\Delta q_{12} = - \Delta i_{d1} L_2/v_s = - \Delta v_{d1}/r_d v_s =$$

$$= - [aqNW(1 - p) L_2/r_d \; I_{d\,sat}] \Delta v_{d1} .$$

Δq_{11} und Δq_{12} sind korreliert. Die induzierte Ladung wird damit insgesamt

$$\Delta q_1 = \Delta q_{11} + \Delta q_{12} = (aqNWL_1/r_d I_d) [- k' + \gamma u(x_0)] \Delta v_{d1} \tag{4.53}$$

mit

$$k' = k + (L_2/L_1)(1 - p) .$$

Nach Integration von Gl.(4.53) im Bereich $s \leq u \leq p$ und mit $|\overline{i_{g1}^2}| = \omega^2 |\overline{q_1^2}|$ ergibt sich schließlich [8]

$$|\overline{i_{g1}^2}| = \omega^2 \frac{16kT_0 \, \Delta f}{g_0/(L_1 W)} \left(\frac{\varepsilon L_1}{\gamma a} \right)^2 (R_0 + R_\delta) , \tag{4.54}$$

wobei

$$R_0 = (f_1)^{-3} \Big\{ (k')^2 \; (p^2 - s^2) - \frac{4}{3} \, k'(k' + \gamma) \; (p^3 - s^3) +$$

$$+ \frac{1}{2} [(k')^2 + 4k'\gamma + \gamma^2] \; (p^4 - s^4) - \frac{4}{5} (k'\gamma + \gamma^2) \; (p^5 - s^5) + \frac{\gamma^2}{3} \; (p^6 - s^6) \Big\} ,$$

$$R_\delta = \delta (1 - p)^3 \; (f_1)^{-3} \Big\{ - 2(k' - \gamma)^2 \, (p - s + \ln \frac{1 - p}{1 - s}) +$$

$$+ (2k'\gamma - \gamma^2) \; (p^2 - s^2) - \frac{2}{3} \, \gamma^2 (p^3 - s^3) \Big\} .$$

[8] Symmetrischer FET: Faktor 64 statt 16.

Der zu R_0 proportionale Term beinhaltet den Beitrag der heißen Elektronen [4.20], wogegen für $L_1 \to L$ und $R_\delta = 0$ sich der von van der Ziel angegebene Zusammenhang ergibt [4.21].

4.2.3.2 Kanalteil II

Die Fluktuation des Kanalstroms, wie sie durch die Drift der Dipole zustande kommt, induziert eine Ladung q_{21} auf dem Gate:

$$q_{21} = - qNW \int_0^{L_1} \Delta b(x)\,dx = - qNWi_{d2} \int_0^{L_1} \frac{db}{dI_{d\,sat}}\,dx. \qquad (4.55)$$

Mit

$$I_{d\,sat}x = g_0 WU_{00} f_1(s,u) \qquad \text{(s. Gl. (3.14))},$$

$$\frac{db}{dI_{d\,sat}} = - a\,du/dI_{d\,sat} \qquad \text{(s. Gl. (3.9) und (3.12))},$$

und Integration im Bereich $s \leq u \leq p$ folgt

$$q_{21} = - \frac{aqNWL_1 k(\gamma = 0)}{I_{d\,sat}}\, i_{d2}. \qquad (4.56)$$

Die im Gebiet II induzierte Gateladung wird

$$q_{22} = - \left(\frac{L_2}{v_s}\right) i_{d2}. \qquad (4.57)$$

Damit ergibt sich

$$q_2 = q_{21} + q_{22} = \frac{aqNWL_1 k'(\gamma = 0)}{I_{d\,sat}\, r_d}\, v_{d2}. \qquad (4.58)$$

Durch Bildung des mittleren Schwankungsquadrats und Multiplikation mit ω^2 erhält man den Kurzschlußgatestrom [9]

$$|\overline{i_{g2}^2}| = \omega^2 I_{d\,sat} \frac{64a^3 qD\Delta f}{\pi^5 v_s^5} \left[\frac{L_1 k'(\gamma = 0)}{\varepsilon bW(1-p) r_d}\right]^2 \sin^2 \frac{\pi b}{2a} \cdot$$

$$\cdot \left(\exp \frac{\pi L_2}{a} - 4 \exp \frac{\pi L_2}{2a} + 3 + \frac{\pi L_2}{a}\right) . \tag{4.59}$$

4.2.4 Korrelationskoeffizient zwischen Gate- und Drainrauschen

Da für Gate- und Drain-Kurzschlußrauschstrom die gleiche Ursache, nämlich die Stromschwankungen im Kanal, verantwortlich ist, muß zwischen den beiden Rauschströmen Korrelation bestehen. Der Korrelationskoeffizient C lautet [1.11]

$$C = \mathrm{Re} \frac{\overline{i_g i_d^*}}{\sqrt{\overline{i_g i_g^*}}\sqrt{\overline{i_d i_d^*}}} . \tag{4.60}$$

Die Anteile i_{g1}, i_{d1} entstehen im Kanalteil I (thermisches Rauschen), i_{g2} und i_{d2} im gesättigten Kanalteil II (Diffusionsrauschen). Dabei sind jeweils (i_{g1}, i_{d2}) bzw. (i_{g2}, i_{d1}) nicht korreliert. Damit läßt sich der Korrelationskoeffizient C als Summe von C_1 (für Kanalteil I) und C_2 (Kanalteil II) schreiben:

$$C_1 = C_{11} \left(\frac{|\overline{i_{g1}^2}|\,|\overline{i_{d1}^2}|}{|\overline{i_g^2}|\,|\overline{i_d^2}|}\right)^{1/2} ,$$

$$C_2 = C_{22} \left(\frac{|\overline{i_{g2}^2}|\,|\overline{i_{d2}^2}|}{|\overline{i_g^2}|\,|\overline{i_d^2}|}\right)^{1/2} ,$$

[9] Symmetrischer FET: Faktor 16 statt 64: $I_{d\,sat}$, r_d gehören dann zum symmetrischen Transistor.

wobei

$$jC_{11} = \frac{\overline{i_{g1}^* i_{d1}}}{\left(|\overline{i_{g1}^2}|\,|\overline{i_{d1}^2}|\right)^{1/2}}$$

und

$$jC_{22} = \frac{\overline{i_{g2}^* i_{d2}}}{\left(|\overline{i_{g2}^2}|\,|\overline{i_{d2}^2}|\right)^{1/2}} .$$

Die kapazitive Kopplung zwischen Gate- und Drainstrom bewirkt den Phasenfaktor $j = \sqrt{-1}$. Nach Statz [4.18] wird

$$C_{11} = \frac{S_0 + S_\delta}{[(R_0 + R_\delta)(P_0 + P_\delta)]^{1/2}}$$

mit

$$S_0 = (f_1)^{-2} \left\{ k'\left[(p^2 - s^2) - \frac{4}{3}(p^3 - s^3) + \frac{1}{2}(p^4 - s^4)\right] + \right.$$
$$\left. + \gamma\left[-\frac{2}{3}(p^3 - s^3) + (p^4 - s^4) - \frac{2}{5}(p^5 - s^5)\right]\right\}$$

und

$$S_\delta = 2\delta\left(f_1^{-2}\right)(1-p)^3 \left[(k' - \gamma)\left(s - p + \ln\frac{1-s}{1-p}\right) + \frac{1}{2}\gamma(p^2 - s^2)\right].$$

Aus den Gl.(4.56) bis (4.59) geht die Proportionalität $i_{d2} \sim i_{g2}$ hervor. Somit sind i_{d2} und i_{g2} voll korreliert, d.h. $C_{22} = 1$.

4.2.5 Rauschzahl des FET mit parasitären Widerständen

Das Ersatzschaltbild des FET mit den parasitären Elementen ist in Abb.4.8 gezeigt. C_{gd}, die Gate-Drain-Kapazität, ist im allgemeinen klein gegen C_{sg} (Gate-Source-Kapazität) und wird daher im weiteren vernachlässigt. Der Rauschbeitrag von

R_i, dem Widerstand des sourceseitigen, nicht ausgeräumten Kanalgebiets, ist in der Gaterauschquelle i_g enthalten. Die parasitären Widerstände, wie der Gate-Metallisierungswiderstand R_g sowie der Gate-Source-Widerstand R_s, liefern die wesentlichen äußeren thermischen Rauschbeiträge. Gegenüber Abb.4.1 wurden die Widerstände R_d und r_d vernachlässigt. R_d hat als Teil des Ausgangskreises keinen Einfluß auf das Rauschen. In der Sättigung ist $r_d \gg 1/g_m$.

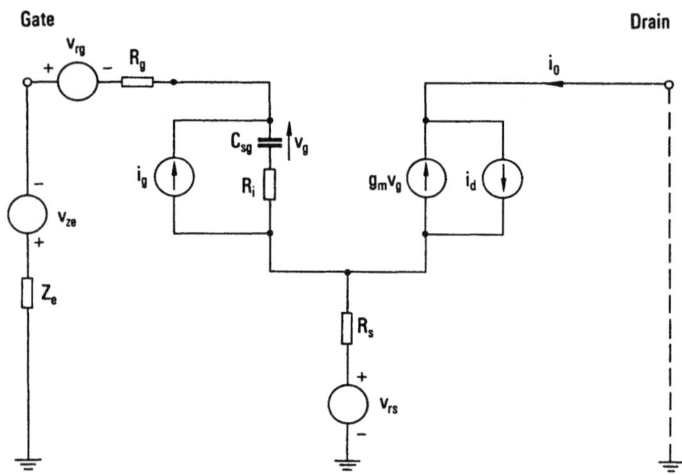

Abb.4.8. Rausch-Ersatzschaltbild des FET mit parasitären Widerständen

Mit Abb.4.8 und einer Gl.(4.42) entsprechenden Formel, die die auf den Ausgang bezogenen Rauschbeiträge i'_{rs} durch R_s und i'_{rg} durch R_g berücksichtigt, gilt

$$F - 1 = \frac{|\overline{i'_{rs} + i'_{rg} + i'_g + i'_d}|^2}{|\overline{i'^2_{ze}}|} . \tag{4.61}$$

Die äußeren, thermischen Rauschquellen lassen sich allgemein schreiben zu

$$|\overline{v_r^2}| = 4kT_0R\Delta f,$$

wobei die entsprechenden Indizes für R_s, R_g und $R_e = \mathrm{Re}(Z)$ zu ergänzen sind. Diese Rauschspannungen können mit Hilfe von Abb.4.8 und den Y-Parametern

$$Y_{11} = j\omega C_{sg}/(1 + j\omega C_{sg}R_i),$$

$$Y_{21} = g_m/(1 + j\omega C_{sg}R_i)$$

in die Rauschströme i'_{rs}, i'_{rg} und i'_{ze} umgerechnet werden. Die inneren Rauschquellen i_g bzw. i_d lassen sich als Rauschleitwerte g_n bzw. g_{dn} darstellen:

$$g_{gn} = \frac{|\overline{i_g^2}|}{4kT_0\Delta f} \qquad \text{bzw.} \qquad g_{dn} = \frac{|\overline{i_d^2}|}{4kT_0\Delta f}\,.$$

Damit wird aus Gl. (4.61)

$$F = 1 + \frac{1}{R_e}\left[r_n + g_n|Z_e + Z_c|^2\right] \tag{4.62}$$

mit

$$g_2 = \left|\frac{Y_{11}}{Y_{21}}(g_{dn})^{1/2} - jC(g_{gn})^{1/2}\right|^2 + (1 - C^2)g_{gn},$$

$$r_n = R_g + R_s + \frac{g_{dn}}{|Y_{21}|^2}\,\frac{(1 - C^2)}{g_n}\,g_{gn},$$

$$Z_c = R_g + R_s + \frac{1}{g_n}\left(g_{dn}Y_{11}^*/|Y_{21}|^2 + jC(g_{gn}g_{dn})^{1/2}/Y_{21}\right).$$

Nach [4.22] kann ein rauschender FET als Kombination aus einem rauschfreien FET und einem vorgeschalteten Rauschnetzwerk dargestellt werden. Dieses Netzwerk ist in Abb.4.9 gezeigt. Dabei befinden sich r_n und g_n bei der Temperatur T_0, Z_c dagegen bei $T = 0$. Mit den Ausdrücken

$$P = \frac{|\overline{i_d^2}|}{4kT_0\Delta f g_m} \qquad \text{und} \qquad R = \frac{|\overline{i_g^2}|}{4kT_0\Delta f\omega^2 C_{sg}^2}$$

wird

$$r_n = (R_g + R_s) + K_r \left(\frac{1 + \omega^2 C_{sg}^2 R_i^2}{g_m} \right),$$

$$g_n = K_g \frac{\omega^2 C_{sg}^2}{g_m},$$

$$Z_c = (R_g + R_s) + \frac{K_c}{Y_{11}},$$

wobei K_g, K_c und K_r Funktionen von P, R und C sind:

$$K_g = P\{[1 - C(R/P)^{1/2}]^2 + (1 - C^2)R/P\},$$

$$K_c = \frac{1 - C(R/P)^{1/2}}{[1 - C(R/P)^{1/2}]^2 + (1 - C^2)R/P},$$

$$K_r = \frac{R(1 - C^2)}{[1 - C(R/P)^{1/2}]^2 + (1 - C^2)R/P}.$$

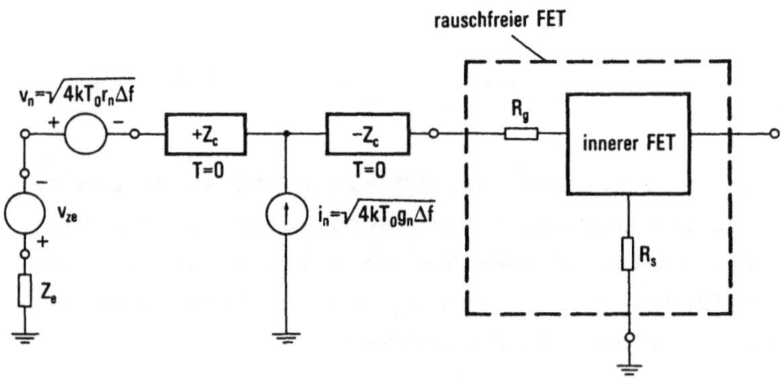

Abb.4.9. Rauschender FET, dargestellt durch einen rauschfreien FET mit vorgeschaltetem Rauschnetzwerk. Nach [4.22]

Abb.4.10 zeigt einen typischen Satz der Koeffizienten K_g, K_c und K_r als Funktion des normierten Drainstroms. K_g zeigt den stärksten Anstieg mit I_d. Bei festem I_d/I_s zeigt K_c eine Abnahme mit wachsendem L/a, wogegen K_r und K_g stark zunehmen (Abb.4.11).

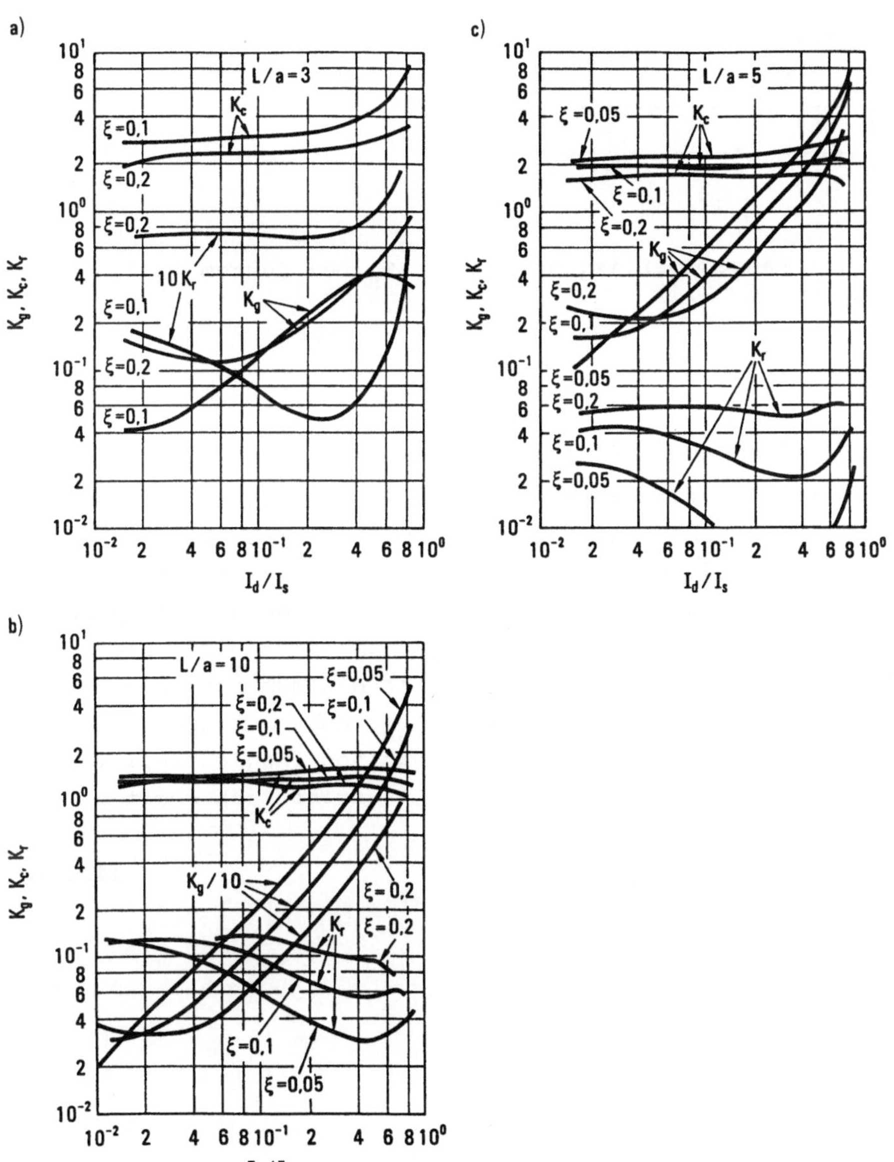

Abb.4.10. Rauschkoeffizient K_g, K_c, K_r als Funktion des normierten Drainstroms I_s/I_d; ($V_d/U_{00} = 1$, Parameter ξ). Nach [4.5]

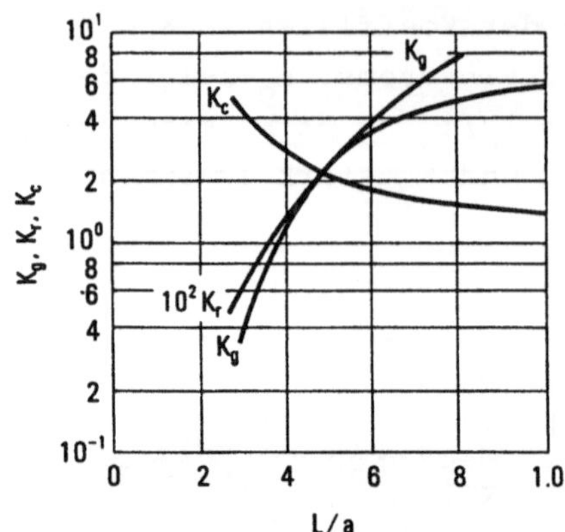

Abb.4.11. Rauschkoeffizient K_g, K_c, K_R bei festem $I_d/I_s = 0{,}5$; $(V_d/U_{00} = 1;\ \xi = 0{,}1)$

4.2.6 Minimale Rauschzahl

In der ersten Stufe eines mehrstufigen rauscharmen Verstärkers wird versucht, das Rauschen zu minimieren. Dies geschieht durch die Wahl der richtigen Eingangsimpedanz $Z_e = R_e + jX_e$, welche mit Hilfe eines passenden Netzwerks zwischen Signalquelle und FET-Eingang realisiert wird. Die Rauschzahl (Gl.(4.63)) weist dann ihr Minimum auf, wenn der Realteil von Z_e den Optimalwert $R_{e\,opt}$ aufweist und der Imaginärteil von Z_e gleich ist dem negativen Imaginärteil von $Z_c = R_c + jX_c$. Die minimale Rauschzahl ergibt sich somit zu

$$F_{min} = 1 + 2g_n(R_c + R_{e\,opt}), \tag{4.63}$$

wobei

$$R_{e\,opt} = \left[R_c^2 + (r_n/g_n) \right]^{1/2}$$

$$X_{e\,opt} = - X_c.$$

Ausgedrückt als Potenzreihe in ω läßt sich F_{min} schließlich schreiben zu

$$F_{min} = 1 + 2 \left(\frac{\omega C_{sg}}{g_m}\right) \{ K_g [K_r + g_m (R_g + R_s)] \}^{1/2} +$$

$$+ 2 \left(\frac{\omega C_{sg}}{g_m}\right)^2 [K_g g_m (R_g + R_s + K_c R_i)] + \ldots \qquad (4.64)$$

Die Gate-Source-Kapazität C_{sg}, die Steilheit g_m und die parasitären Widerstände R_g, R_s bestimmen im wesentlichen das minimale Rauschen des FET. Der Faktor $g_m/2\pi C_{sg}$ im frequenzlinearen Term stellt die Transitfrequenz f_T dar, bei welcher die Stromverstärkung des FET den Wert 1 besitzt. Wegen des dann einsetzenden Verstärkungsabfalls werden FET im allgemeinen nicht bei Frequenzen oberhalb von f_T betrieben.

In Abb.4.12 sind die Größen g_{dn}, g_{gn} und $|C|$ in Abhängigkeit von I_d/I_{dss} aufgetragen. Dabei wurde für D, den Hochfelddiffusionskoeffizienten, ein Wert von $D = 35\ cm^2/s$ angenommen. Es zeigt sich, daß $|C|$ nahezu konstant ist über den größten Teil des Strombereichs. Während g_{gn} ebenfalls konstant bleibt, nimmt g_{dn} stark zu. Nach den Gl.(4.62) und (4.51) enthält g_{dn} den Rauschbeitrag durch die Dipoldrift. Die Rechnungen zeigen, daß g_{dn} annähernd proportional ist zu D.

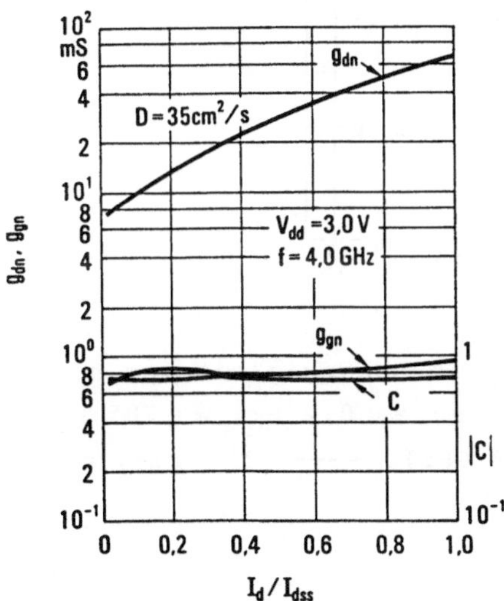

Abb.4.12. Rauschleitwerte g_{dn}, g_{gn} und Korrelationskoeffizient $|C|$ in Abhängigkeit von I_d/I_{dss} (FET mit $L = 2\ \mu m$; $a = 0,2\ \mu m$; $W = 285\ \mu m$; $N_D = 1 \cdot 10^{17}\ cm^{-3}$). Nach [4.5]

Die Abhängigkeit von F_{min} vom normierten Drainstrom zeigt Abb.4.13, wobei verschiedene Werte für D verwendet wurden. Der starke Anstieg von F_{min} zu hohen Drainströmen und die deutliche Abhängigkeit vom Hochfelddiffusionskoeffizienten D spiegelt die wesentliche Rolle des Diffusionsrauschen wieder. Links vom Minimum steigt F_{min} wieder an wegen der schnellen Abnahme der Steilheit g_m nahe dem pinch-off. Für $R_s = R_g = 0$ errechnen sich wesentlich kleinere Werte für F_{min}. Daraus ergibt sich, daß die parasitären Widerstände möglichst klein gehalten werden müssen, da sie nicht nur ihr eigenes thermisches Rauschen beitragen, sondern auch noch zusätzlich einen wesentlichen Einfluß auf die Rauschbeiträge des inneren Transistors besitzen.

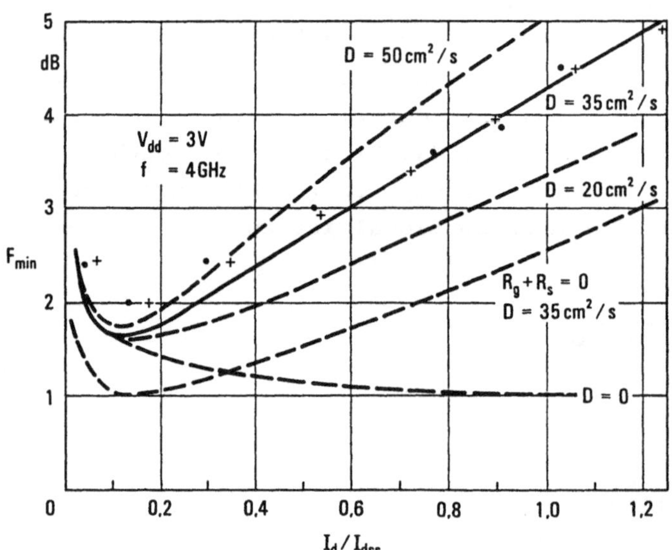

Abb.4.13. Minimale Rauschzahl F_{min} in Abhängigkeit vom normierten Drainstrom. (FET mit L = 2 µm; a = 0,2 µm; W = 285 µm; $N_D = 1 \cdot 10^{17}$ cm^{-3}; V_{DD} = 3,0 V; f = 4 GHz). ----- Theorie, nach [4.5]; ——— Experiment, nach [4.23]

Abb.4.14 zeigt die Frequenzabhängigkeit von F_{min} für zwei verschiedene Gatelängen. Es zeigt sich die in Gl.(4.64) enthaltene Abhängigkeit von der Frequenz sowie der Einfluß von f_T. Abb.4.15 zeigt die starke Abhängigkeit von F_{min} von der Größe der parasitären Widerstände.

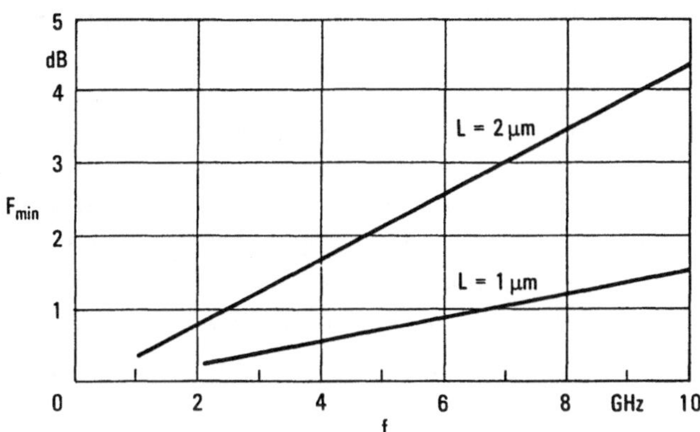

Abb.4.14. Frequenzabhängigkeit von F_{min} für FET mit verschiedener Gatelänge

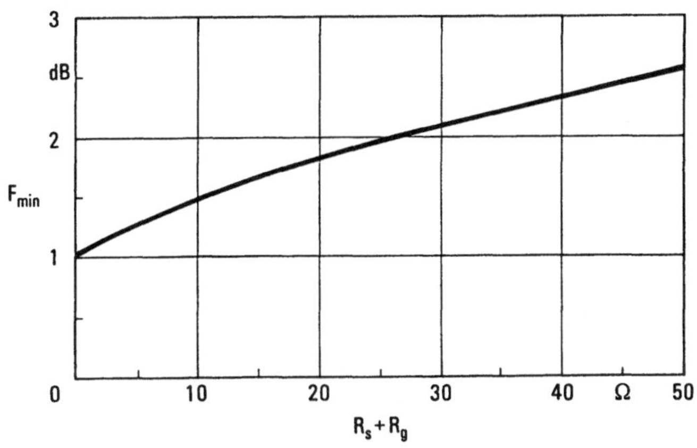

Abb.4.15. F_{min} in Abhängigkeit von $R_s + R_g$. Daten s. Abb.4.13

4.2.7 Empirische Beziehungen für F_{min}

Die mit der Theorie von Pucel et al. [4.5] abgeleiteten Zusammenhänge zwischen Rauschzahl und FET-Parametern erweisen sich für die Bestimmung des Rauschens eines vorgegebenen FET als umfassend, aber auch als recht kompliziert. Mit einem empirisch gefundenen Zusammenhang läßt sich nach Fukui [4.24] die minimale Rauschzahl schreiben als

$$F_{min} = 1 + 2\pi K_f f C_{sg} \left(\frac{R_g + R_s}{g_m}\right)^{1/2} \cdot 10^{-3}, \qquad (4.65)$$

wobei f in GHz, g_m in S und C_{sg} in pF einzusetzen sind.

K_f ist hier ein von der Qualität des aktiven Kanals abhängiger Anpaßfaktor (im allgemeinen $K_f \approx 2{,}5$). g_m und C_{sg} sind bei der Gatespannung Null zu nehmen. Es ist leicht zu sehen, daß Gl.(4.65) sich aus Gl.(4.64) ergibt, wenn $C = 1$ in den Ausdrücken für K_g und K_r gesetzt wird. Nach Definition ist $f_T = 10^3\ g_m(2\pi C_{sg})$. Somit wird

$$F_{min} = 1 + K_f \frac{f}{f_T} [\, g_m(R_g + R_s)\,]^{1/2}. \qquad (4.66)$$

f_T ist näherungsweise proportional zu 1/L (L Gatelänge in µm), womit sich

$$F_{min} = 1 + K_1 L f\, [\, g_m(R_g + R_s)\,]^{1/2} \qquad (4.67)$$

mit $K_1 \approx 0{,}27$ ergibt.

Der Vergleich mit experimentellen Ergebnissen hat gezeigt, daß Gl.(4.67) bis hinauf zur Frequenz f_T gute Übereinstimmung ergibt. Kleine Gatelänge und minimale parasitäre Widerstände R_g und R_s sind also unabdingliche Voraussetzungen für einen FET mit guten Rauscheigenschaften.

Für eine FET-Struktur mit versenktem Gate (Kap.5) sind die Größen g_m, R_g und R_s wie folgt aus Technologiedaten zu errechnen:

$$g_m \approx K_m W (N/aL)^{1/3},$$

$$R_g \approx 17\ W'^2/WdL, \qquad \text{(vgl. Gl.(4.41))}$$

$$R_s \approx R_1 + R_2 + R_3,$$

$$R_1 \approx 2{,}1/Wa_1^{1/2}N_1^{0,66},$$

$$R_2 \approx 1{,}1\ L_2/Wa_2N_2^{0,82},$$

$$R_3 \approx 1{,}1\ L_3/Wa_3N_3^{0,82}.$$

Hierin sind:

a (μm): Kanaldicke unter dem Gate,

a_1 (μm): Kanaldicke unter dem Sourcekontakt,

a_2 (μm): Kanaldicke im Bereich von Source bis zur Ätzkante des Gate-Grabens

a_3 (μm): Kanaldicke (effektiv) im Bereich von der Ätzkante bis zum Schottky-Kontakt

d (μm): Dicke der Gatemetallisierung,

K_m : Anpaßfaktor, $K_m = 0{,}023$ typ.,

L (μm): Gatelänge,

L_2 (μm): Abstand Source-Ätzkante des Gate-Grabens,

L_3 (μm): Abstand Ätzkante–Schottky-Kontakt,

N(10^{16} cm^{-3}): Nettodotierung unter dem Gate,

N_1 (10^{16} cm^{-3}), N_2 (10^{16} cm^{-3}), N_3 (10^{16} cm^{-3}): Nettodotierungskonzentration der zu a_1, a_2 und a_3 gehörigen Bereiche,

R_1 (Ω), R_2 (Ω), R_3 (Ω): Widerstände, entsprechend den o.a. Bereichen,

W (mm): Gatebreite des gesamten FET,

W' (mm): Gatebreite des einzelnen Gatefingers.

Mit den angegebenen Gleichungen läßt sich in recht einfacher Weise die minimale Rauschzahl und die Frequenzabhängigkeit einer vorgegebenen FET-Struktur bestimmen.

4.3 Kleinsignal FET: Stand 1988

Abb.4.16 gibt einen Überblick über die bis 1988 erreichten Werte der minimalen Rauschzahl F_{min} sowie der zugehörigen Verstärkung G_{ass} als Funktion der Frequenz. Abb.4.16 enthält die Daten von Silizium-Bipolar-Transistoren [4.25], von MESFET mit Gatelängen von 1,0, 0,5 und 0,25 µm [4.26-4.42] sowie von HEMT (High Electron Mobility Transistor, vgl. Kapitel 7) mit 0,25 µm Gatelänge [4.43-4.46].

Bei den MESFET-Daten ist festzustellen, daß die nur wenige Jahre alten Bestwerte von Labormustern heute in der Produktion erreicht werden [4.41]. Die HEMT-Daten stammen von Labormustern. HEMT zeichnen sich gegenüber MESFET durch ihre niedrige Rauschzahl aus. Sie erschließen in der Anwendung als rauscharme Verstärker den Frequenzbereich bis 60 GHz.

Bei der Herstellung wird die optische Lithographie für Gatelängen bis herab zu 0,5 µm verwendet. Für Gatelängen von 0,25 µm wird meist die Elektronenstrahlbelichtung (direktes Schreiben auf der Scheibe) in Verbindung mit der optischen Lithographie eingesetzt.

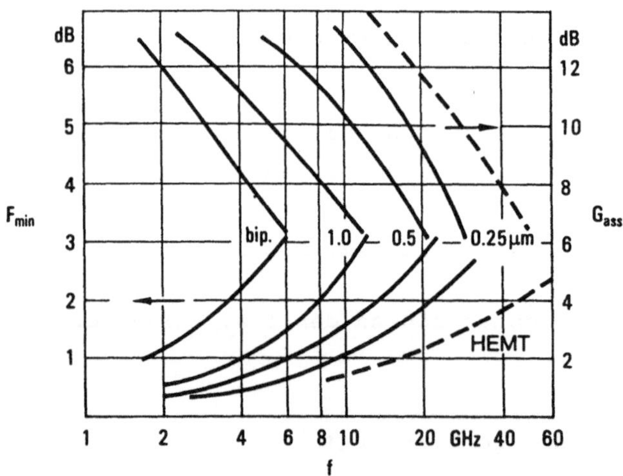

Abb.4.16. Minimale Rauschzahl F_{min} und zugehörige Verstärkung G_{ass} als Funktion der Frequenz für bipolare Transistoren (bip), GaAs-MESFET und HEMT mit Kanallängen von 1,0/0,5/0,25 µm. Nach [4.25-4.46]

Im folgenden werden die elektrischen Eigenschaften rauscharmer FET anhand von Beispielen aus der CFY-Typenfamilie (Siemens AG) diskutiert:

CFY 10 und CFY 19 besitzen eine Gatelänge von 0,8 µm, CFY 18 eine Gatelänge von 0,5 µm. Sie sind in Metall-Keramik-(CFY 10) bzw. Cerec-Gehäuse (CFY 18 und CFY 19) aufgebaut.

Tab.4.1 zeigt die im Datenblatt angegebenen Grenzwerte, Tab.4.2 typische elektrische Daten und Tab.4.3 die Werte für die Ersatzschaltbildelemente nach Abb.4.1. Zum Vergleich sind die auf die Gatebreite von 1 mm normierten Werte aus [4.36] zusammen mit den von 1-µm- [4.37] und 0,25-µm-FET [4.35, 4.38] aufgeführt. Die Werte von R_g/W enthalten den Gatequerschnitt und die Zahl der Gatefinger als Einflußgrößen (vgl. Abschn.4.1.9). Bei abnehmender Gatelänge muß das Gatemetall einen Pilz- oder T-förmigen Querschnitt erhalten, damit R_g/W nicht proportional mit 1/L ansteigt. Die übrigen Widerstände zeigen fallende Tendenz mit abnehmender Gatelänge. Gelegentliche Abweichungen sind Unterschieden in Design, Technologie sowie Meßverfahren zuzuschreiben. Ohne die erhebliche Verkleinerung der Widerstände ist bei abnehmendem L die starke Zunahme der Steilheit nicht zu erreichen. C_{gd}/W liegt nach Gl.(4.36) etwa bei 0,09 pF/mm, niedrigere Werte können durch die Dipolschicht am drainseitigen Ende entstehen (vgl. Abschn.4.1.6). Auf den ersten Blick überrascht, daß C_{sg}/W von L nicht abhängt. Die Betrachtung der Gl.(4.35) zeigt, daß C_{sg} als Summe einer konstanten Randkapazität (etwa 0,09 pF/mm) und einer Kapazität proportional zu L/a zu betrachten ist. Wenn also bei Verkleinerung der

Tab.4.1. Grenzwerte für 0,8-µm- und 0,5-µm-GaAs-MESFET (CFY-Familie, Siemens AG)

Drain-Source-Spannung	V_{dd}	5	V
Gate-Source-Spannung	V_{gg}	-5... + 0,5	V
Drainstrom	I_d	100	mA
maximale Verlustleistung (Gehäusetemperatur 25 °C)	P_{tot}	350	mW

Tab.4.2. Typische elektrische Daten für 0,8 µm- und 0,5 µm-GaAs-MESFET (CFY-Familie, Siemens AG)

		L = 0,8 µm	L = 0,5 µm	
Drainsättigungsstrom V_{dd} = 3 V, V_{gg} = 0 V	I_{dss}	50	50	mA
pinch-off-Spannung V_{dd} = 3 V, I_d = 1 mA	V_t	-1,3	-1,3	V
Steilheit V_{dd} = 3 V, I_d = 15 mA	g_m	35	35	mS
Gatestrom V_{dd} = 3 V, I_d = 15 mA	I_g	0,1	0,1	µA
maximal verfügbarer Gewinn V_{dd} = 3 V, I_d = 30 mA	MAG			
f = 4 GHz		16,5		dB
f = 6 GHz		13,0		dB
f = 12 GHz		8,0		dB
zugehöriger Gewinn V_{dd} = 3 V, I_d = 15 mA	G_{ass}			
f = 4 GHz		12,0	16,0	dB
f = 6 GHz		10,0	14,0	dB
f = 12 GHz		6,5	10,0	dB
minimale Rauschzahl V_{dd} = 3 V, I_d = 15 mA	F_{min}			
f = 4 GHz		1,3	0,6	dB
f = 6 GHz		1,6	0,8	dB
f = 12 GHz		3,3	1,7	dB

Tab.4.3. Ersatzschaltbildelemente von FET mit unterschiedlicher Gatelänge, nach [4.35-4.38]

Firma	L	W	R_g/W	R_sW	R_dW	r_iW	r_dW	C_{sg}/W	C_{gd}/W	C_{sd}/W	g_m/W	τ
	µm	µm	Ω/mm	Ω mm	Ω mm	Ω mm	Ω mm	pF/mm	pF/mm	pF/mm	S/m	ps
Hewlett Packard	1,0	500	6,0	1,5	1,25	1,75	175	0,94	0,040	0,20	60	5,0
Siemens	0,8	300	4,3	1,35	1,50	1,50	120	1,20	0,090	0,50	100	6,0
Siemens	0,5	240	2,5	0,62	0,65	0,96	48	1,42	0,075	0,42	142	4,6
Avantek	0,25	75	?	0,30	0,75	0,15	52	0,93	0,040	0,26	253	2,5
General Electric	0,25	150	7,3	0,38	0,64	0,75	39	1,33	0,093	0,53	320	1,3

Gatelänge das Verhältnis L/a konstant gehalten wird, so bleibt auch C_{sg} konstant.

Bei der Bestimmung der Ersatzschaltbildelemente in Tab.4.3 sowie beim Entwurf von Mikrowellenschaltungen sind die Induktivitäten der Bonddrähte zu berücksichtigen. Diese liegen bei etwa 0,65 nH pro mm Länge (Bonddrahtdurchmesser 25 µm). Durch genaue Einstellung der Länge der Bonddrähte läßt sich in bestimmten Fällen eine grobe Impedanzanpassung vornehmen (vgl. Abschn.4.4.3).

Ein FET arbeitet mit minimalem Rauschen, wenn sowohl die Anpassung am Eingang als auch der statische Arbeitspunkt auf optimale Werte eingestellt sind. Unter diesen Bedingungen besitzt der FET die zugehörige Verstärkung G_{ass}. Optimiert man die Anpassung an Eingang und Ausgang sowie den Arbeitspunkt bezüglich Verstärkung, so erhält man den maximal verfügbaren Gewinn MAG (Tab.4.2). Da die erhöhte Verstärkung über eine Erhöhung des Drainstroms erreicht wird, weist der FET in dem dazu veränderten Arbeitspunkt ein wesentlich größeres Rauschen auf (vgl. Abb.4.13).

Der Einfluß der Eingangsspannung allein (bei konstantem Arbeitspunkt) läßt sich anhand der Abb.4.17 und 4.18 veranschaulichen. Abb.4.17 zeigt die Ortskurven des konjugiert komplexen Wertes der Eingangsimpedanz für maximale Verstärkung (Z_G) und für minimales Rauschen im Smith-Diagramm (Erläuterung des Smith-Diagramms s. Anhang). Bemerkenswert ist vor allem der große Unterschied in den Realteilen von Z_G und Z_F. Abb.4.18 zeigt die Kreise konstanter Verstärkung bzw. Rauschzahl bei der jeweiligen Eingangsspannung nach Abb.4.17 für die Frequenzen 4, 6 und 12 GHz. Die Anpassung auf F_{min} bringt demnach bei 4 GHz einen Verstärkungsverlust von mehr als 3 dB, bei 12 GHz dagegen einen Verstärkungsverlust von weniger als 1 dB.

Die Charakterisierung des Hochfrequenzverhaltens von GaAs-MESFET erfolgt im allgemeinen durch S-Parameter (s. Anhang). S-Parameter-Messungen werden zusammen mit statischen und niederfrequenten Messungen zur Bestimmung des Ersatzschalt-

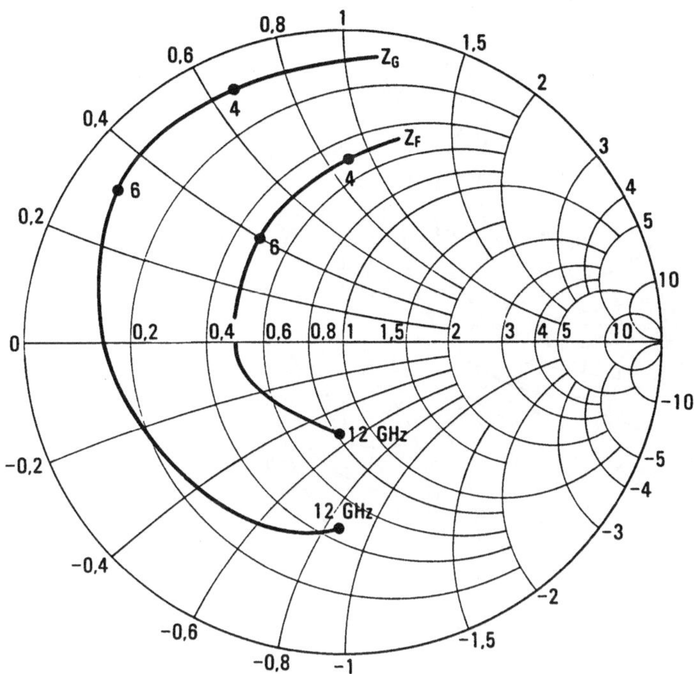

Abb.4.17. Konjugiert komplexer Wert der Eingangsimpedanz für minimales Rauschen (Z_F) und für maximale Verstärkung (Z_G) bei V_{dd} = 4 V, I_d = 15 mA (CFY 10, Siemens AG)

bildes herangezogen. Für den Entwurf von Mikrowellenschaltungen mit FET stellen die S-Parameter die wichtigste Grundlage dar. Abb.4.19 zeigt die S-Parameter für einen 0,5-µm-FET (CFY 18), gemessen im 50-Ω-System.

Berechnet man die S-Parameter ohne Gehäuse, d.h. nur aus den Ersatzbildelementen der Tab.4.3, so ist die Veränderung der Phase mit der Frequenz wesentlich geringer als in Abb.4.19. Durch Einbau von FET-Chips (ohne Gehäuse) lassen sich daher leichter Schaltungen mit großer Bandbreite realisieren. Die ideale Form des Einbaus von FET stellen jedoch die Monolithischen Mikrowellen-IC (MMIC) dar (vgl. Kap.8).

a)

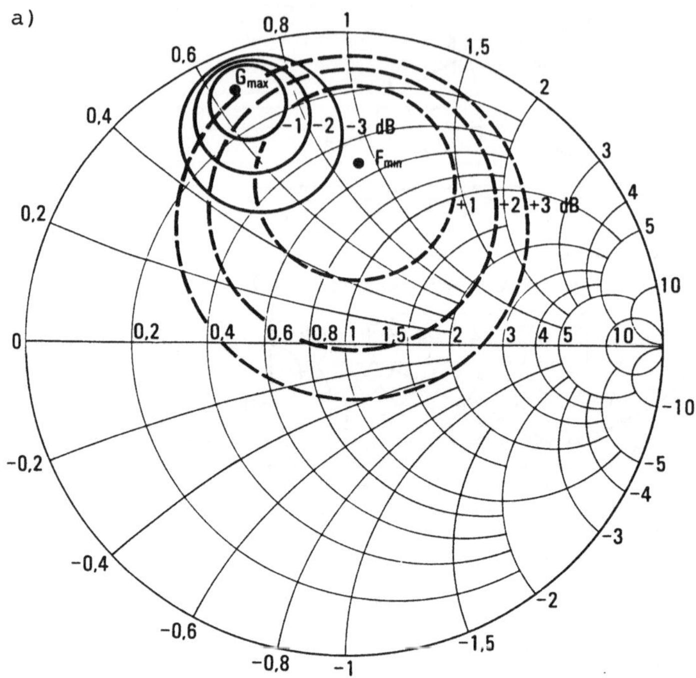

b)

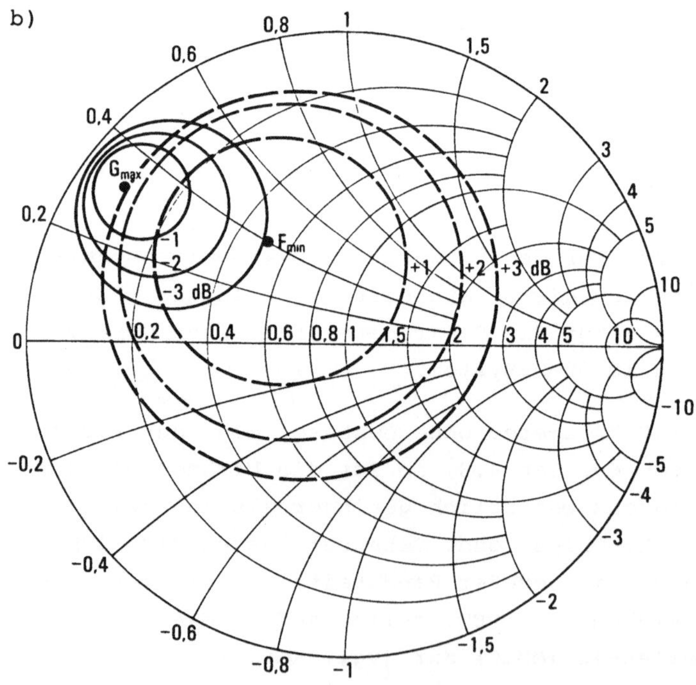

c)

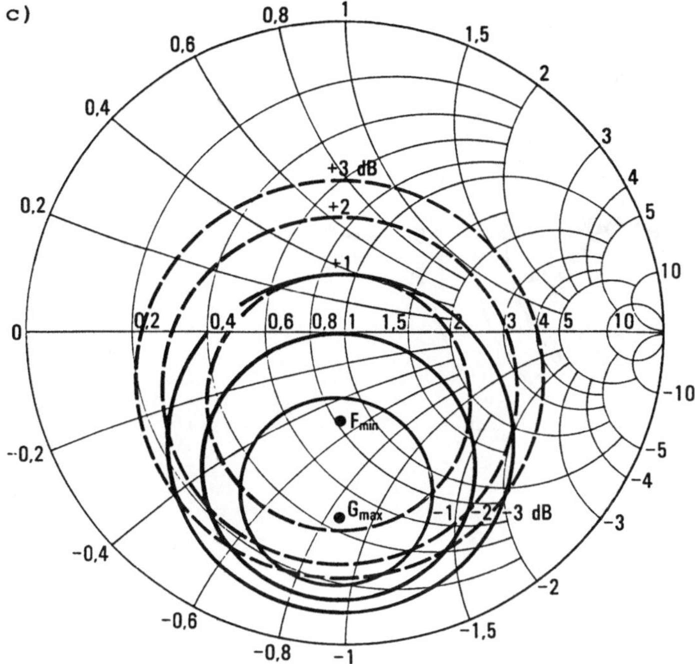

Abb.4.18. Kreise konstanter Rauschzahl (-----) und Verstärkung (———) bei Anpassung auf Rauschen bzw. Verstärkung nach Abb.4.17. $V_{dd} = 4$ V, $I_d = 15$ mA, $Z = 50\ \Omega$. a) 4 GHz; b) 6 GHz; c) 12 GHz

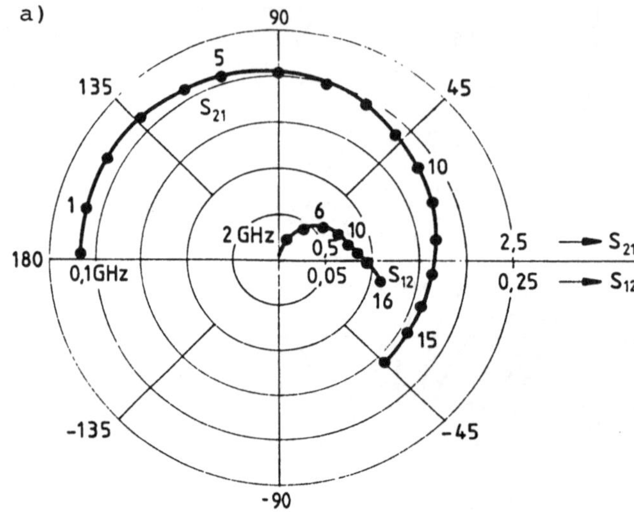

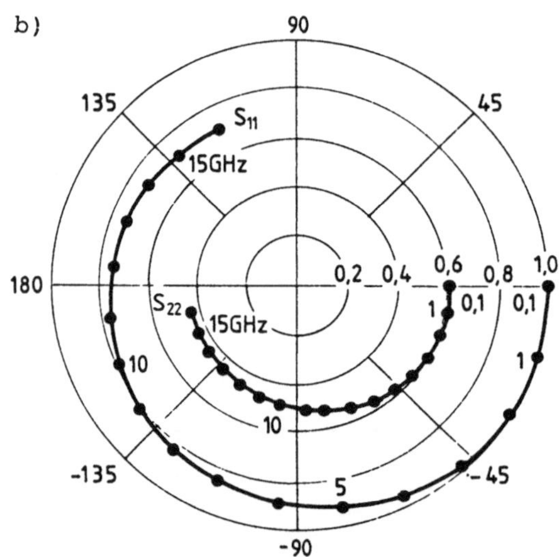

Abb.4.19. Gemessene S-Parameter für 0,5 µm-FET (CFY 18, Siemens AG, V_{dd} = 3,0 V; I_d = 10 mA) im Frequenzbereich 0,1 bis 16 GHz. Abstand der Meßpunkte: 1 GHz. [4.27]. a) S_{21}, S_{12}; b) S_{11}, S_{22}

4.4 Leistungs-FET

Neben seinen hervorragenden Eigenschaften als rauscharmes Mikrowellenbauelement für Frequenzen bis 40 GHz erweist sich der GaAs-FET auch als ein exzellenter Leistungstransistor für den Gigahertz-Bereich. Im Jahre 1973 trat der FET erstmals in dieser Form auf [4.47]; bis 1980 wurde er zu einem Stand entwickelt, der sich z.B. mit einer 15-GHz-Ausgangsleistung von 2,3 W bei einer Verstärkung von 3,8 dB und einem Wirkungsgrad von 16 % beschreiben läßt [4.48].

Maximale Ausgangsleistung und hohe Verstärkung sind wesentliche Kenngrößen für einen Leistungstransistor. Die erreichbaren Werte sind eng mit den Materialgrößen des Halbleiters verknüpft, in dem das Bauelement realisiert ist. E. O. Johnson [4.49] hat eine "Gütezahl" für Halbleiter-Leistungsbauelemente eingeführt, mit deren Hilfe ein Vergleich zwischen verschiedenen Arten von Bauelementen auf unterschiedlichen Halbleitermaterialien durchgeführt werden kann. Diese Gütezahl stellt sich dar als

$$(P_m/X_c)^{1/2}\, f_T = \frac{E_m v_s}{2\pi}\,, \tag{4.68}$$

wobei hier E die Durchbruchsfeldstärke, v_s die Elektronensättigungsgeschwindigkeit im Kanal, P_m die maximale Ausgangsleistung, X_c den Ausgangsleitwert und f_T die Transitfrequenz bedeuten. Die rechte Seite von Gl.(4.68) ergibt sich sofort aus $V_m = (P_m/X_c)^{1/2} = E_m L$ sowie $f_T = 1/2\pi\tau \approx v_s/2\pi L$.

Mit konstantem X_c ergibt sich hieraus die bekannte Beziehung $Pf_T^2 = \text{const}$. In erster Näherung besitzen die Elektronen in GaAs eine doppelt so hohe Sättigungsgeschwindigkeit im Kanal des FET wie in Silizium; die Durchbruchsfeldstärken der beiden Halbleitermaterialien unterscheiden sich nicht wesentlich. Mit $Pf_T^2 = \text{const}$ sollte daher bei gleicher Frequenz die Ausgangsleistung des GaAs-FET etwa das Vierfache gegenüber einem geometrisch gleichen Si-FET betragen.

Der maximal verfügbare Gewinn MAG (s. Anhang) ist bei einem idealen FET mit Ausgangsleitwert $g_{ds} = 0$, Sourceinduktivität $L_s = 0$ und Gatewiderstand $R_g = 0$ proportional zu f_T (vgl. Gl. (4.71)). Dies zeigt die Möglichkeit auf, im Grenzfall mit einem GaAs-FET kleiner Gatelänge ($L \leq 1$ µm) bis zu einem Faktor 4 in der Verstärkung gegenüber einem gleichartigen Si-FET zu gewinnen (vgl. Abschn.7.1).

4.4.1 Kenngrößen des Leistungs-FET

Abb.4.20 zeigt eine experimentelle Strom-Spannungs-Charakteristik eines Leistungs-FET, Abb.4.21 eine vereinfachte Darstellung der Kennlinien. I_f ist der maximal zulässige Drainstrom bei $V_g > 0$. Im pinch-off ($V_g = V_t'$) nimmt ab einer bestimmten Drainspannung V_d^{max} der Drainstrom wieder zu (Gate-Drain-avalanche).

Die Spannung V_d^{max} wird als maximale Drainspannung gewählt, weil ab dieser Spannung ein nicht mehr mit der Gatespannung modulierbarer Zusatzdrainstrom auftritt.

Zur Erzielung einer hohen Ausgangsleistung P_o muß sowohl Strom- als auch Spannungshub maximiert werden. Dies bedeutet, daß die optimale Lastwiderstandsgerade in Abb.4.21 durch die Punkte $\left(V_d^{max}, 0\right)$ und (V_{sat}, I_f) festgelegt ist. Für einen Arbeitspunkt bei $\left(V_d^{max} + V_{sat}\right)/2$ und $I_f/2$ gilt bei voller Aussteuerung

$$P_o^{max} = \frac{1}{8} I_f \left(V_d^{max} - V_{sat}\right), \tag{4.69}$$

wobei der Faktor 1/8 sich durch Einsetzen der Effektivwerte für Strom und Spannung ergibt. Die maximale Ausgangsleistung der FET ergibt sich also aus den Kenngrößen I_f, V_{sat} und V_d^{max}. Nimmt man für I_f einen in der Praxis im allgemeinen realisierbaren Wert von ca. 350 mA pro mm Gateweite (bei $V_t' = -5$ V), ein V_d^{max} von 30 V und ein V_{sat} von 2 V, so erhält man ein P_o^{max}/Z von etwa 1 Watt/mm.

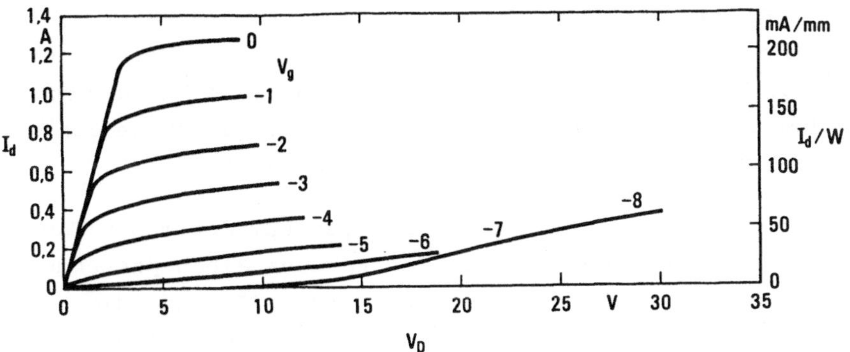

Abb.4.20. Strom-Spannungs-Charakteristik eines Leistungs-FET. Nach [4.59]

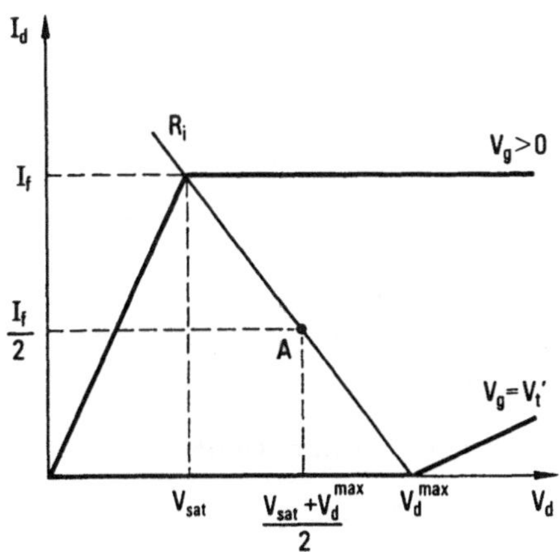

Abb.4.21. Schematische I_d-V_d-Kennlinie des Leistungs-FET mit zugehöriger Lastgeraden

Der Wirkungsgrad η als Verhältnis aus gewonnener Hochfrequenzleistung $P_o - P_i$ zur statischen Verlustleistung ergibt sich zu

$$\eta = \frac{P_o - P_i}{\left(V_d^{max} + V_{sat}\right) I_f/4} . \tag{4.70}$$

Nimmt man für den FET eine typische Verstärkung $P_o/P_i = 6$ dB bei P_o^{max} an, so liefert (bei $V_{sat} \approx 0$) das Einsetzen von Gl.

(4.69) in Gl.(4.70) einen Wert für η von $\eta = 3/8 = 37{,}5$ %, was bei dieser Art der Aussteuerung als Grenzwert betrachtet werden muß. Nur bei sehr hoher Verstärkung ($P_i \ll P_o$) nähert sich η dem theoretischen Grenzwert von 50 %. Das obige Zahlenbeispiel liefert einen Wirkungsgrad von 33 %.

Eine geschlossene Darstellung der für den FET optimalen Kanalparameter ist bis heute wegen des Fehlens eines passenden Großsignalmodells nicht durchgeführt worden. So sind die bisher erzielten Ergebnisse oft über empirische Verfahren erzielt worden. Einige wichtige Parameter sind für den Leistungs-FET in ihrem Zusammenhang in den Gl.(4.69) und (4.70) festgehalten.

4.4.2 Struktur des Leistungs-FET

Um einen Leistungs-FET mit gutem Hochfrequenzverhalten und hoher Ausgangsleistung zu realisieren, müssen im Layout des Elements verschiedene Parameter optimiert werden. Dies bedeutet:

a) die Bestimmung der maximalen Gatebreite pro Gatefinger bei der geplanten Arbeitsfrequenz,

b) die Minimierung der parasitären elektrischen Größen,

c) die Minimierung des thermischen Widerstands,

d) die Maximierung der Drainspannung V_d^{max}.

a) Maximale Gatebreite

Ein Leistungs-FET besteht im Prinzip aus mehreren Kleinsignal-FET, welche zur Erzielung eines möglichst großen Drainstroms parallelgeschaltet sind. Der Breite des Einzelgates sind dabei Grenzen gesetzt. Betrachtet man das Gate als Übertragungsleitung (Abschn.4.1), so lassen sich die Übertragungsverluste als Funktion der Gatebreite berechnen [4.50]. Trägt man den Quotienten Ausgangsleistung P_0 durch Ausgangsleistung ohne Dämpfung P_{00} als Funktion der Gatebreite auf, so zeigt sich, daß bis zu ca. 100 µm Breite des Einzelgates die Verluste im Prozentrahmen liegen (Abb.4.22).

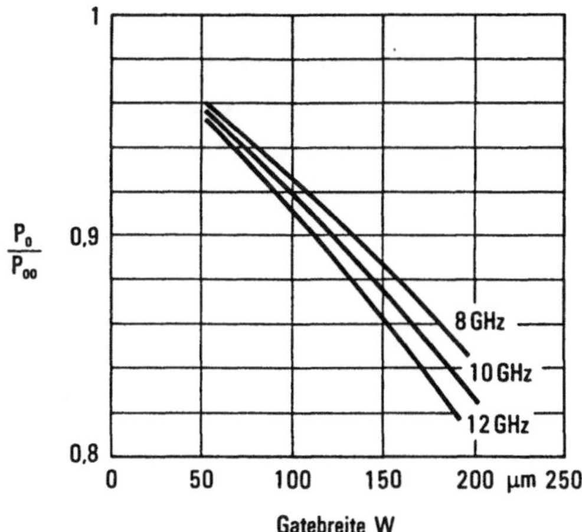

Abb.4.22. Einfluß der Verluste längs des Gates auf die Ausgangsleistung P_0 eines FET (P_{00} Ausgangsleistung ohne Verluste; FET mit $N = 1 \cdot 10^{17}$ cm^{-3}; $V_t = -5$ V; L = 0,5 µm). Nach [4.41]

Andererseits darf die gesamte Gatebreite des Leistungs-FET nicht beliebig groß werden, da sonst die Eingangsimpedanz des Transistors so weit abnimmt, daß die Eingangsanpassung sehr schwierig wird (Abschn.4.4.3).

b) Parasitäre elektrische Größen

Der Einfluß der parasitären Größen auf das FET-Verhalten läßt sich abschätzen unter Betrachtung von Gl.(4.71), welche sich aus dem Ersatzschaltbild Abb.4.23 ableiten läßt [4.51]. Gegenüber Abb.4.1 wurde lediglich die Sourceinduktivität L_s eingeführt und C_{sd} vernachlässigt. Der maximal verfügbare Gewinn MAG wird demnach

$$\mathrm{MAG} = \frac{(f_T/f)^2}{4g_{ds}(R_g + r_i + R_s + \pi f_T L_s) + 4\pi f_T C_{gd}(2R_g + r_i + R_s + 2\pi f_T L_s)} \, . \tag{4.71}$$

Da der MAG mit steigender Frequenz abnimmt (6 dB pro Oktave), müssen insbesondere die parasitären Größen R_g, r_i, R_s und L_s durch technologische Maßnahmen möglichst gering gehalten werden, damit noch bei hohen Frequenzen eine akzeptable Verstärkung erreicht werden kann. R_g, r_i und R_s wurden bereits in Abschn.4.1 behandelt. Im folgenden wird jetzt der Einfluß der Sourceinduktivität L_s betrachtet.

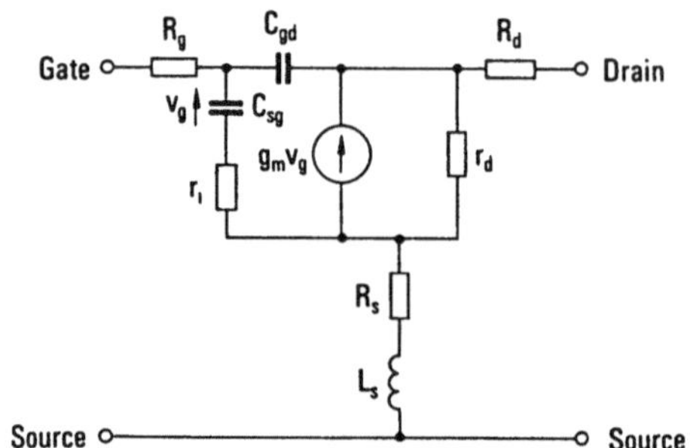

Abb.4.23. Ersatzschaltbild eines GaAs-Leistungs-FET

Wenn in Gl.(4.71) $L_s = 0$ gesetzt wird, dann bleibt bei veränderter Zellenanzahl der MAG konstant. Mit zunehmender Zellenanzahl sinkt wegen $r_i \sim 1/W$, $R_s \sim 1/W$ der Einfluß dieser Widerstände auf den MAG; R_g wird durch das Parallelschalten klein gehalten. Damit wird der Einfluß von L_s dominant. Der Aufbau des Leistungs-FET muß also möglichst so durchgeführt werden, daß mit zunehmender Gatebreite die Sourceinduktivität möglichst geringfügig ansteigt.

Dies kann dadurch erreicht werden, daß das Parallelschalten nicht "on chip", sondern durch Nebeneinanderfügen von Einzelchips vorgenommen wird, wobei jeder Einzelchip für sich eine kurze Sourceverbindung besitzt [4.52]. Eine andere Lösung läßt sich mit Durchkontaktieren der Source durch Löcher im Substrat (via-holes) finden, wobei jetzt der Leistungs-FET auf einem Chip aufgebaut werden kann [4.53]. Eine weitere Lösung ist der sogenannte "flip-chip"-Aufbau [4.54], bei dem die Sourceflächen innerhalb der FET-Struktur über galvanisch hergestellte Metallstege direkt mit dem Masseanschluß (zugleich Wärmesenke) verbunden werden. Bei FET mit sehr großer Gesamtgatebreite ist dieses Aufbauverfahren technologisch schwierig.

c) Thermischer Widerstand

Den thermischen Verhältnissen des Leistungs-FET muß besonders Rechnung getragen werden. Dabei handelt es sich um eine Reduzierung des thermischen Widerstands R_{th}, welcher definiert ist als Quotient aus Temperaturerhöhung ΔT des Transistors (bzw. der funktionsbestimmenden Zelle des Transistors) und der Verlustleistung P:

$$R_{th} = \Delta T/P. \tag{4.72}$$

Die Wärme wird vor allem dort erzeugt, wo das elektrische Feld im Kanal seinen höchsten Wert hat: dies ist das Gebiet am drainseitigen Gateende.

Eine Analyse der thermischen Verhältnisse des Bauelements muß in starkem Maße die geometrischen Eigenschaften der Struktur berücksichtigen. Insbesondere gehen hier der Abstand der einzelnen Gates und die Dicke des Substrats ein.

Um den Wärmewiderstand des Leistungs-FET zu berechnen, kann von zwei verschiedenen Konfigurationen ausgegangen werden: nämlich der konventionellen, bei der die Wärmeableitung über das Substrat stattfindet, und der flip-chip-Konfiguration. Der thermische Widerstand läßt sich in Analogie zur charakteristischen Impedanz von Streifenleitungen berechnen [4.55]. Für den flip-chip-Aufbau kann er aus der Analogie zum koplanaren Wellenleiter berechnet werden [4.56]. Für den konventionellen Aufbau ist die analoge Struktur die halbe symmetrische Streifenleitung (Abb.4.24). Diese Struktur soll nun im weiteren behandelt werden.

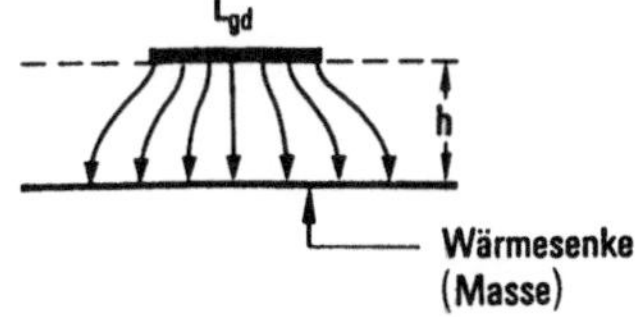

Abb.4.24. Wärmeableitung beim FET. Die Wärme wird "gatenah" im Streifen zwischen Gate und Drain erzeugt und durch das Substrat abgeleitet (analoge Figur: halbe symmetrische Streifenleitung)

Aus der erwähnten Analogie folgt [4.57]:

$$R_{th} = \varepsilon/\lambda C. \tag{4.73}$$

Hierin sind λ die Wärmeleitfähigkeit des Substrats, C die Kapazität der unsymmetrischen Streifenleitung (Abb.4.24).

Für die Kapazität pro Länge C_o gilt

$$C_o = C/W = 60\pi\varepsilon/Z_0, \tag{4.74}$$

wobei W die gesamte Gatebreite und Z_o die charakteristische Impedanz bedeuten.

Somit wird

$$C = \frac{60\pi\varepsilon}{Z_0}\, W.$$

Aus den Gl.(4.73) und (4.74) folgt

$$WR_{th} = \frac{Z_0}{60\pi\lambda}. \tag{4.75}$$

Damit wird das Problem der Bestimmung von R_{th} bzw. WR_{th} zurückgeführt auf die Berechnung der charakteristischen Impedanz Z_0 der entsprechenden elektrischen Struktur. Für einen FET mit einem einzelnen Gate ergibt sich

$$WR_{th} = \frac{1}{2\lambda}\,\frac{K(k)}{K(k')}. \tag{4.76}$$

Dabei ist K das komplette elliptische Integral 1. Gattung,

$$k = \left(\cosh \frac{\pi L_{gd}}{4h}\right)^{-1},$$

$$k' = \tanh \frac{\pi L_{gd}}{4h}.$$

h ist die Dicke des Substrats und L_{gd} der Abstand zwischen Gate und Drain. Vereinfachend wird hier angenommen, daß die

Wärme ausschließlich im ebenen Streifen zwischen Gate und Drain erzeugt wird.

Für einen FET mit zwei Gates wird [4.58]

$$Z_0 = 30\pi \frac{K(k_e')}{K(k_e)} \tag{4.77}$$

mit

$$k_e = \tanh\left(\frac{\pi W'}{4h}\right) \tanh\left(\frac{\pi(L_{gd} + L')}{h}\right) ; \; k_e' = \left(1 - k_e^2\right)^{1/2},$$

L' Abstand der wärmeerzeugenden Streifen und W' Breite des Einzelgates.

Z_0 ist hier die Impedanz der Einzelleitung in Gegenwart einer zweiten, parallelen Leitung. Bei Parallelschaltung ist Z_0 durch die Anzahl m der parallelgeschalteten Streifen zu teilen. Dies gilt analog für die Betrachtung von R_{th}. Somit läßt sich schreiben

$$WR_{th} = \frac{K(k_e')}{2\lambda K(k_e)} \frac{1}{m} ; \; m = 2. \tag{4.78}$$

Für einen FET mit vielen (z.B. 100) parallel angeordneten Streifen bestimmt sich Z_0 zu [4.59]

$$Z_0 = 30\pi \left\{ \frac{2h}{L_p} + \frac{2}{\pi} \ln\left(\sin \frac{\pi L_{gd}}{4h}\right)^{-1} \right\}$$

und damit

$$WR_{th} = \frac{\frac{2h}{L_p} + \frac{2}{\pi} \ln\left(\sin \frac{\pi L_{gd}}{4h}\right)^{-1}}{2\lambda} \frac{1}{m}. \tag{4.79}$$

$L_p = L_{gd} + L'$ bedeutet hier den Periodenabstand.

Trägt man für einen FET mit $h = 125\ \mu m$, $L_p = 8\ \mu m$ und $\lambda = 0{,}44$ W/cm K [10] den Wert von WR_{th} gegen die Anzahl m der Gates auf, so ergibt sich Abb.4.25.

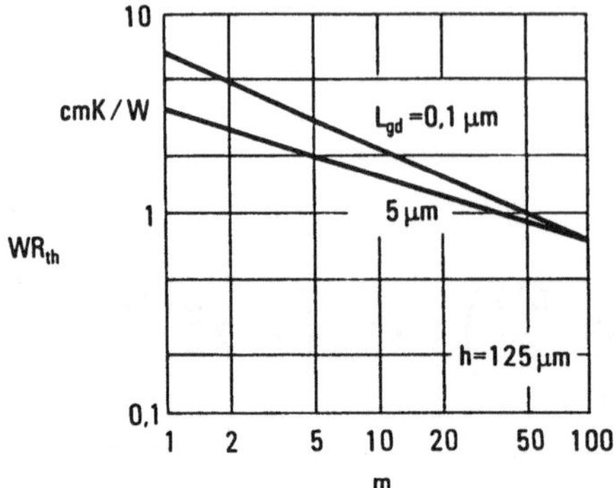

Abb.4.25. WR_{th} pro Zelle in Abhängigkeit von der Anzahl der Gates m

Die Ableitung der Gl.(4.76), (4.78) und (4.79) setzt voraus, daß die Gatebreite des einzelnen Fingers groß ist gegen die Substratdicke h. Bei einer typischen Breite des einzelnen Gates von 100 µm ist diese Bedingung nicht mehr einzuhalten. Dies bedeutet, daß Abb.4.25 für den Fall großer $m (m \gtrsim 5)$ zu niedrige Werte für ZR_{th} liefert. Ferner ist zu erkennen, daß die Abhängigkeit des thermischen Widerstands von L_{gd} schwach ist.

Jede quantitative Bestimmung des thermischen Widerstands eines realen Leistungs-FET erfordert eine numerische Lösung der Wärmeleitungsgleichung (vgl. etwa [4.60]).

d) Source-Drain-Durchbruchspannung

Einer der wichtigsten Unterschiede im Betrieb eines Leistungs-FET gegenüber dem eines rauscharmen Kleinsignal-FET beruht darin, daß der Leistungs-FET zu wesentlich höheren Drainspannungen ausgesteuert wird. Dabei wird einer Erhöhung

---

[10] Gilt für Raumtemperatur, da $\lambda = \lambda(T)$: z.B. $\lambda(100\ °C) = 0{,}33$ W/(cm K).

von V_d über den Wert V_d^{max} (Abb.4.21) hinaus durch das Eintreten des Source-Drain-Durchbruchs eine Grenze gesetzt.

Eine typische $I_d(V_d)$-Charakteristik eines bezüglich des Source-Drain-Durchbruchs nicht optimierten FET ist in Abb. 4.26 gezeigt. Auffällig ist, daß die Durchbruchspannung zwischen Source und Drain mit zunehmend negativer Gatespannung ansteigt. Dieses Verhalten läßt sich nicht auf der Basis einer Theorie erklären, welche als limitierendes Phänomen einen Lawinendurchbruch der Gate-Drain-Diode (bei $I_d = 0$) berücksichtigt: in diesem Falle müßte nämlich der Gate-Drain-Durchbruch bei einem festen Wert von $V_d - V_g$ auftreten ($V_g < 0$).

Der Durchbruch wird begleitet durch das Auftreten einer im Mikroskop erkennbaren Lichtemission, welche bei der in Abb. 4.26 gezeigten Struktur am Übergang von der n-Schicht zum n^+-Gebiet am Drain stattfindet [4.61, 4.62].

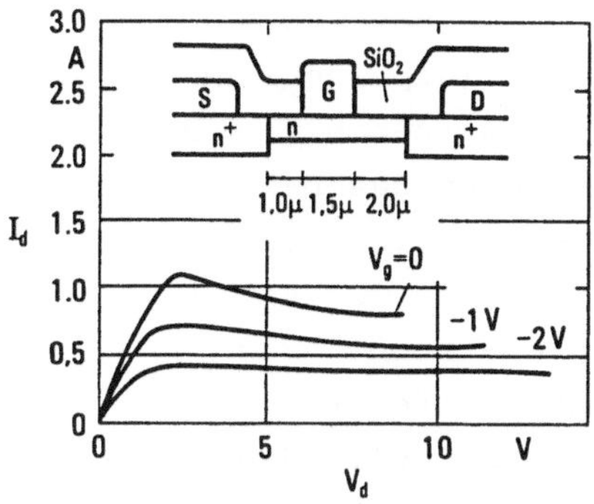

Abb.4.26. Strom-Spannungs-Charakteristik eines FET mit 1,5 µm Gatelänge und 5200 µm Gatebreite; dazu: Schnitt durch die FET-STruktur. Nach [4.52]

Mißt man Drainstrom, Gatestrom und die Intensität des emittierten Lichts als Funktion von V_d mit V_g als Parameter, so erhält man die in Abb.4.27 gezeigten Abhängigkeiten. Der Gatestrom nimmt bei niedrigem V_d mit zunehmend negativer Gatespannung leicht zu und steigt bei höherer Drainspannung stark an, wobei jetzt aber eine zunehmend negative Gatespannung den Gatestrom absenkt. Die Lichtemission bei $V_g = 0$

steigt etwa bei der gleichen Drainspannung an wie der Gatestrom und nimmt ab mit zunehmender Gatespannung.

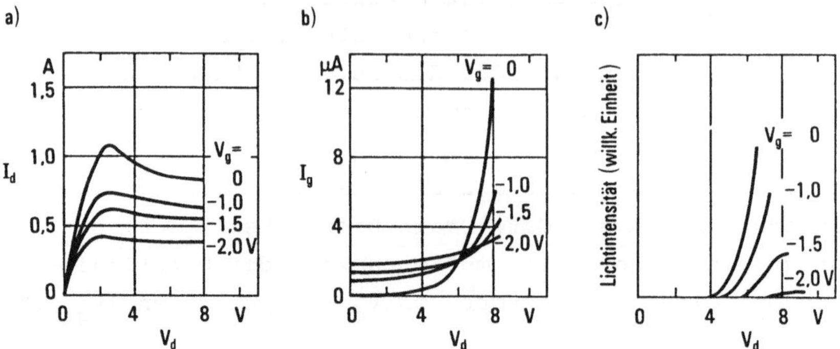

Abb.4.27. Drainstrom (a), Gatestrom (b) und Lichtintensität (c) als Funktion der Drainspannung. Nach [4.61]

Diese experimentellen Befunde lassen sich auf folgende Weise verstehen: Bei hinreichend hoher Drainspannung entsteht am Drain eine stationäre Hochfelddomäne (Dipolschicht, s. Abschn.3.5). Die in dieser Zone durch Lawinenmultiplikation generierten Elektronen und Löcher erzeugen das beobachtete Licht. Löcher driften zum Gate und werden als Gatestrom abgeführt. Dieser Strom ist größer als der in der Raumladungszone unter dem Gate thermisch erzeugte Strombeitrag (s. Abb.4.27b). Mit zunehmender Gatespannung steigt der Spannungsabfall im Kanal unter dem Gate. Damit wird die Feldstärke in der Hochfeldzone am Drain verringert und die Zahl der durch Stoßionisation erzeugten Ladungsträger nimmt ab; sowohl Lichtemission als auch Gatestrom werden kleiner.

Gelingt es, die Feldstärke im Bereich der Domäne zu reduzieren, so kann die Source-Drain-Durchbruchspannung Werte erreichen, die über denen von "bulk"-Material gleicher Dotierung liegen. Untersuchungen an verschiedenen FET-Strukturen zeigen, daß mit der Einführung eines durch Ätzen tiefer als die Schichtoberfläche gelegten Übergangs Gatemetall/Halbleiter die Durchbruchspannung deutlich erhöht werden kann. In Abb.4.28 ist dazu die Draincharakteristik eines FET gezeigt, der die doppelte Durchbruchspannung aufweist (bei $V_g = -2$ V) wie der FET in Abb.4.26.

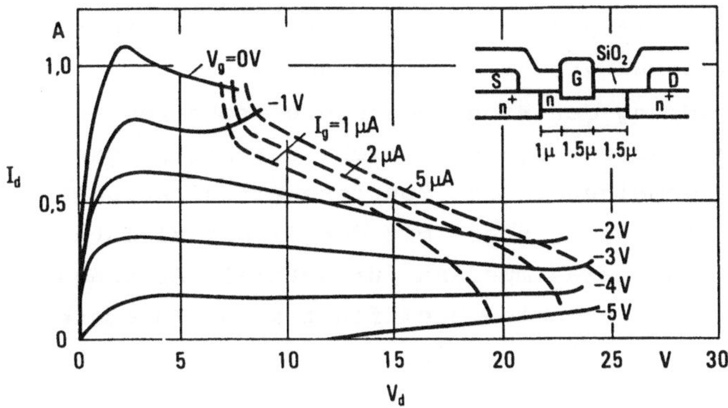

Abb.4.28. I_d-V_d-Charakteristik eines FET mit tiefgeätztem Gate; dazu: Schnitt durch die FET-Struktur. Nach [4.52]

Der Zusammenhang zwischen Form des Ätzgrabens und Durchbruchsverhalten wird ausführlicher in Abschn.6.1.2 behandelt.

4.4.3 Anpassung

Die Ausgangsleistung der Leistungs-FET wird im wesentlichen durch zwei Maßnahmen erhöht: durch möglichst große Gatebreite einerseits und durch die Realisierung einer FET-Struktur mit hoher Source-Drain-Durchbruchspannung andererseits. Durch die erste dieser Maßnahme nimmt die Eingangsimpedanz proportional zur Gatebreite stetig ab. Damit wird die maximal erreichbare Ausgangsleistung und die erzielbare Verstärkung immer stärker durch Fehlanpassung beeinträchtigt.

Dies kann durch die Einfügung von breitbandigen Anpaßnetzwerken weitgehend kompensiert werden. Diese müssen nahe am Transistor aufgebaut werden, damit der Frequenzgang der Transistor-Eingangsimpedanz möglichst wenig durch Leitungslängen transformiert wird. Dabei kann sich das Anpaßnetzwerk auf dem gemeinsamen Trägersubstrat befinden (z.B. Keramik), und das Transistorgehäuse enthält schließlich FET und Netzwerk

[4.54]. Schließlich begrenzen auch die im Anpaßnetzwerk auftretenden Verluste die erreichbare Ausgangsleistung und Verstärkung.

Sowohl CAD (computer aided design) als auch experimentelle Verfahren werden eingesetzt, um das Anpaßnetzwerk für die breitbandige Optimierung der Hochfrequenzeigenschaften des Leistungs-FET zu entwerfen. Es zeigt sich, daß die Eingangsimpedanz der im allgemeinen in der Sourceschaltung aufgebauten Leistungs-FET sich nicht stark mit der Eingangsleistung ändert, wogegen die Ausgangsimpedanz für optimale Ausgangsleistung stark vom Eingangspegel beeinflußt wird. In erster Näherung ist daher die Großsignal-Ausgangsanpassung das wesentliche Problem [4.63].

Abb.4.29 zeigt das Ersatzschaltbild eines Anpaßnetzwerks eines FET für das C-Band (4 bis 8 GHz) [4.63]. Die Eingangsanpassung besteht aus einem zweistufigen Tiefpaß, welcher aus diskreten Elementen aufgebaut ist. Die beiden Kapazitäten wurden als sogenannte MIM-Kondensatoren (Metall-Isolator-Metall) hergestellt und liegen auf einem gemeinsamen Dielektrikum ($BaO\text{-}TiO_2$, $\varepsilon/\varepsilon_0 \approx 40$). Die Induktivitäten wurden durch Kontaktierungsdrähtchen (Bonddrähte) gebildet. Durch diesen kompakten Aufbau kann das Netzwerk zusammen mit dem FET in ein gemeinsames Gehäuse eingebaut werden.

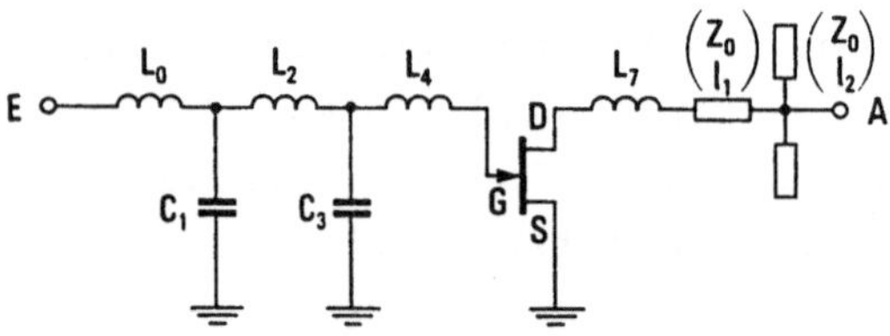

Abb.4.29. Ersatzschaltbild des internen Anpassungsnetzwerks (4 bis 8 GHz) für einen FET mit 1,3 µm Gatelänge, 5600 µm Gatebreite.
$L_0 = 0,2$ nH; $L_2 = 0,495$ nH; $L_4 = 0,139$ nH;
$L_7 = 0,1$ nH; $C_1 = 1,46$ pF; $C_3 = 6,18$ pF;
$Z_0 = 50\ \Omega$; $l_1 = 1,5$ mm; $l_2 = 2,25$ mm
Nach [4.63]

Die für eine Computeroptimierung benötigten Ausgangswerte für die Eingangsanpassung wurden nach der Methode von Matthaei [4.64] gewonnen (optimierte Werte siehe Abb.4.29). Bei Leistungs-FET für Frequenzen oberhalb 10 GHz müssen die diskreten Komponenten des Anpaßnetzwerks in der Form von Streifenleitungselementen realisiert werden [4.65].

Die Ausgangsanpassung ist nach Abb.4.29 als Kombination von Streifenleitungen und diskreten Induktivitäten aufgebaut. Damit wird sowohl eine hohe Ausgangsleistung als auch eine konstante Verstärkung für den betrachteten Frequenzbereich erzielt. Für die Optimierung der Ausgangsimpedanz wird von der Kleinsignal-Ausgangsimpedanz als Startwert ausgegangen. Die optimale Großsignalanpassung wird dann durch Ausmessen der Impedanz eines am Drain des FET für maximale Ausgangsleistung angepaßten Tuners bestimmt [4.65].

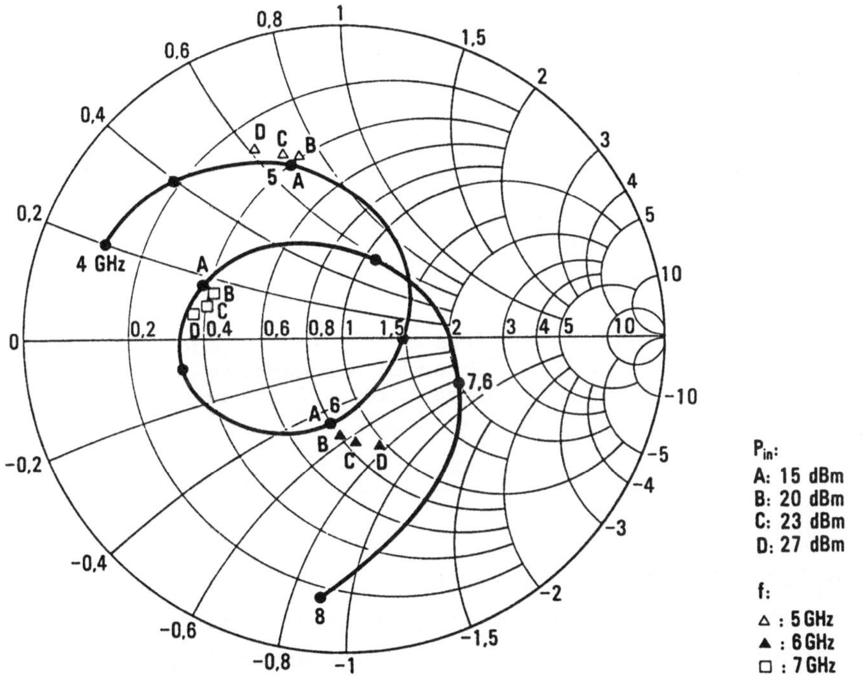

Abb.4.30. Kleinsignal-Eingangsimpedanz (durchgezogene Kurve) und Eingangsimpedanz bei zunehmender Eingangsleistung für FET mit interner Anpassung, gemäß Abb.4.29. Nach [4.63]

Abb.4.30 zeigt die Eingangsimpedanz und Abb.4.31 die Ausgangsimpedanz in Klein- und Großsignalbetrieb. Der Gang der Eingangsimpedanz mit der Aussteuerung ist klein im Vergleich zu dem der Ausgangsimpedanz. Je höher die Eingangsleistung, desto näher liegt die Ausgangsimpedanz bei 50 Ω, d.h. nahe am Mittelpunkt des Smith-Diagramms.

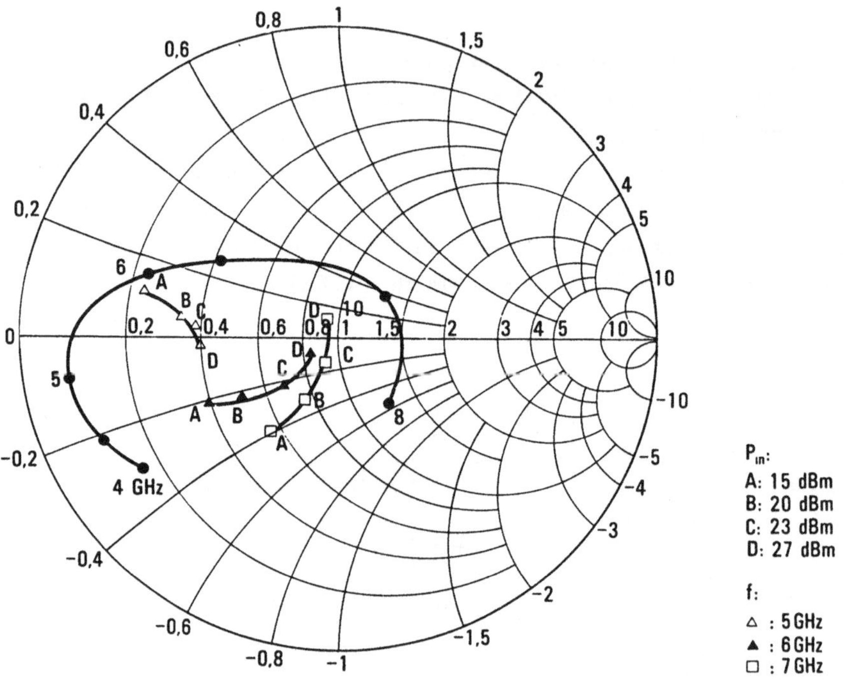

Abb.4.31. Kleinsignal-Ausgangsimpedanz (durchgezogene Kurve) und Ausgangsimpedanz bei zunehmender Eingangsleistung für FET mit interner Anpassung, gemäß Abb.4.29. Nach [4.63]

In Abb.4.32 ist die Abhängigkeit der Ausgangsleistung und des Wirkungsgrades von der Eingangsleistung bei fester Frequenz aufgetragen. Der FET weist - ohne externe Anpassung - eine maximale Ausgangsleistung (in Sättigung) von 2,6 W und einen Wirkungsgrad von 24 % auf. Beim 1-dB-Kompressionspunkt besitzt er 1,5 W Ausgangsleistung mit 6,5 dB Verstärkung.

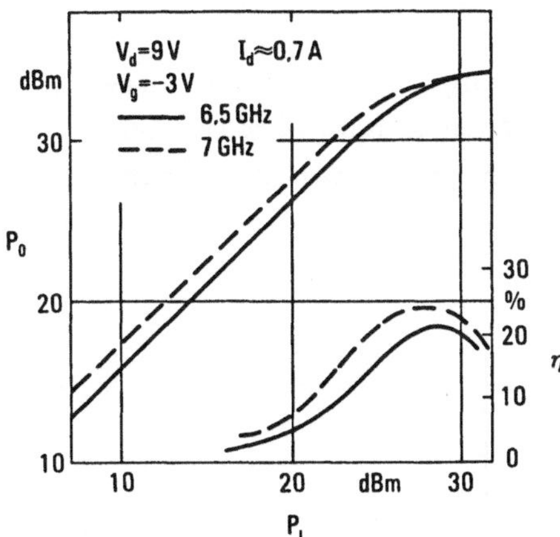

Abb.4.32. Ausgangsleistung in Abhängigkeit von der Eingangsleistung (FET mit interner Anpassung von Abb.4.29; keine externe Anpassung)

Abb.4.33 zeigt die Ausgangsleistung bei interner Anpassung in Abhängigkeit von der Frequenz. Parameter ist die Eingangsleistung; es wurde keine weitere, externe Ausgangsanpassung mehr vorgenommen.

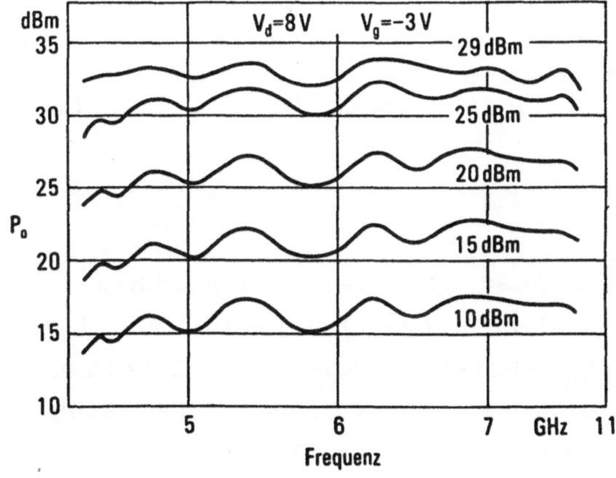

Abb.4.33. Ausgangsleistung in Abhängigkeit von der Frequenz. Parameter ist die Eingangsleistung (FET mit interner Anpassung von Abb.4.29; keine externe Anpassung)

4.4.4 Leistungs-FET: Stand 1988

In Abb.4.34 ist die bis 1988 experimentell erreichte Ausgangsleistung der GaAs-Leistungs-FET in Abhängigkeit von der Frequenz aufgetragen. Die Geraden geben den Zusammenhang $Pf^2 = \text{const}$ wieder.

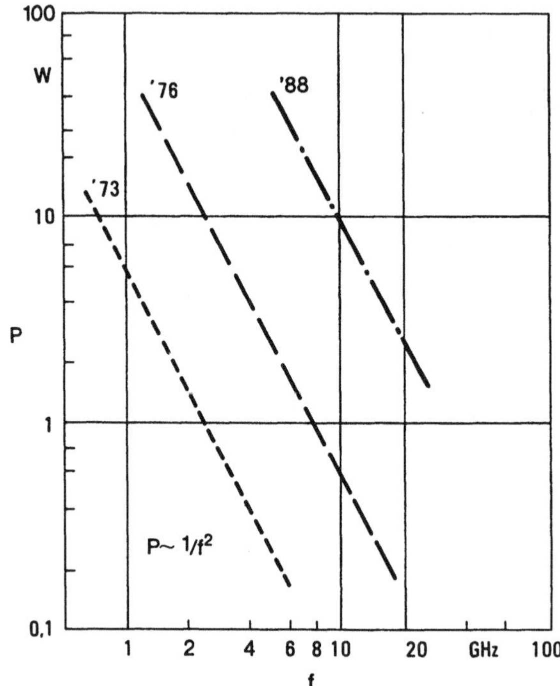

Abb.4.34. Entwicklung der erreichten Ausgangsleistung für Leistungs-FET in den Jahren 1973-1988. Nach [4.66], [4.67].

Die Daten eines FET mit einer Ausgangsleistung von 25 W bei 6 GHz seien als Beispiel gesondert aufgeführt [4.58]. Abb.4.35 zeigt für diesen FET die P_{in}-P_{out}-Relation, wobei die einzelnen Kurven zu FET mit verschiedener Gateweite gehören. Die FET-Einzel-Chips besitzen jeweils eine Gateweite von 15 mm. Die Gatelänge beträgt 1,2 µm. Der FET ist aufgebaut auf einer epitaktischen n-Schicht mit einer Trägerdichte von $1,3 \cdot 10^{17}$ cm^{-3}, welche auf einer hochohmigen buffer-Schicht aufgewachsen

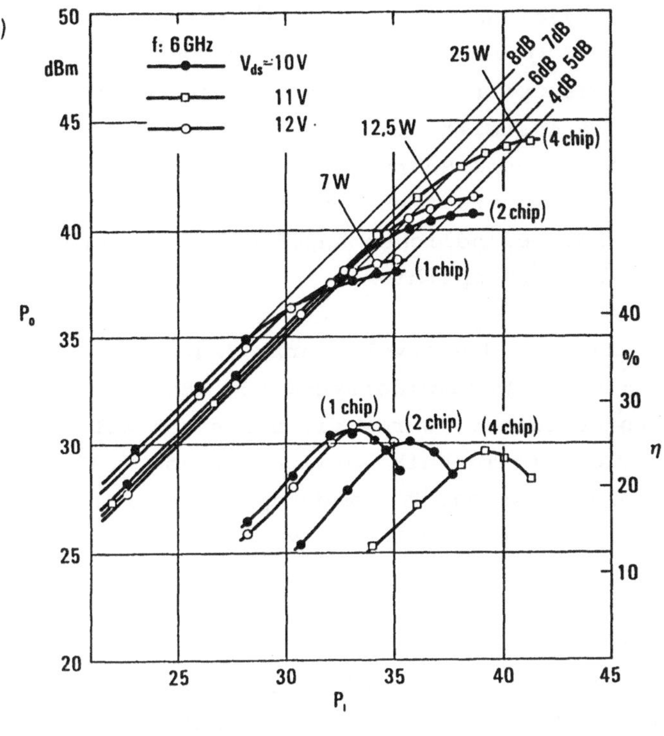

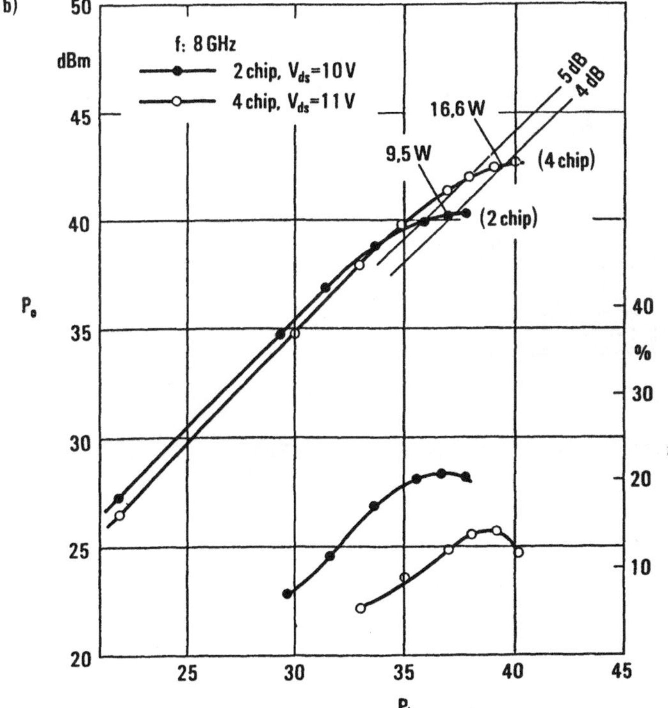

Abb.4.35. Zusammenhang zwischen Eingangs- und Ausgangsleistung P_i bzw. P_o eines intern angepaßten Leistungs-FET mit 1,2 µm Gatelänge. Jeder FET-Einzelchip hat 15 mm Gateweite. Auf der rechten Ordinate ist der Wirkungsgrad η aufgetragen. Nach [4.68]. a) f = 6 GHz; b) f = 8 GHz

ist. Das Gate wurde zur Erzielung einer hohen Source-Drain-Durchbruchspannung (U_{DB} = 20 V) versenkt. Als Gatemetall wurde Aluminium verwendet; die sperrfreien Kontakte Source und Drain wurden mit AuGeNi hergestellt. Durch eine über die Kristallchip-Seitenfläche gelegte Sourceverbindung zum Gehäuseboden wurde die Sourceinduktivität minimiert. Mit Hilfe eines im Gehäuse des FET befindlichen Anpaßnetzwerks wurde die Ausgangsleistung des FET optimiert.

Die wichtigste Aufbauvariante, die sowohl kurze Sourcezuleitungen als auch einen kleinen Wärmewiderstand für den Leistungs-FET herzustellen gestattet, wurde mit der schon auf S. 160 angesprochenen via-hole-Technik entwickelt. Abb.4.36 zeigt das Schema: Durch die auf ca. 25 µm dünnpolierte FET-Scheibe werden von der Rückseite her Löcher zu den Source-Kontakten ("via-holes") geätzt, welche in einem nachfolgenden Technologieschritt galvanisch mit Gold ausgefüllt werden. Die dicke Goldschicht dient somit als induktivitätsarme Sourcezuleitung und als Wärmesenke. PFET dieser Art, welche dazu noch über eine geeignete Kanalgeometrie auf kleine Serienwiderstände, hohe Durchbruchsspannung und hohe Ausgangsleistung pro Gateweite optimiert wurden, weisen z.B. bei 5 GHz eine Ausgangsleistung von ca. 40 W auf. Bei 28 GHz werden 1,6 W erreicht [4.67].

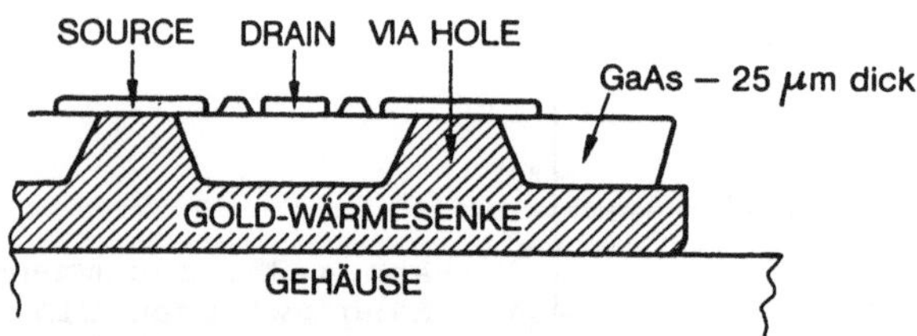

Abb.4.36. Schematischer Aufbau des Leistungs-FET in "via-hole"-Technik

5 GaAs-Planartechnologie

Die Technologie des GaAs-MESFET umfaßt eine Folge von komplexen Einzelprozessen, die reproduzierbar beherrscht werden müssen. Auf dieser Grundlage lassen sich schließlich Bauelemente herstellen, welche die aus den physikalischen Gegebenheiten des GaAs zu erwartenden guten Hochfrequenzeigenschaften aufweisen.

Auch heute noch wird hin und wieder die Meinung vertreten, daß der Stand der GaAs-Technologie noch nicht die Voraussetzungen bietet, um Bauelemente mit hoher Ausbeute herzustellen. Diese Auffassung ist einerseits für optoelektronische Elemente wie z.B. GaAs-Lumineszenzdioden durch ihren weit verbreiteten kostengünstigen Einsatz in der Anzeige- und Steuerelektronik widerlegt. Andererseits gilt das gleiche im Mikrowellengebiet für MESFET, Gunn- und Impatt-Dioden. Über den Einsatz bei diskreten Hochfrequenzelementen hinaus bietet die GaAs-Planartechnologie bereits die Voraussetzung für die Realisierung erster monolithisch integrierter analoger und digitaler Schaltungen, welche das Spektrum integrierter Halbleiterschaltkreise hinsichtlich Frequenz, Leistung und Schaltzeit über die Möglichkeiten des Silizium hinaus erweitern.

Im wesentlichen ist die GaAs-Planartechnologie in den letzten 10 Jahren entwickelt worden. Sie stand (und steht) im Schatten der wirtschaftlich dominanten Siliziumtechnologie, konnte aber die dort erarbeiteten Grundtechnologien erfolgreich übernehmen. So ist abzusehen, daß die Technologie planarer GaAs-Elemente kostengünstig, d.h. mit hoher Ausbeute, eingesetzt werden wird bei der Verwirklichung von zukünftigen Halbleitersystemen mit einzigartigen elektronischen Eigenschaften.

Grundsätzlich teilt sich die Technologie zur Herstellung eines GaAs-MESFET in drei verschiedene Gebiete auf:

- Herstellung des semiisolierenden Grundkristalles,
- Herstellung der aktiven Schichten auf bzw. im Substratkristall,
- Herstellung der Bauelementstruktur.

Auf nachfolgende Schritte wie z.B. den Einbau des fertigen MESFET-Chip in entsprechende Gehäuse und den damit verbundenen Problemen soll im Rahmen dieses Buches nicht eingegangen werden.

5.1 Herstellung von semiisolierendem GaAs

Die Verfahren, welche zum Ziehen von GaAs-Einkristallen eingesetzt werden, lehnen sich weitgehend an die für die Siliziumtechnologie entwickelten Prozesse an. So findet man hier die bekannten Tiegelziehverfahren [1.11, 5.1, 5.2], welche für die bei GaAs vorherrschenden Gegebenheiten abgeändert wurden. Insbesondere sind es die Druckverhältnisse, denen im Gegensatz zu Silizium besonders Rechnung getragen werden muß.

Im sogenannten Gremmelmaier-Verfahren [5.3] wird der Ziehprozeß vertikal in einem abgeschlossenen Quarzrohr durchgeführt, wobei zusätzlich zur GaAs-Schmelze ein As-Reservoir in das beheizte Gefäß eingebracht wird. Während die Schmelze eine Temperatur $\gtrsim 1238$ °C besitzt, wird das gesamte Gefäß auf einer Temperatur gehalten, welche über der Kondensationstemperatur des Arsens liegt (≈ 650 °C). Das As-Reservoir sorgt somit für den notwendigen As-Dampfdruck.

Beim Bridgman-Verfahren [5.4] erfolgt das Wachstum des Kristalls horizontal in einem abgeschlossenen Quarzrohr mit Arsenreservoir. Im fest eingestellten Temperaturprofil eines Ofens wird das Quarzrohr mit dem darin befindlichen Tiegel (GaAs-Keim, GaAs-Schmelze) horizontal bewegt, wobei als Folge der damit verbundenen Bewegung des Temperaturgradienten über die Schmelze hinweg der Kristall an der Grenze flüssig/fest aufwächst. Da es nur wichtig ist, daß sich der Temperaturgradient und die Schmelze relativ zueinander bewegen, kann auch im sogenannten "gradient-freeze"-Verfahren durch entsprechende Steuerung der Heizleistung des Ofens diese Bewegung erreicht werden: Ofen und Schmelze bleiben dabei örtlich fest.

Zum wichtigsten Ziehverfahren für das semiisolierende GaAs hat sich das "Liquid Encapsulation-Czochralski"-Verfahren (LEC) entwickelt. Bei diesem Verfahren ist die Schmelze im Tiegel vollständig von einer chemisch inaktiven Flüssigkeit bedeckt. Diese Flüssigkeit wirkt als Barriere gegen das Entweichen des As, wobei der Druck im Reaktorvolumen, welcher im allgemeinen mit Stickstoff erzeugt wird, den Dissoziationsdruck des geschmolzenen GaAs übersteigt (Schmelzpunkt des GaAs: 1238 °C; Arsendruck 0,9 bar). Als Abdeckflüssigkeit wird geschmolzenes B_2O_3 verwendet, welches sowohl die Schmelze als auch den Tiegel gut benetzt. Beim Herausziehen des Kristalls aus der Schmelze haftet ein dünner Film des B_2O_3 auf dem Kristall, welcher das Austreten des Arsens aus dem Kristall reduziert.

Die GaAs-Schmelze wird bei allen bisher geschilderten Verfahren aus hochreinem, polykristallinen GaAs gewonnen, welches bei der Synthese infolge des Kontakts mit dem Quarztiegel der Apparatur hauptsächlich mit Silizium und Sauerstoff verunreinigt wird. In einer weiterentwickelten LEC-Apparatur kann der Schritt zur Herstellung des polykristallinen Ausgangsmaterials dadurch entfallen, daß die Schmelze "in situ", d.h. im Tiegel, synthetisiert wird [5.5].

Der hohe spezifische Widerstand des semiisolierenden GaAs (10^8 bis 10^9 Ω cm) wird meist durch die Zugabe von Chrom in die Schmelze erreicht. Cr baut sich im GaAs-Kristall als tiefer Akzeptor ein [5.6]. Die Kristalle werden entweder in

(111)-Richtung mit automatischer Durchmesserkontrolle ("corracle-growth") oder in (100)-Richtung mit Durchmesserkontrolle "von Hand" gezogen.

Durch die geringe Siliziumkontamination der Schmelze beim "in situ-Synthese"-Verfahren gelingt es, ohne Chromzusatz hochohmiges Galliumarsenid zu ziehen [5.7]. Allerdings erweist es sich als sinnvoll, bei diesem Vorgehen den Quarztiegel durch einen solchen aus pyrolytischem Bornitrid zu ersetzen, wodurch der Siliziumgehalt der Schmelze bzw. des gezogenen Kristalls wirkungsvoll unterdrückt wird.

Der Stand der Technik in der Herstellung des semiisolierenden Substrats wird im Jahre 1983 charakterisiert durch:

- Substratdurchmesser: 2 bzw. 3 Zoll,
- Ziehrichtung: (100) bzw. (111),
- Länge der Stäbe: 10 bis 40 cm,
- Versetzungsdichte: 10^3 bis 10^5 cm^{-2},
- spezifischer Widerstand: 10^8 bis 10^9 Ω cm.

5.2 Herstellung der aktiven Schichten

Als wichtigste Verfahren zur Herstellung der aktiven Schichten des MESFET haben sich die Gasphasenepitaxie (VPE) und die Ionenimplantation erwiesen. Diese beiden Verfahren sollen hier genauer beschrieben werden. Andere Verfahren wie die Schmelzepitaxie (LPE) und die Molekularstrahlepitaxie (MBE) haben bislang keine größere Bedeutung für die Produktion von MESFET erreicht.

5.2.1 Gasphasenepitaxie

Der Gasphasenepitaxieprozeß nach Knight und Effer [5.8] ist ein chemischer Transportprozeß in einem offenen System zur Herstellung von hochreinen A^{III}-B^V-Schichten (z.B. GaAs, GaP, InP). Die Abscheidung findet dabei weit unterhalb des

Schmelzpunkts des A^{III}-B^{V}-Kristalls statt, wodurch der Einbau von Verunreinigungen aus dem Epitaxiesystem deutlich unterdrückt wird.

Der Transport in der Gasphase findet über das flüchtige Chlorid der A^{III}-Komponente statt. Als Reaktions- und Trägergas wird allgemein Wasserstoff verwendet. Als Ausgangssubstanzen werden eingesetzt:

- reines A^{III}-Metall (als Quelle für die A^{III}-Komponente) bzw. der A^{III}-B^{V}-Halbleiter selbst;
- das Trichlorid der nichtmetallischen B^{V}-Komponente (z.B. $AsCl_3$) als B^{V}- und HCl-Quelle.

Abb.5.1 zeigt eine schematische Darstellung eines VPE-Systems mit GaAs-Quelle zur Herstellung von GaAs-Schichten [5.9]. Hochreiner Wasserstoff wird in einem Verdampfer mit $AsCl_3$ beladen und in ein Reaktionsrohr mit einem entsprechenden Temperaturprofil gebracht. Am Eingang des Rohrs wird das $AsCl_3$ reduziert bei 400 bis 500 °C entsprechend

$$4\ AsCl_3 + 6\ H_2 \rightarrow 12\ HCl + As_4 .$$

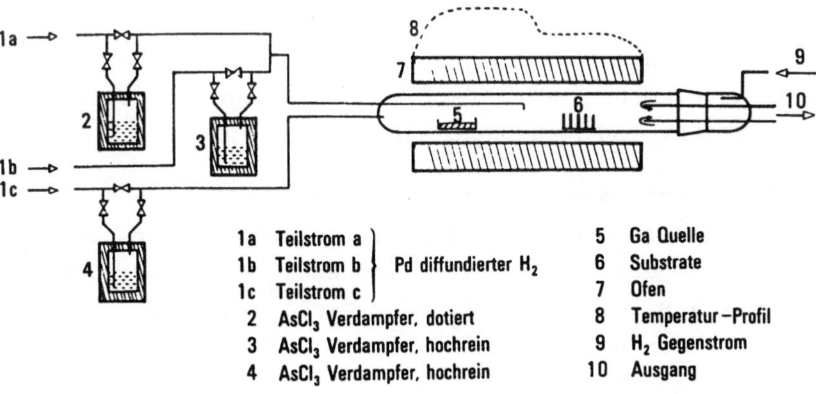

Abb.5.1. Anlage für GaAs-Gasphasenepitaxie ($AsCl_3$). Nach [5.9]

Am Ort der GaAs-Quelle, welche sich auf einer Temperatur von 780 bis 880 °C befindet, reagiert das HCl mit dem Quellenmaterial gemäß

$$4\ GaAs + 4\ HCl \rightleftarrows 4\ GaCl + As_4 + 2\ H_2.$$

Diese Reaktion läuft bei 680 bis 780 °C im Substratraum in entgegengesetzter Richtung ab, wodurch sich monokristallines GaAs auf dem Substrat abscheidet.

Dem eigentlichen Aufwachsprozeß wird bei Verwendung von reinem Gallium als Quellenmaterial ein Syntheseprozeß vorgeschaltet. As_4 wird dabei so lange im Gallium gelöst, bis sich bei Sättigung eine feste polykristalline GaAs-Haut auf der Ga-Quelle gebildet hat. Damit das As- und Ga-Angebot am Ort des Substrats definierte Werte annimmt, darf während des Epitaxieprozesses diese GaAs-Haut nicht aufreißen.

Mit diesem Epitaxieverfahren werden hochreine Schichten hergestellt mit Restverunreiniungen bis herab zu $N_D + N_A = 2 \cdot 10^{14}\ cm^{-3}$ bei einer Beweglichkeit der Elektronen von $\mu \approx 170000\ cm^2/Vs$ bei 77 K [5.10]. Die verbleibende Restverunreinigung im Effer-Prozeß ist hauptsächlich Silizium, welches aus einer Reaktion des HCl mit dem Quarz des Reaktionsrohrs über Chlor-Silan-Zwischenprodukte stammt [5.10, 5.11]. Der Einbau des Siliziums in den Kristall läßt sich über den HCl-Partialdruck und damit über den $AsCl_3$-Molenbruch steuern [5.10].

Auf diese Weise können hochohmige sogenannte "buffer"-Schichten aufgewachsen werden, die für die Herstellung von extrem rauscharmen MESFET von Bedeutung sind.

Die für MESFET benötigte Dotierung von ca. $1 \cdot 10^{17}\ cm^{-3}$ kann über dotiertes $AsCl_3$ oder über Zusatz von Dotiergasen eingestellt werden. Im ersten Fall wird dem $AsCl_3$ eine flüssige Komponente wie z.B. S_2Cl_2, $SnCl_4$ oder $SiCl_4$ zugegeben. Im zweiten Fall werden gasförmige Dotiersubstanzen (H_2S, H_2Se usw.) dem Trägergas Wasserstoff zugesetzt. Im Gegensatz zur Dotierung über das $AsCl_3$ kann hier die Dotierungskonzentration während des Epitaxieprozesses schnell und einfach verändert werden. Die Höhe der erzielten Dotierung hängt ab vom Dotierungsstoff, der Konzentration in der Gasphase, der Aufwachsgeschwindigkeit und von der kristallographischen Orientierung des Substrats.

Mit dem Effer-Prozeß gelingt es,

- Schichten hoher Reinheit herzustellen: $N_D + N_A < 10^{15}$ cm^{-3}, $\mu(77\ K) > 100000$ cm^2/Vs;
- reproduzierbar die Dotierung in weiten Grenzen einzustellen: $N_D - N_A = 10^{15} \ldots 10^{18}$ cm^{-3};
- dünne Schichten im Bereich $\gtrsim 0{,}1$ µm reproduzierbar herzustellen;
- steile Dotierungsübergänge zu erzeugen.

Diese Charakteristika weisen das Verfahren als sehr gut geeignet für die Herstellung von aktiven Schichten für GaAs-MESFET aus.

5.2.2 Ionenimplantation

Mit der Implantation von Ionen in das semiisolierende GaAs-Substratmaterial ist in den letzten Jahren ein Verfahren entwickelt worden, welches nicht nur in Konkurrenz zur Gasphasenepitaxie getreten ist, sondern diese bezüglich der Eignung für eine kostengünstige Produktion von MESFET übertrifft Da bei ionenimplantierten Schichten das Substrat mit seinen elektronischen Eigenschaften aktiv in das elektrische Verhalten des darauf realisierten Bauelements eingreift - die aktive Schicht liegt <u>im</u> Substrat; im Gegensatz dazu liegt sie bei epitaktischen Schichten <u>auf</u> dem Substrat - muß hier der "Güte" des semiisolierenden GaAs-Substrats besondere Aufmerksamkeit gewidmet werden. Die nach dem "in-situ-Synthese"-Verfahren gezogenen, chromarmen Substrate gestatten die Herstellung von implantierten FET-Schichten mit definiertem Dotierungsprofil, hoher Elektronenbeweglichkeit und hervorragender Homogenität. Diese Eigenschaften sind über die gesamte implantierte Fläche hinweg und von Scheibe zu Scheibe gegeben.

Durch Maskierung während der Implantation gelingt es weiterhin, lokale Dotierungsbereiche im semiisolierenden Substrat zu erzeugen. Damit kann ein völlig planarer Aufbau des MESFET durchgeführt werden, was unter anderem für integrierte GaAs-Schaltungen von besonderer Bedeutung ist. Das Vermeiden der GaAs-Ätzung zur Strukturierung der aktiven Schicht wirkt sich positiv aus bei der Realisierung von Gates im Submikron-Bereich: ein Abreißen der Gates an den Ätzkanten kann nicht mehr auftreten.

Die Physik der Ionenimplantation in Halbleitern ist in der Literatur ausführlich beschrieben [5.12, 5.13, 5.14]. N-dotierte Schichten mit Dicken von einigen hundert Nanometern und Dotierungen im Bereich von 10^{17} cm^{-3} werden für die aktiven Gebiete der GaAs-FET benötigt, wobei je nach angestrebter Arbeitsfrequenz und je nach FET-Typ (rauscharmer FET oder Leistungs-FET) spezifisch die Schichteigenschaften eingestellt werden müssen. Über die Energie der Ionen kann die Tiefe des implantierten Profils eingestellt werden. Mit einem 400-keV-Implanter lassen sich typisch Tiefen bis zu 500 nm erreichen.

Durch die Abbremsung der Ionen wird das Gitter des GaAs erheblich geschädigt. Diese Schädigung muß nach der Implantation mit Hilfe eines Ausheilprozesses so weit wie möglich rückgängig gemacht werden. Im allgemeinen wird dies über ein thermisches Ausheilen bewerkstelligt. Andere Methoden wie z.B. Laserausheilen oder Elektronenstrahlausheilen sind kompliziert und noch nicht ausreichend gut beherrscht.

Ein erhebliches Problem für die Ionenimplantation in GaAs besteht darin, daß das Substrat bei der für das Ausheilen notwendigen Temperatur von 800 bis 900 °C beginnt, oberflächlich zu dissoziieren. Mit dem Aufbringen von Deckschichten (SiO_2, Si_3N_4, Al_2O_3) nach der Implantation, z.B. durch Aufsputtern oder Abscheidung aus der Gasphase, kann die Dissoziation weitgehend unterdrückt werden. Bei einem anderen Vorgehen wird mit der Einstellung eines As-Überdrucks beim Ausheilprozeß die Zersetzung der GaAs-Oberfläche verhindert ("capless anneal", [5.15]).

Um gezielte Dotierungsverhältnisse einstellen zu können, darf das implantierte Profil nicht durch Veränderungen im Substrat beeinflußt werden. Damit ergeben sich besonders Anforderungen an das Substratmaterial (thermische Stabilität, Reinheit).

5.2.3 Chrom-Umverteilung

Während des Ausheilvorgangs (bei 800 bis 900 °C) verteilt sich das im semiisolierenden GaAs-Substrat eingebaute Chrom um. Es reichert sich oberflächennah an der Grenzfläche Substrat/Deckschicht und im Bereich des Maximums des implantierten Dotierungsprofils an (Abb.5.2). Im Bereich dieses

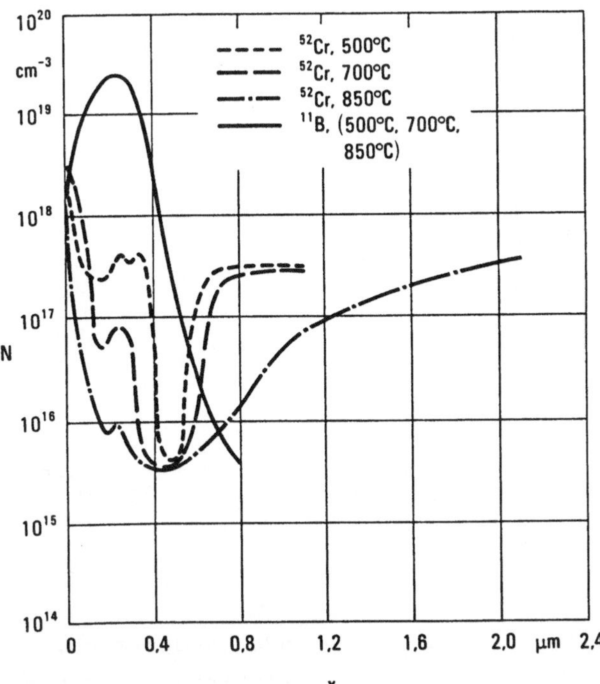

Abb.5.2. Chromverteilung in B-implantiertem GaAs, gemessen mit SIMS [1]. Ausheilung (1 Stunde) bei verschiedenen Temperaturen, Si_3N_4-Abdeckung. Das B-Profil verändert sich während des Ausheilens nicht. Nach [5.16]

---

[1]) Sekundär-Ionen-Massenspektrometrie

Maximums ist der Kristall nach der Implantation am stärksten geschädigt. Somit hängt das Dotierungsprofil N(x) im implantierten und ausgeheilten GaAs von der Chromverteilung im Substrat ab.

Mit der Umverteilung des Chroms läßt sich das oft beobachtete Auftreten einer leitenden Schicht an der Oberfläche von chromdotierten Substraten nach einem Tempervorgang verstehen (Abb.5.3). Bei relativ hoher Hintergrunddotierung tritt im Bereich, wo die Chromkonzentration niedriger als diese ist, eine leitende Schicht auf.

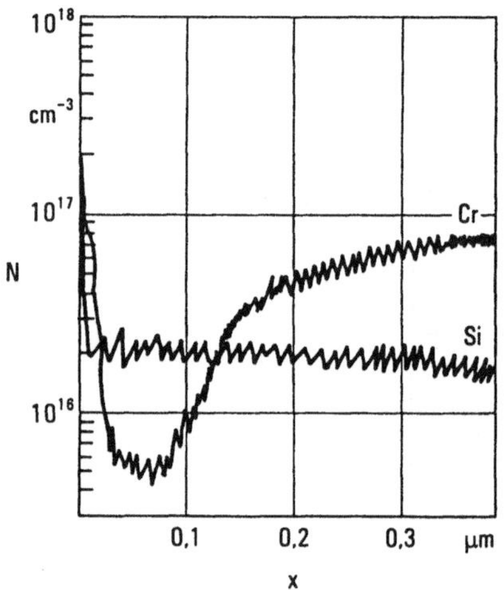

Abb.5.3. SIMS-Analyse von nicht implantiertem semiisolierenden GaAs. Ausheilung mit SiO_2-Abdeckung in H_2; T = 860 °C, t = 20 min. Nach [5.17]

Mit den nicht chromdotierten semiisolierenden Substraten, wie sie im "in-situ"-Czochralski-Prozeß bei Einsatz von pyrolytischen Bornitrid-Tiegeln hergestellt werden, liegen für die Implantation ideal geeignete Substrate vor, da hier keine Chrom-Umverteilungseffekte auftreten und damit die Dotierungsprofile genau eingestellt werden können. Auch die durch das Chrom hervorgerufene Verminderung der Elektronenbeweglichkeit wird beim chromfreien Substrat vermieden [5.18].

5.2.4 Profile von n-Typ-Dotierstoffen

In Abb.5.4 sind mit den Dotierstoffen S, Si und Se hergestellte Implantationsprofile mit den nach der LSS-Theorie [5.19] erwarteten Kurven verglichen [5.19-5.21]. Für Si und Se zeigt sich eine gute Übereinstimmung von Theorie und Experiment. Die erreichte Aktivierung der implantierten Ionen (Einbau in das GaAs-Gitter) ist hoch; das durch Kapazitäts-Spannungs-Messungen bestimmte Dotierungsprofil ist nur geringfügig verbreitert. Im Falle des Schwefels ist dagegen eine recht kleine Aktivierung und eine starke Verbreiterung des Profils zu beobachten. Diese Effekte werden durch ein starkes Diffundieren des Schwefels während des Ausheilvorgangs hervorgerufen.

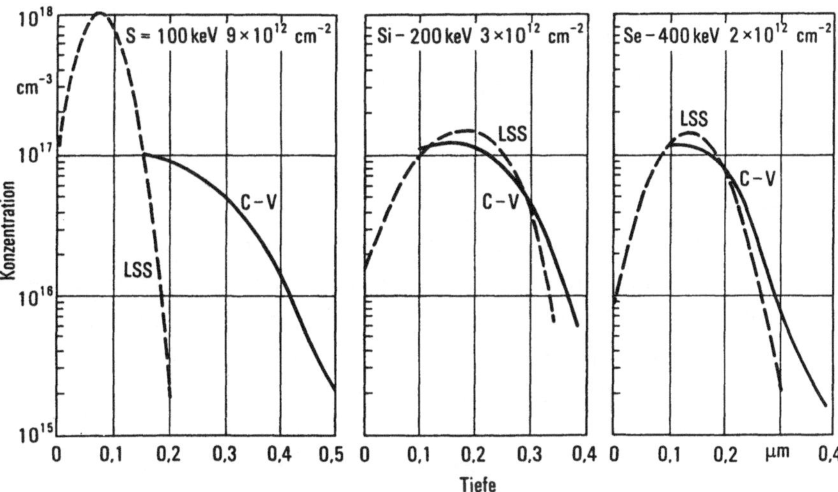

Abb.5.4. Profilvergleich zwischen gemessener Elektronenkonzentration (———) und berechneter Atomkonzentration (-----) für verschiedene Implantationen in semiisolierendem GaAs. Nach [5.21]. Ausheilung bei 850 °C, 30 min.

Die bei den implantierten Schichten bestimmten Elektronenbeweglichkeiten lassen sich durchwegs mit denen von epitaktischen Schichten vergleichen [5.20, 5.21]. Typisch ist bei einer Dotierung von $N \approx 1 \cdot 10^{17}$ cm^{-3} eine 300-K-Beweglichkeit von $\mu \approx 4500$ cm^2/Vs. Im Dosisbereich $2 \cdot 10^{12}$ bis $2 \cdot 10^{13}$ cm^{-2}

nimmt die erzielte Dotierung linear zu, während sie zu höherer Dosis hin nur noch schwach ansteigt (Abb.5.5).

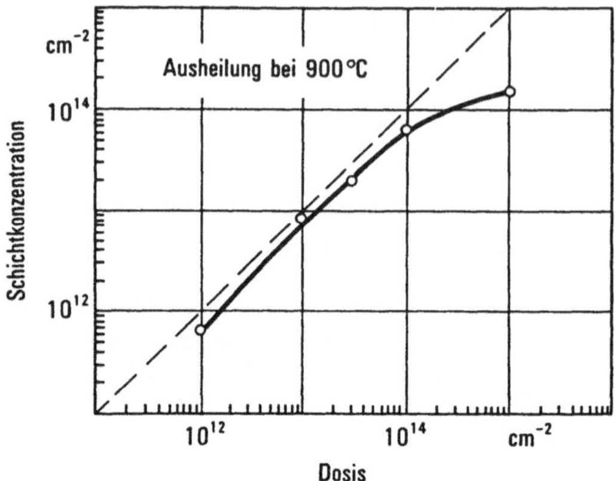

Abb.5.5. Schwefel-Implantation in Cr-dotiertes GaAs: Schichtkonzentration N_s in Abhängigkeit von der Dosis; Energie 400 keV; ausgeheilt mit Si_3N_4-Abdeckung. Nach [5.14]

5.2.5 Anwendung der Ionenimplantation bei der Herstellung des FET

Neben ihrer hohen Flexibilität bietet die Implantation in semiisolierendes GaAs große Vorteile hinsichtlich Profilhomogenität über die Fläche, Reproduzierbarkeit und Kosten. Indem man Mehrfach-Implantationen in einzelne Flächenteile des Substrats durchführt, können Bauelemente lokal optimiert werden. Dies stellt einen wesentlichen Vorteil gegenüber allen epitaktischen Verfahren dar.

Die bei der FET-Herstellung meistens verwendeten Dotierstoffe sind Silizium, Schwefel, Selen und Tellur. In Tab.5.1 sind die nach der LSS-Theorie berechneten mittleren Eindring tiefen (R_p) und Standardabweichungen (ΔR_p) für verschiedene Energien angegeben. Im Falle des Schwefels kann durch Diffusion während des Ausheilens das Dotierungsprofil über die an gegebenen Werte hinaus erheblich verbreitert werden. Tellur besitzt wegen seiner hohen Massenzahl (128) eine geringe Ein dringtiefe, so daß hier zur Einstellung tieferer Profile z.B gegenüber Selen erheblich höhere Energien notwendig sind.

Entsprechend höher ist dann auch die Gitterschädigung, die nur noch mit Implantation bei erhöhter Temperatur und nachfolgender Temperung hinreichend ausgeheilt werden kann.

Tab.5.1. Mittlere Eindringtiefe R_p und Standardabweichung ΔR in nm für gebräuchliche Donatoren in GaAs. Nach [5.20].

	Si		S		Se		Te	
Energie keV	R_p	ΔR_p	R_p	ΔR_p	R_p	ΔR_p	R_p	ΔR_p
50	42,4	25,4	37,5	22,2	21,0	10,5	16,9	7,4
100	85,0	44,2	74,0	38,7	37,1	17,9	28,5	12,2
200	173,9	75,3	150,9	66,7	69,5	31,3	49,8	20,7
300	263,2	100,3	229,2	89,9	102,8	43,8	70,7	28,7
400	350,7	121,0	306,7	109,6	137,1	55,7	91,7	36,4

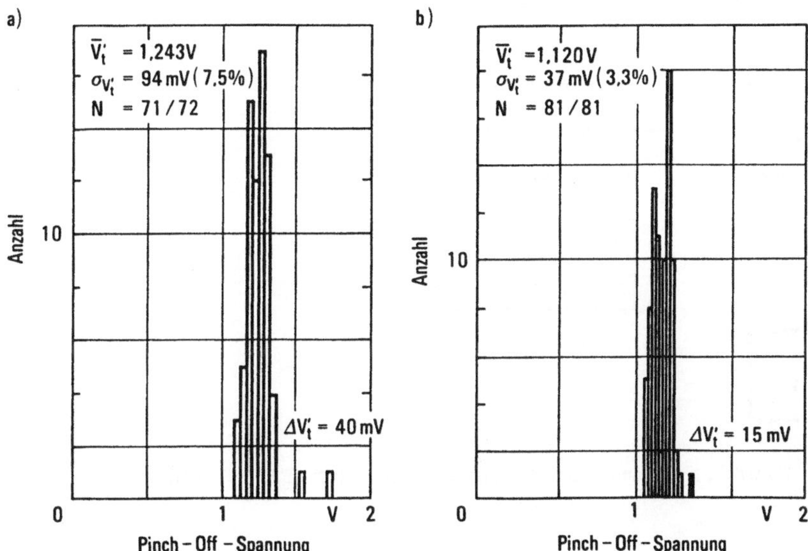

Abb.5.6. Histogramme für die pinch-off-Spannung von FET auf einer Scheibe. Nach [5.21]. a) über die gesamte Scheibe hinweg (≈ 20 cm^2); b) kleinflächig (≈ 100 μm^2); $\bar{V}_t'$ Mittelwert, $\sigma_{V_t'}$ Standardabweichung, $\Delta V_t'$ Schrittweite, N Anzahl der gemessenen Transistoren

Neben der Herstellung der aktiven FET-Schicht können die Source- und Draingebiete durch eine weitere Implantation hoch dotiert werden, so daß dort sperrfreie Kontakte mit kleinem Kontaktwiderstand realisiert werden können.

Abb.5.6 zeigt anhand von Histogrammen für die Einsatzspannung die gute Homogenität der implantierten Schichten [5.21].

5.3 Herstellung der Bauelementestruktur

Mit einer Folge von einzelnen Technologieschritten wird der FET auf der aktiven Schicht aufgebaut. In Abb.5.7 ist dazu ein Flußdiagramm angegeben.

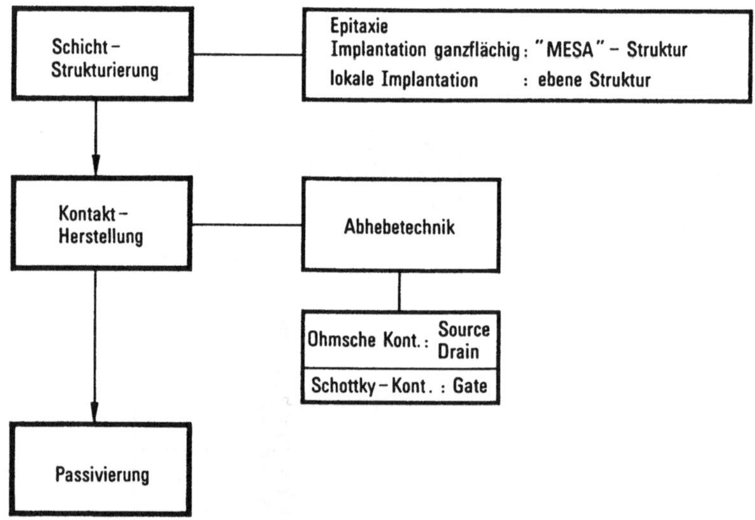

Abb.5.7. Flußdiagramm zur Herstellung der FET-Struktur

5.3.1 Schichtstrukturierung

Wenn die aktive Schicht für den FET auf dem Substrat ganzflächig hergestellt worden ist, sei es mittels Epitaxie oder Ionenimplantation, so kann in einem nachfolgenden Ätzschritt diese Schicht außerhalb des FET-Bereichs entfernt werden.

Während dieses Ätzvorgangs ist der FET-Bereich mit Fotolack abgedeckt.

Bei diesem Verfahren ergibt sich eine sogenannte "Mesa"-Struktur der aktiven Schicht. Das Gate des FET muß in einem späteren Prozeßschritt über die Mesaflanke herab zu den Gatekontaktflächen geführt werden, welche zur Erzielung möglichst kleiner parasitärer Kapazitäten auf dem hochohmigen Substrat liegen.

Eine vollkommen plane Schichtstruktur läßt sich dagegen erreichen, wenn die aktiven Schichtbereiche durch lokale, nicht ganzflächige Implantation realisiert wird. Während der Implantation sind dazu die Flächenteile der Scheibe mit Fotolack abgedeckt, die sich neben den aktiven Bereichen befinden. Nach der Implantation und dem Ablösen des Fotolacks entsteht beim Ausheilen eine plane Schichtstruktur: die Oberfläche im implantierten und nicht implantierten Bereich liegen in einer Ebene. Die "Mesa"-Struktur, welche Probleme bringt sowohl für die nachfolgende Fototechnik (Abbildung der Maskenstrukturen in zwei verschiedenen Ebenen) als auch für die Gatestruktur selber (Abreißen des Metallstreifens an der Mesakante), kann somit elegant vermieden werden.

5.3.2 Kontaktherstellung

Die metallischen Kontaktstrukturen des FET zeichen sich dadurch aus, daß sie sehr kleine Abmessungen besitzen - die Länge des Gates ist ≤ 1 µm - und daß sie kleine Abstände voneinander aufweisen - der Abstand zwischen Source und Gate bzw. Gate und Drain liegt bei 1 bis 2 µm. Typisch ist außerdem, daß dabei die Breite der Strukturen relativ groß ist (Gatebreiten um 100 µm).

Diese spezifischen Geometrieverhältnisse des FET haben zur Folge, daß das in der Planartechnologie gebräuchliche Verfahren zur Herstellung der Metallstrukturen hier nicht angewendet werden kann. Bei der üblichen Schrittfolge (Aufdampfen des Metalls, Abdecken mit Fotolack, Naßätzen des Metalls) können die Strukturen nicht ausreichend maßhaltig realisiert werden, da die dabei unvermeidliche Unterätzung unter die Lackstrukturen vergleichbar wird mit der Länge bzw. dem Abstand der herzustellenden Strukturen.

Einen Ausweg aus dieser Situation bieten einerseits die Trockenätzverfahren; andererseits ist mit der sogenannten "Abhebetechnik" (lift-off-technique) ein Verfahren entwikkelt worden, das auf einfache Weise die Nachteile des geschilderten Ätzverfahrens vermeidet:

In der Abhebetechnik wird als erster Schritt ein Fotolacknegativ der Metallstruktur hergestellt. Eine ganzflächige Bedampfung mit dem Metall führt jetzt dazu, daß das Metall in den beabsichtigten Flächenteilen auf dem Substrat liegt, während es außerhalb den Fotolack bedeckt. Löst man nun den Fotolack ab, so wird das Metall mit entfernt: es entstehen somit maßhaltige und scharf begrenzte Metallstrukturen.

Voraussetzungen für eine ausreichende Qualität dieses Verfahrens sind steile, nach Möglichkeit überhängende Fotolackstrukturen, wie sie z.B. mit der Chlorbenzol-Technik [5.22] oder in der Elektronenstrahlbelichtung entstehen, und nicht zu dicke Metallisierungen (relativ zur Dicke des Fotolackes). Die zweite Voraussetzung führt dazu, daß zwischen der Dicke der Metallisierungen und ihrem Schichtwiderstand ein Kompromiß eingegangen werden muß.

Mit der Abhebetechnik und dem Aufdampfen "ohmscher" Metallfolgen (Source, Drain) und von Schottky-Metallisierungen wird gewöhnlich in dieser Reihenfolge die Struktur des FET hergestellt. Die jeweils verwendeten Metalle und die gestellten Anforderungen sind in Abschn.6.2 ausführlich behandelt.

Während bei der Herstellung des Gates dieses im allgemeinen zwischen die bereits vorhandenen sperrfreien Kontakte Source und Drain einjustiert wird, kann in einem anderen Verfahren das Gate ohne zusätzlichen fotochemischen Schritt selbst-justiert ("self aligned") zwischen Source und Drain eingebracht werden.

Meistens wird durch ein Tieferätzen des Gategebiets ("gate recess") dafür gesorgt, daß die parasitären Zuleitungswiderstände zwischen Source und Gate bzw. zwischen Gate und Drain möglichst klein gehalten werden. Mit Hilfe dieses gate recess läßt sich darüber hinaus die pinch-off-Spannung des FET auf einen bestimmten Wert einstellen. Die Form des Gategrabens ist ferner für den Source-Drain-Durchbruch von Bedeutung (s. Abschn.5.5 und 6.1).

5.3.3 Passivierung

An FET, deren Oberfläche nicht mit Hilfe einer Passivierung gegen Einflüsse aus der umgebenden Atmosphäre geschützt sind, werden Driftphänomene festgestellt. Diese zeigen sich sowohl in der statischen Charakteristik als auch in den Hochfrequenzeigenschaften. Typisch ist dabei eine Abnahme von S_{21} und eine Zunahme von F_{min} über einen Zeitraum von Stunden bis Wochen. Es werden dabei bis zu fünf Zeitkonstanten festgestellt.

Mit dem Aufbringen von polykristallinem GaAs auf die FET-Oberfläche [5.23] konnten die Driftvorgänge eliminiert werden. Gleichzeitig war damit der FET gegen mechanische Beschädigung geschützt. Allerdings verschlechterte sich dabei das Rauschverhalten der FET und die Verstärkung wurde kleiner.

Untersuchungen des Driftproblems zeigen, daß dieses durch Ladungen an der freien GaAs-Oberfläche zwischen den metallischen Kontakten und den durch sie erzeugten Raumladungszone im Kanalbereich hervorgerufen werden [5.24, 5.25]. Ändert sich der Ladungszustand z.B. durch Kontamination, so nimmt über die Verringerung des Kanalquerschnitts der Sourcewiderstand zu. Dies hat eine Abnahme der Steilheit zur Folge: die Verstärkung wird reduziert und das Rauschen erhöht.

Heute wird allgemein Siliziumnitrid als Schutzschicht und Passivierung eingesetzt. Der in Abschn.4.3 ausführlich beschriebene Kleinsignal-FET CFY 10 (Siemens AG) besitzt eine 200 nm dicke Si_3N_4-Schicht. Der zur Stabilisierung der Langzeiteigenschaften eingegangene Kompromiß besteht hier in einer 0,5-dB-Abnahme der Verstärkung und einer 0,3-dB-Zunahme der Rauschzahl (alles bei 6 GHz) gegenüber dem nichtgeschützten FET.

Bei der Herstellung des Leistungs-FET kann die Passivierungsschicht als Ebene für die Verbindungsmetallisierung benutzt werden. Wegen der geringeren Dielektrizitätskonstanten ist dabei SiO_2 gegenüber Si_3N_4 der Vorzug zu geben.

5.3.4 Struktur und geometrische Daten eines Kleinsignal-FET

Abb.5.8a zeigt eine Lichtmikroskop-Aufnahme eines rauscharmen FET (CFY 18, Siemens AG). Der Source-Kontakt wird durch die große Metallfläche (im Bild oben) gebildet; dadurch kann der Source-Kontakt induktivitätsarm mit dem Masseanschluß im Gehäuse verbunden werden. Der Kontaktfleck für Drain (im Bild unten) ist gerade so groß, wie für die Drahtkontaktierung unbedingt erforderlich. Hier kommt es darauf an, C_{sd} möglichst klein zu halten. Das Gate ist als ein durchgehender Streifen mit zwei Anschlüssen ausgebildet. Dies entspricht einer Struktur mit 4 Fingern mit einer Breite von je 60 µm bei einer Gatelänge von 0,5 µm (vgl. Abschn.4.1.9).

Abb.5.8b zeigt einen Gate-Anschluß in einer Rasterelektronenmikroskop-Aufnahme. Die Justiertoleranz des Gate-Metalls gegenüber dem Ohm-Metall darf hier ± 0,5 µm nicht überschreiten, sonst werden die Schwankungen der elektrischen Daten der FET zu groß und die Ausbeute sinkt. Mit Verfahren wie Projektionsbelichtung ("Wafer Stepper") und Elektronenstrahlbelichtung lassen sich heute Justiertoleranzen unter 0,2 µm einhalten.

Die Gatemetallisierung (Ti/Pt/Au) hat eine Dicke von 1 µm; die Source-Drain-Metallisierung (Ge/Au/Cr/Au) ist 0,4 µm stark. Das Kanalgebiet zwischen Source und Drain ist durch eine 200 nm dicke Si_3N_4-Schicht abgedeckt. Abb.5.8a und b wurden ohne Si_3N_4-Schicht aufgenommen, um die Bildqualität nicht zu verschlechtern.

a)

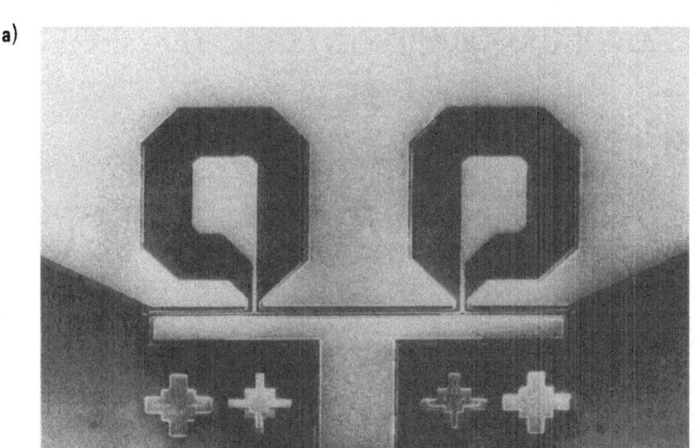

b)

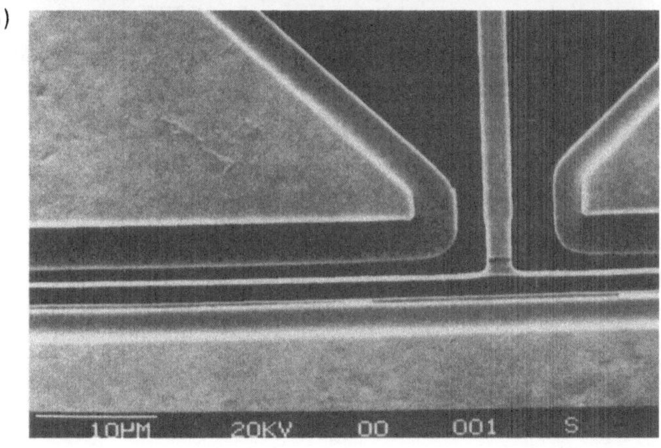

Abb.5.8. Kleinsignal-FET (CFY 18, Siemens AG). a) Übersicht; b) Detail: Gate-Anschluß. Geometrische Daten: $L = 0{,}5$ µm, $L_{sd} = 3$ µm, $W = 240$ µm. Struktur mit zwei Gateanschlüssen; entspricht 4 Fingern mit je 60 µm

6 Stabilität und Zuverlässigkeit von GaAs-MESFET

Im Vergleich zu Bauelementen auf Silizium und Germanium ist der GaAs-MESFET ein relativ junges Bauelement. 1975 kamen die ersten käuflichen Kleinsignal-MESFET auf den Markt. Diese ersten Muster zeigten zwar schon gute Hochfrequenzeigenschaften, ihre Stabilität und Zuverlässigkeit ließen aber noch viele Wünsche offen: Manche Transistoren "starben" schon beim Einbau in die Schaltung, andere zeigten bereits nach kurzer Betriebszeit Veränderungen in ihren Eigenschaften. Obwohl mittlerweile feststeht, daß der GaAs-MESFET durchaus die Zuverlässigkeit von Bauelementen auf Silizium erreicht (vgl. Abschn.6.3), sind einige der im folgenden erwähnten Probleme noch nicht gelöst.

Als "stabil" bezeichnen wir ein Bauelement, dessen elektrisches Verhalten zeitlich unabhängig und wiederholbar durch die Betriebsbedingungen (Spannungen, Temperatur u.ä.) bestimmt ist. "Zuverlässig" ist ein Bauelement, das "stabil" ist und eine für die Anwendung ausreichend große Lebensdauer bei entsprechend kleiner Ausfallrate besitzt.

Die Fragen der Stabilität und der Zuverlässigkeit werden in den folgenden Abschnitten, gegliedert nach Einflüssen des GaAs-Materials und der Metallisierung, behandelt. Am Schluß des Kapitels folgt ein Überblick über die erreichte Zuverlässigkeit (Stand 1982).

6.1 Materialeinflüsse

6.1.1 Tiefe Störstellen

Semiisolierendes GaAs erhält seinen hohen spezifischen Widerstand durch Kompensation der flachen Störstellen mit tiefen Störstellen (traps, z.B. Chrom). Erzeugt man auf bzw. in diesem Material leitende Schichten, so befinden sich die tiefen Störstellen auch in der leitenden Schicht. Obwohl zu erwarten wäre, daß die besonders hohen Feldstärken und Betriebstemperaturen z.B. beim Leistungs-FET auch Veränderungen der trap-Verteilungen bewirken, konnte dies bisher in Zuverlässigkeitsuntersuchungen nicht festgestellt werden. Die Zuverlässigkeit von GaAs-MESFET wird überwiegend von den Metallisierungen begrenzt. Dagegen bestimmt das Material die Stabilität und das Hochfrequenzverhalten des Bauelements.

Hohe trap-Konzentrationen zeigen sich z.B. im "Aufschleifen" von Kennlinien bei Messungen am Kennlinienschreiber [6.1]. Der Kanalquerschnitt des FET wird nicht nur durch die Raumladungszone des Schottky-Kontakts gesteuert, sondern auch durch die Raumladungszone an der Grenze zum Substrat, (Abb.6.1a).

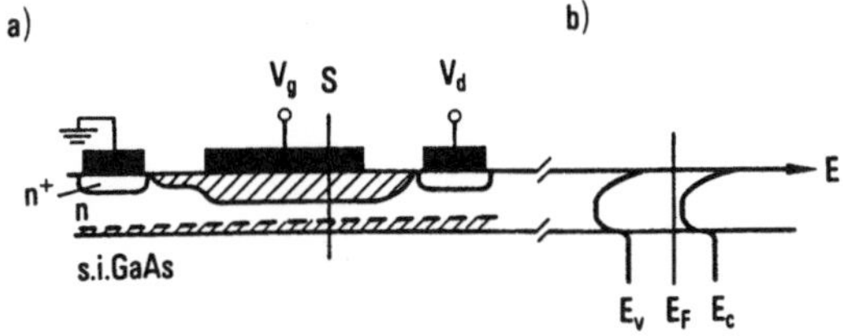

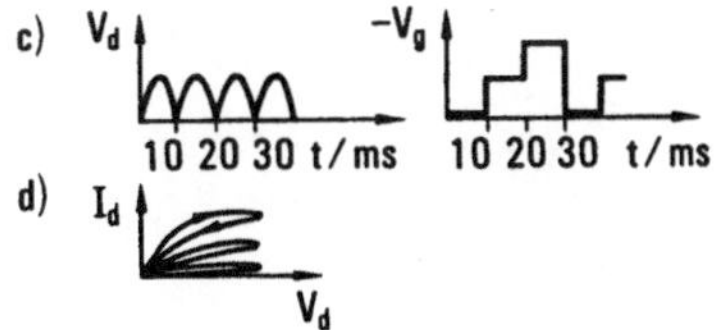

Abb.6.1. a) Querschnitt durch MESFET mit Raumladungszonen an der Grenzfläche n-Schicht/Substrat und an der freien GaAs-Oberfläche (vgl. dagegen Abb.2.1c); b) Banddiagramm in der Schnittebene S; c) Spannungsverlauf am Kennlinienschreiber; d) "Aufschleifen" der Kennlinien (s. Text)

Diese Raumladungszone entsteht durch den Unterschied im Fermi-Niveau E_F zwischen n-leitendem und semiisolierendem GaAs (Abb.6.1b). Den Spannungsverlauf am Ausgang des Kennlinienschreibers zeigt Abb.6.1c. Die Signalfrequenz für V_d beträgt typisch 100 Hz. Ändert sich nun V_d, so folgt die Raumladungszone des Schottky-Kontakts dem Signal rascher als die substratseitige Raumladungszone. Dieses "Nachhinken" bewirkt ein Aufschleifen der I_d-(V_d)-Kennlinien wie in Abb.6.1d dargestellt.

Abb.6.2 zeigt als Beispiel die Kennlinien von FET gleicher Geometrie auf unterschiedlichen Schichten [6.2]. Epitaktische Schichten ohne Zwischenschicht ("buffer") führten zu geringer Steilheit sowie zu einem Aufschleifen mit einer Zeitkonstante im Bereich von 10^{-3} s.

a)

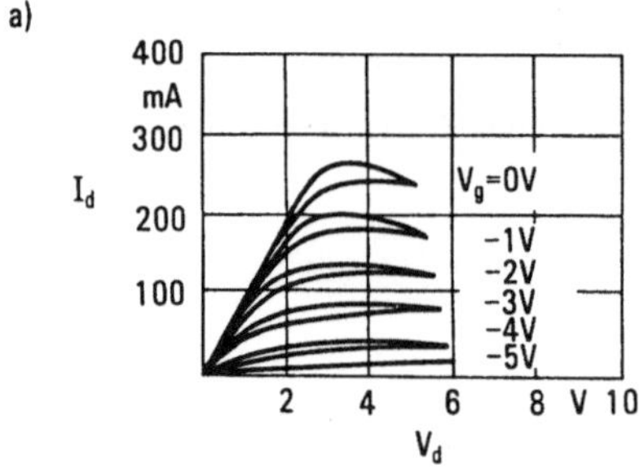

b)

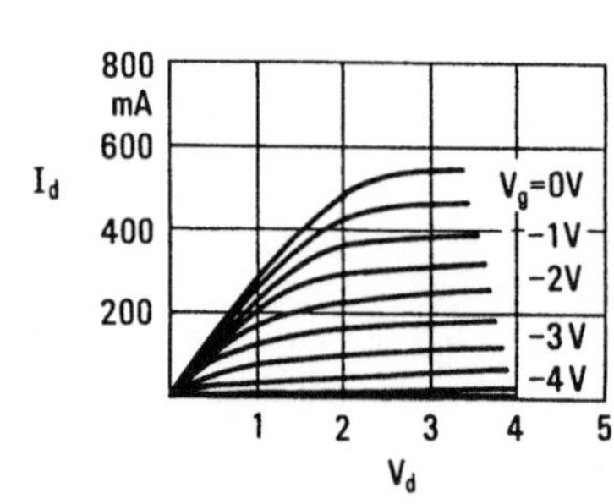

Abb.6.2. Experimentelle Kennlinien von FET gleicher Geometrie (L = 2 µm, W = 3 mm). Nach [6.2]. (Maßstäbe beachten!). a) n-leitende Schicht direkt auf Cr-dotiertem GaAs; b) n-leitende Schicht und buffer-(n^-)-Schicht auf Cr-dotiertem GaAs

Daß dieser Wert durch traps bestimmt wird, läßt sich durch eine einfache Abschätzung der RC-Zeitkonstanten der Kombination aus Grenzflächenkapazität und substratseitigem Zuleitungswiderstand zeigen. Die Kapazität sei so groß wie die des Schottky-Kontakts, d.h. $C = C_{\square} LW$ mit $C_{\square} = 10^{-7}$ F/cm^2. Der Widerstand sei gleich dem halben Substratwiderstand (bei Fehlen der n-Schicht) zwischen Source und Drain, d.h. $R = 0{,}5\ R_{\square\ sub}\ S/W$ mit $R_{\square\ sub} = 10^{10}\ \Omega$, $S = 5$ µm. Dies ergibt mit $L = 1$ µm eine Zeitkonstante von 25 µs. Bei vernachlässigbarer trap-Konzentration sollte also ein Aufschleifen der Kennlinien bei einer Periode von 10 ms nicht sichtbar sein.

Tiefe Störstellen bewirken viele Effekte in GaAs-MESFET [6.1, 6.3-6.8]:

- Die $I_d(V_d)$-Kennlinien hängen von der Energie und Intensität von eingestrahltem Licht stark ab;
- der Drainstrom wird durch das Potential am Substrat sowie durch das benachbarter Elektroden beeinflußt (Abb.6.3) ("backgating");
- der Drainstrom folgt einer Spannungsstufe am Gate zunächst rasch, zeigt aber dann eine langsame Komponente, die erst nach Millisekunden den Gleichgewichtswert erreicht;
- die Steilheit wird frequenzabhängig (Abb.6.4);
- verminderte Verstärkung;
- erhöhtes Rauschen;
- Drift von Parametern (z.B. Drainstrom, Steilheit) mit Zeitkonstanten im Bereich von Minuten.

Diese Aufzählung macht deutlich, warum in den letzten Jahren große Anstrengungen unternommen wurden, um die Qualität des semiisolierenden GaAs zu verbessern. Mit der Entwicklung des chromfreien semiisolierenden Materials (s. Kap.5) wurden die meisten der oben aufgezählten Probleme behoben. Der letzte Punkt, die Drift von Parametern, hängt wahrscheinlich mit traps an der Oberfläche zusammen [6.8, 6.9].

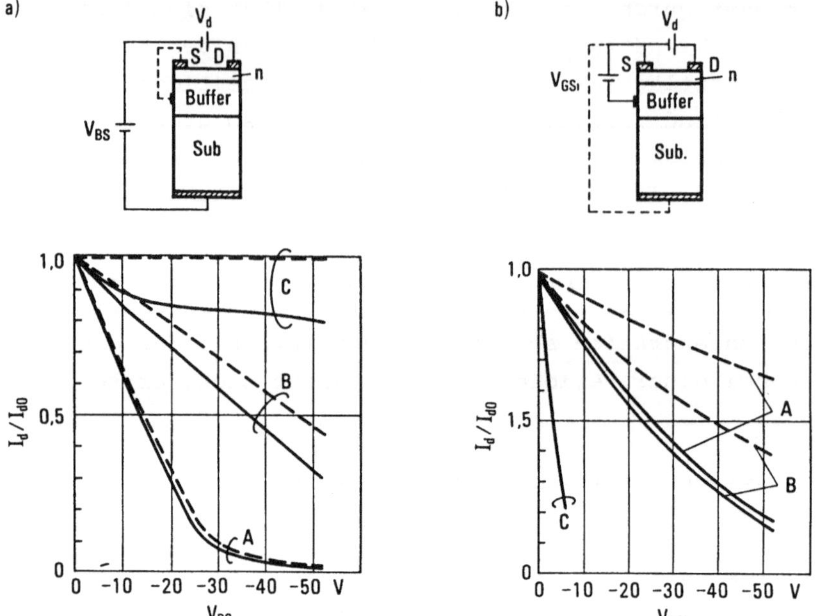

Abb.6.3. a) Normierter Drainstrom I_d/I_{d0} (V_d = 0,1 V) als Funktion der Substratvorspannung V_{BS}; b) normierter Drainstrom I_d/I_{d0} (V_d = 0,1 V) als Funktion der an das Gate-Pad angelegten Spannung V_{GSi}. Das Gate-Pad liegt auf der buffer-Schicht. Die Messungen wurden an FET ohne Gatefinger durchgeführt. -•-•-•-•- Gate-Pad (Abb.6.3a) bzw. Substratanschluß (Abb.6.9b) offen; -o-o-o-o- Gate-Pad (Abb.6.3a) bzw. Substratanschluß (Abb.6.3b) mit Source verbunden. Gruppe A und B: buffer-Schichten mit unterschiedlicher trap-Konzentration. Gruppe C: p-leitende buffer-Schicht. Nach [6.7]

Die Frage nach der optimalen Passivierung für GaAs-FET ist noch nicht völlig geklärt. In Abb.6.1 ist eine durch negativ geladene Oberflächenzustände hervorgerufene Raumladungszone angedeutet, die bei der Dimensionierung von MESFET zu berücksichtigen ist [6.10]. An freien GaAs-Oberflächen konnten diese Oberflächenzustände (Dichte $\approx 1 \cdot 10^{12}$ cm^{-2} bei N $\approx 1 \cdot 10^{17}$ cm^{-3}) durch Fotolumineszenzmessungen nachgewiesen werden [6.11]. Sie können - ebenso wie traps in der Schicht - die Steilheit frequenzabhängig machen, das niederfrequenzte Rauschen erhöhen und die Verstärkung mindern [6.12].

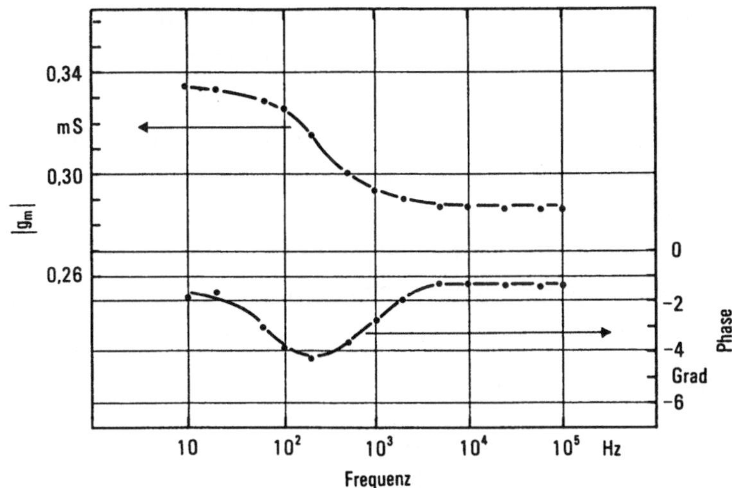

Abb.6.4. Betrag und Phase der Steilheit g_m bei Raumtemperatur und einer Gatespannung von 0 V. Nach [6.4]

6.1.2 Burnout

Das zerstörende Durchbrennen (burnout) von FET stellt besonders bei Leistungstransistoren ein ernstes Problem dar, da diese zur Erzielung hoher Ausgangsleistungen an der Grenze sowohl der Spannungsfestigkeit als auch der thermischen Belastbarkeit betrieben werden. Kleinsignal-FET werden meist im Arbeitspunkt für minimales Rauschen betrieben, d.h. sie werden nicht so hoch belastet wie Leistungs-FET. Bei Leistungs-FET ist die Beherrschung des burnout eine wesentliche Voraussetzung zur Erzielung einer guten Ausbeute und Zuverlässigkeit.

Die ersten Hinweise auf den burnout-Mechanismus brachten Untersuchungen des Durchbruchverhaltens und der bei hohen Feldstärken im Bereich Gate-Drain auftretenden Lichtemission [6.13, 6.14]:

- Gate-recess-Strukturen ergaben die höchsten Durchbruchspannungen (Abb.6.5) bei geringster Lichtemission (vgl. Abschn.4.4.2).

- Bei $V_G = 0$ finden Durchbruch und Lichtemission nahe am Drainkontakt statt, beim pinch-off ($V_G = V_T$) nahe am Gatekontakt.

- Die burnout-Spannungsfestigkeit des Schottky-Kontakts auf der aktiven Schicht ist mit ≈ 60 V wesentlich größer als die der Source-Drain Strecke bei weggeätzter n-leitender Schicht ($\lesssim$ 20 V) (Abb.6.6). Substratmaterial und bufferlayer bestimmen demzufolge den Durchbruch.

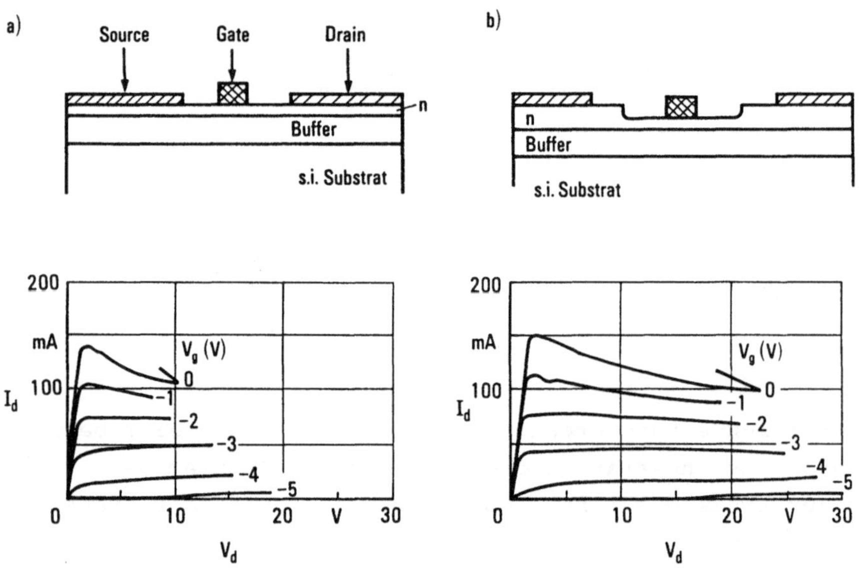

Abb.6.5. Kanalquerschnitt und experimentelle Kennlinien. Mit der Struktur b) sind wesentlich höhere Durchbruchspannungen erreichbar. Nach [6.13]

Eine Untersuchung des Source-Drain-burnout an Strukturen ohne Gate, jedoch mit und ohne Gategraben ergab, daß die mit der Temperatur zunehmende Leitfähigkeit von buffer-Schicht und Substrat das Durchbrennen verursacht. Ab einer bestimmten Temperatur wird die Stromverteilung räumlich instabil, d.h. an einer "heißen Stelle" bildet sich ein Stromfilament, das um so mehr Strom aufnimmt, je heißer es wird. Dies führt zur Zerstörung des GaAs und der Metallstrukturen an der heißen Stelle [6.15].

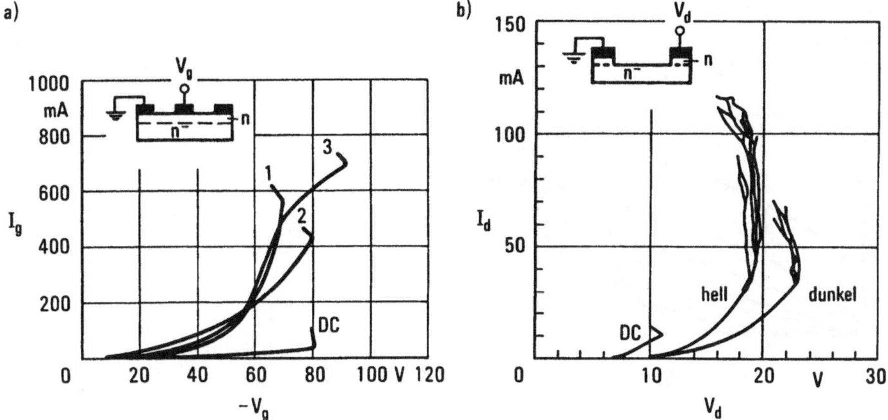

Abb.6.6. a) Burnout-Durchbruchsverhalten (bis zur Zerstörung der Gateelektrode, L = 1 µm, W = 1400 µm) bei $V_d = 0$ (Kurven 1, 2, 3 sind Pulsmessungen; 60 ns, 100 Hz); b) Burnout-Durchbruchsverhalten der Source-Drain-Strecke bei weggeätzter aktiver Schicht. Bei einem Source-Drain-Abstand von 5 µm liegt die Durchbruchspannung statisch bei 11 V, im Pulsbetrieb bei etwa 20 V. Nach [6.14]

Das elektrische Durchbruchsverhalten (- nicht identisch mit burnout! -) solcher mittels Gategräben hergestellter FET entspricht nicht dem klassischen Lawinendurchbruch. Abb.6.7 zeigt einen Vergleich der Kennlinien eines FET mit klassischem Durchbruchsverhalten (die relative Spannung zwischen Drain und Gate bestimmt den Durchbruch) und eines FET mit Gategräben nach Abb.6.5b.

Nach [6.11] wird das Durchbruchsverhalten durch die nicht ausgeräumte Flächenladung Q_u im Bereich zwischen Gate und Drain bestimmt. Für $Q_u > 2{,}6 \cdot 10^{12}$ cm^{-2} entsteht das klassische Verhalten, für $Q_u < 2{,}3 \cdot 10^{12}$ cm^{-2} ist die Durchbruchspannung umgekehrt proportional zu Q_u. Dabei wurde der Gategraben stets so tief geätzt, daß die Kanaldicke a gleich der Dicke t (Abb.6.8) der nicht ausgeräumten Schicht im Gate-Drain-Bereich entspricht. Dieser Fall ($t \approx a$) stellt das Optimum zur Erzielung einer hohen Ausgangsleistung dar. Bei $t > a$ nimmt die Durchbruchspannung ab, bei $t < a$ der maximale Strom. In [6.11] wurden mit $Q_u = (2{,}0...2{,}3) \cdot 10^{12}$ cm^{-2} FET mit $I_{dss}/W = 200...250$ mA/mm und $V_t' = -5$ V hergestellt.

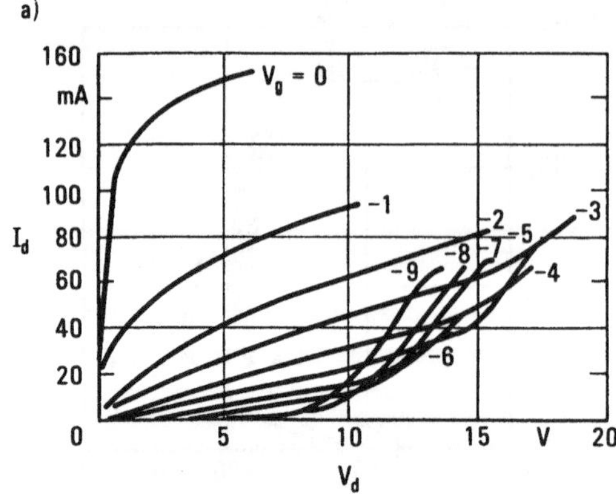

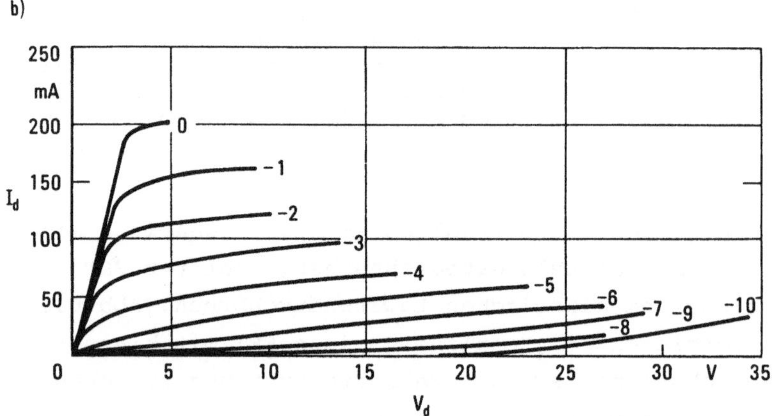

Abb.6.7. Experimentelle Kennlinien nach [6.11] für FET mit einer Gatelänge von 2 µm und einer Gatebreite von 1 mm. V_d: 100-ns-Pulse mit einer Frequenz von 50 Hz; V_g: Gleichspannung. a) Flächenladung $Q_u = 2{,}6 \cdot 10^{12}$ cm^{-2} (s. Abb.6.8), "klassischer" Lawinendurchbruch durch Randkrümmung; b) $Q_u = 1{,}9 \cdot 10^{12}$ cm^{-2}, erhöhte Durchbruchspannung

In [6.16] wird zur Beherrschung des burnout bei Leistungs-FET folgende Lösung vorgeschlagen:

- Einsatz einer bezüglich Lawinendurchbruch und burnout optimierten Struktur mit einer n^+-Leiste am Drainkontakt (s. Abb.6.8). Der Einfluß von Inhomogenitäten des metallischen legierten Drainkontakts wird durch die n^+-Leiste vermindert. Die Durchbruchspannungen solcher Strukturen liegen bei 40 bis 50 V, die burnout-Leistung bei 4 bis 5 W pro mm Gatebreite.

- Lokal hohe Feldstärken zwischen Gate und Drain können in Verbindung mit der hohen Stromdichte zur Zersetzung des GaAs durch As-Abdampfung führen. Durch Stabilisierung der Oberfläche mit einem sauerstofffreien Dielektrikum (z.B. Si_3N_4:H) kann dieser Langzeitausfallmechanismus unterdrückt werden.

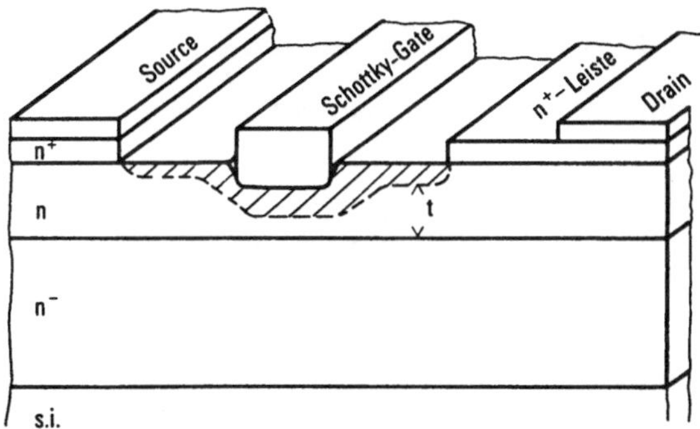

Abb.6.8. Bezüglich burnout optimierte Leistungs-FET-Struktur. Nach [6.16]. Die Lawinendurchbruchspannung steigt $\sim Q_u^{-1}$ mit $Q_u = N\,t$. Die n^+-Leiste vermindert Durchbrüche an Inhomogenitäten des metallischen Drainkontakts

Neben dieser beim Leistungs-FET auftretenden Ausfallursache gibt es noch zwei Arten des burnout, die auf unsachgemäße Behandlung von FET zurückgehen: Statische Entladungen wirken sich um so stärker aus, je weniger Leistung ein FET aufnehmen kann; sie sind also für Kleinsignal-FET besonders kritisch. Unkontrollierte Oszillationen gefährden dagegen FET großer und kleiner Leistung.

Statische Entladungen (z.B. von Personen) oder Spannungsspitzen von Meßgeräten führen zum Durchbrennen der Gatemetallisierung [6.17-6.19]. Die Untersuchungen zeigen, daß Aluminiumgates in dieser Hinsicht empfindlicher reagieren als

Gates aus hochschmelzenden Metallen. Bei Kleinsignal-FET ($L = 1\ \mu m$, $W = 300\ \mu m$) führen bei Spannungen um 10 V Energien um $5 \cdot 10^{-6}$ J zur Zerstörung, bei Spannungen um 50 V genügen Energien im Bereich $1 \cdot 10^{-7}$ bis $1 \cdot 10^{-6}$ J. Wenn man mit GaAs-FET ebenso vorsichtig umgeht wie mit MOSFET, so lassen sich diese Ausfälle vermeiden. Folgende Maßnahmen sind zu empfehlen:

- Erden der Personen;
- Netzspannung eines Geräts während der Messung nicht aus- und einschalten;
- möglichst kurze, abgeschirmte Leitungen einsetzen;
- Erden der Anschlüsse beim Einbau in Schaltungen;
- geeignete Meßgeräte (Spannungsspitzen!) verwenden.

Unkontrollierte Oszillationen können durch Fehlanpassung und ungeeignete Spannungszuführung hervorgerufen werden. Sie führen häufig zur Zerstörung des FET. Durch eine den Hochfrequenzeigenschaften des GaAs-FET Rechnung tragende Einbautechnik läßt sich auch dieser Ausfallmechanismus vermeiden.

Es ist unmittelbar klar, daß im Herstellprozeß selbst entstandene Defekte (z.B. durch Staubteilchen) Ausfälle durch burnout bewirken können. Durch sorgfältige Handhabung, Messungen und optische Kontrollen während der Herstellung kann man jedoch diese Probleme beherrschen.

6.2 Einfluß der Metallisierung

Eine zuverlässige Metallisierung für einen GaAs-FET muß folgende Eigenschaften besitzen [6.20]:

- Hohe Leitfähigkeit;
- hohe Beständigkeit bei hohen Stromdichten, d.h. möglichst wenig Elektromigration;

- möglichst geringe Reaktion mit umgebenden Materialien (feuchte Luft, Dielektrikum, GaAs, andere Metalle), auch bei erhöhter Belastung durch Spannungen, Temperatur, usw.;
- gute Haftung auf dem GaAs;
- Kontaktierbarkeit mit Bonddrähten.

Ein möglichst einfaches Verfahren zur Strukturerzeugung und Kompatibilität zu den übrigen Prozessen der FET-Herstellung ergänzen die vielfältigen Anforderungen an die Metallisierung.

Darüber hinaus muß der Schottky-Kontakt vor allem eine möglichst stabile Barriere (um 0,8 eV) besitzen, der ohmsche Kontakt dagegen einen möglichst kleinen Kontaktwiderstand. Das Schottky-Metall soll mit GaAs nicht reagieren; das ohmsche Metall soll dagegen beim Einlegieren eine möglichst gleichförmige n^+-Schicht im GaAs erzeugen und bei allen späteren Behandlungen stabil bleiben.

Es ist einzusehen, daß alle diese Forderungen nicht gleichzeitig von einer einzigen Metallschichtfolge oder gar einem einzigen Metall erfüllt werden können. Die Aufgabe des Technologen besteht also im Finden möglichst guter Kompromisse, so daß am Ende ein zuverlässiges Bauelement entsteht. Im folgenden werden nur die Vor- und Nachteile einiger bekannter Lösungen diskutiert.

6.2.1 Schottky-Kontakt

Wegen seiner hohen Leitfähigkeit, seiner stabilen Schottky-Barriere und seiner leichten Strukturierbarkeit ist Aluminium ein gut geeigneter Schottky-Kontakt für GaAs-MESFET. Wenn man die GaAs-Oberfläche vor der Al-Bedampfung von ihrer natürlichen Oxidhaut befreit, so lassen sich Schottky-Kontakte herstellen, die bei Temperungen bis zu 450 °C ihre Eigenschaften (Sperrstrom, Barriere, Idealitätsfaktor) verbessern [6.21]. Dabei findet eine Interdiffusion von Ga, As, Al und O im Bereich der Al/GaAs-Grenzfläche statt, die im GaAs einen Bereich von etwa 20 bis 30 nm erfaßt. Die aktive, nicht beeinflußte Schicht wird in ihrer Dicke entsprechend vermindert. Der spezifische Widerstand einer 0,2 µm dicken, aufgedampften Al-Schicht erhöht sich durch eine 275 °C/24 h-Temperung im Vakuum etwa um den Faktor 4 auf $\rho \approx 10^{-5}$ Ω cm.

Den Vorteilen des Al-Schottky-Kontakts stehen folgende Nachteile gegenüber [6.20]:

- Geringe Belastbarkeit gegen statische Entladungen (vgl. Abschn.6.1.2);
- Elektromigration bei relativ niedrigen Feldstärken;
- elektrolytische Korrosion;
- Bildung intermetallischer Phasen, insbesondere mit Au ("Purpurpest").

Trotz dieser zahlreichen Mängel wurden für FET mit Al-Gates ebenso gute Zuverlässigkeitsdaten veröffentlicht wie für FET mit anderen Schottky-Gates. Die Beherrschung dieser Mängel erfordert jedoch großen technologischen Aufwand.

Die üblichen Alternativen zum Al-Schottky-Kontakt gehen meist von einem ersten, auf dem GaAs liegenden hochtemperaturfesten Metall aus (Ti, W, Ti:W, Mo, Cr, Ta), welches durch weitere Schichten (Au, Pt/Au, W/Au) zur Erzielung einer hohen Leitfähigkeit verstärkt wird. Die mittlere Schicht (Pt, W) hat dabei die wichtige Funktion einer Diffusionsbarriere gegen das Eindringen von Au in das Schottky-Metall und ins GaAs. Das Eindringen von Au würde einerseits im Schottky-Metall unerwünschte intermetallische Reaktionen auslösen und andererseits im GaAs als tiefe Störstelle wirken. Der erste Effekt vermindert die Leitfähigkeit der Metallisierung, der zweite die Sperreigenschaften des Schottky-Kontakts. Häufig verwendet werden die Schichtfolgen Ti/Pt/Au [6.22] und Ti/W/Au [6.23], die zufriedenstellende Zuverlässigkeit zeigen. Es gibt allerdings bei diesen Metallschichtfolgen Diffusionsvorgänge an Korngrenzen, die die Zuverlässigkeit herabsetzen. Diese Diffusion läßt sich durch Verwendung amorpher Gatemetallisierungen verhindern, die durch alternierendes Aufdampfen sehr dünner Schichten (10 nm) mit anschließender

Temperung hergestellt werden [6.24]. Diese Entwicklung steht erst in den Anfängen.

6.2.2 Ohmscher Kontakt

Obwohl der Schottky-Kontakt wegen seiner kleinen Abmessungen die kritischere Metallisierung ist, wurden häufig auch die ohmschen Kontakte als begrenzender Faktor für die Lebensdauer identifiziert [6.17, 6.18, 6.25, 6.26]. In den Dauerversuchen trat dabei eine Erhöhung des Sourcewiderstands auf, die die Hochfrequenzeigenschaften der FET verschlechterte. In den meisten Arbeiten ist nicht näher erläutert, ob der erhöhte Sourcewiderstand vom Bahnwiderstand oder vom Kontaktwiderstand herrührt. In [6.25] werden beide Fälle festgestellt, wobei die Degradation des Kontaktwiderstands überwiegt.

Meist wird der ohmsche Kontakt hergestellt durch Aufdampfen einer Schichtfolge aus einem Au-Ge-Eutektikum (12 Gew.-% Ge in Au, etwa 100 nm dick), gefolgt von einer 30 bis 50 nm dicken Nickelschicht. Durch Einlegieren dieser Au-Ge/Ni-Schichtfolge bei etwa 450 °C entsteht ein sperrfreier Kontakt. Bei genauer Einstellung von Temperatur und Zeit lassen sich sehr niedrige Kontaktwiderstände erzielen [6.27]. Beim Einlegieren bildet sich eine (Ni-As-Ge)-Phase, die durch den Einbau von Ge als Donator im GaAs den niedrigen Kontaktwiderstand bewirkt. Bei geringfügig abweichenden Temperaturbedingungen bilden sich bevorzugt andere intermetallische Phasen (NiGe und NiAs bei $T < 390$ °C; GaAs:Au, NiGe bei $T \approx 450$ °C), die höhere Kontaktwiderstände besitzen [6.28]. Es ist klar, daß diese Problematik im Prinzip für alle legierten Kontakte auf der Basis Au-Ge besteht. Für die Zuverlässigkeit der GaAs-FET sind diese Fragen wichtig, weil im Betrieb oder bei Lagerung bei erhöhter Temperatur Veränderungen intermetallischer Phasen auftreten können [6.17]. Durch Sekundär-Ionen-Massenspektrometrie (SIMS) wurde z.B. festgestellt, daß bei AuGe/Ni-Kontakten nach Temperung bei 265 °C/456 h Ni ins GaAs eindringt und Ge umverteilt wird.

Durch Zwischenschichten wie Cr, Pt, Ta, Ag läßt sich das Legierverhalten und die Langzeitstabilität der Metallisierung positiv beeinflussen.

Da die Kontaktschichtfolge nach dem Einlegieren einen erhöhten spezifischen Widerstand aufweist, muß der ohmsche Kontakt häufig durch weitere Metallschichtfolgen wie Ti/Au, Ti/Pt/Au, W/Au usw. verstärkt werden. Damit werden die Serienwiderstände vermindert. Reaktionen dieser Metallschichten mit dem ohmschen Kontakt können aber zu Zuverlässigkeitsproblemen führen [6.29].

6.3 Zuverlässigkeitsdaten

In Zuverlässigkeitsuntersuchungen wird die Summenhäufigkeit von Ausfällen unter Belastung aus einer bestimmten Stichprobe als Funktion der Zeit untersucht. Aus den unter Belastung, im allgemeinen bei Betrieb unter erhöhten Temperaturen ermittelten Daten schließt man auf die mittlere Lebensdauer und die Ausfallrate als Funktion der Zeit. Viele wesentliche Ausfallmechanismen (so auch beim GaAs-MESFET) unterliegen einer "lognormalen" Verteilung [6.20], bei der die relative Häufigkeit der Ausfälle als Funktion des Logarithmus der Zeit einer Gauß-Verteilung genügt [6.30]. Für die Wahrscheinlichkeit Q(t), daß ein Bauelement innerhalb einer Zeit kleiner oder gleich t ausfällt, läßt sich damit schreiben

$$Q(t) = \int_0^t \frac{1}{t'\sigma\sqrt{2\pi}} \exp \frac{-[\ln(t'/t_m)]^2}{2\sigma^2} dt'. \qquad (6.1)$$

Für eine Stichprobe ist Q(t) jener Bruchteil der gesamten Stichprobe, der zur Zeit t ausgefallen ist, d.h. die relative Summenhäufigkeit der Ausfälle. Trägt man Q(t) gegen log t in einem Wahrscheinlichkeitsnetz auf, so ergibt sich eine Gerade. Experimentelle Daten sind auf diese Weise daraufhin zu prüfen, ob die Annahme einer lognormalen Verteilung gerechtfertigt ist. Voraussetzung hierfür ist eine ausreichend große Stichprobe und das tatsächliche Erreichen einer über 40 % liegenden Summenhäufigkeit [6.20]. Hat man in einem Dauerversuch eine Gerade für Q(t) erhalten, so läßt sich der Medianwert der Lebensdauer t_m (median life) als der Zeitpunkt ablesen, zu dem 50 % der Stichprobe ausgefallen sind. Für die Standardabweichung σ gilt

$$\sigma = \ln(t_m/t_{16}), \tag{6.2}$$

wobei t_{16} die Zeit ist, bei der 16 % der Stichprobe ausgefallen sind. Für die mittlere Lebensdauer $\bar{t}$ (arithmetischer Wert der Lebensdauer, MTTF: mean time to failure) gilt

$$\bar{t}/t_m = \exp(\sigma^2/2). \tag{6.3}$$

Die Ausfallrate $\lambda(t)$ sagt aus, wie lange ein Bauelement nach einer bestimmten Zeit noch arbeiten wird. $\lambda(t)$ wird allgemein in FIT (= 1 Ausfall in 10^9 Bauelementstunden) angegeben. Für $\lambda(t)$ gilt

$$\lambda(t) = \frac{\sqrt{2}\exp\dfrac{-[\ln(t/t_m)]^2}{2\sigma^2}}{\sqrt{\pi}\, t\sigma \operatorname{erf c} \dfrac{\ln(t/t_m)}{\sqrt{2}\sigma}}, \tag{6.4}$$

wobei erf c die komplementäre Fehlerfunktion ist:

$$\operatorname{erf c}(x) = \frac{2}{\sqrt{\pi}} \int_x^\infty \exp(-y^2)\,dy.$$

$\lambda(t)dt$ ist somit die Wahrscheinlichkeit dafür, daß ein Bauelement im Intervall $[t, t+dt]$ ausfällt. Mit Bestimmung von t_m und σ sind Q(t), $\bar{t}$ sowie $\lambda(t)$ festgelegt.

Tabelle 6.1 gibt eine Übersicht über die wichtigsten zeit- und temperaturabhängigen Ausfallmechanismen bei GaAs-MESFET. Plötzlich auftretende Ausfälle wie z.B. die Zerstörung durch elektrostatische Entladung unterliegen nicht der lognormalen Verteilung und sind daher nicht in der Tabelle aufgeführt. Tabelle 6.1 gibt an, ob die FET im statischen Betrieb (DC),

Tab.6.1. Übersicht über Ausfallmechanismen bei GaAs-MESFET

Ausfallmechanismus	Elektr. Betrieb	Kanal-temp. (°C)	t_m(h)	E_α(eV)	Literatur	Anmerkungen
Materialdegradation	DC	275	100	1,5	[6.31]	rascherer Ausfall bei DC-Betrieb als bei Temperung
im Kanal oder	--	275	1300	1,05	[6.31]	
an Grenzflächen	DC	250	1500	0,8...1.0	[6.26]	
	DC	260	64	1,4	[6.32]	Pt-Einduffion; Schottky-Kontakt: Ti/Pt/Au
	DC	210	10	1,7	[6.37]	CrAu-Gate! reagiert mit GaAs
	DC, RF	250	250	1,8	[6.33]	Leistungs-FET 5W/4 GHz, SiN-Passivierung
burnout	DC	265	700	0,9...1.6	[6.34]	Leistungs-FET, SiO_2 Passivierung
elektrolyt. Korrosion (Al)	--	85	2	-	[6.26]	85% rel. Feuchte
Bildung von Al-Au, Al-Pt Phasen	DC	250	94	1,0	[6.35]	Al-Gate mit TiPtAu Kontaktanschluß
Elektromigration/ Al-Gate	RF	130	168	-	[6.36]	
Degradation des Schottky-Kontaktes	RF	200	120	2,4	[6.36]	Ti/W/Au Gate. Extrapoliertes $t_m = 3 \cdot 10^7$ h/110 °C
	RF	160	~1000	2,0...2,3	[6.38]	Bildung von TiO_2 bei Al Gate mit TiPt-Aschluß
Elektromigration/ Au Gate	DC	200	500	1,85	[6.23]	TiWAu Gate. Extrapoliertes $t_m = 8 \cdot 10^6$ h/110° C
Elektromigration ohmsche Kontakte	RF	200	2200	1,1	[6.38]	Ga-Ausdiffusion in Sourcekontakt, Materialtransport Kontakt: Au-Ge/Ni

mit angelegter Hochfrequenz (RF) oder ohne Vorspannungen (-) gealtert wurden. Für jeweils eine Temperatur ist der zugehörige Medianwert der Lebensdauer t_m angegeben.

Da Ausfallmechanismen häufig mit der Diffusion von Atomen und/oder mit chemischen Reaktionen verbunden sind, läßt sich die Temperaturabhängigkeit von t_m nach Arrhenius darstellen als

$$t_m = t_m^0 \exp(-E_\alpha/kT),$$

wobei E_α die Aktivierungsenergie des Mechanismus ist. Es ist gewöhnlich nicht möglich, sicherzustellen, daß immer nur ein und derselbe Ausfallmechanismus in einem bestimmten Alterungsversuch auftritt. So gibt es z.B. bei der Elektromigration unterschiedliche Prozesse mit Aktivierungsenergien im Bereich von 0,3 bis 1,85 eV. Auch die durch Materialdegradation hervorgerufenen Ausfälle zeigen eine ähnlich große Bandbreite der Aktivierungsenergien. Dies ist verständlich, da die "Materialdegradation" durch ganz unterschiedliche Prozesse wie z.B. Reaktionen an der freien GaAs-Oberfläche, Eindiffusion von Metallen oder Ausdiffusion von Ga bzw. As bewirkt werden kann.

Die auf 100 °C extrapolierten Werte für t_m liegen bei den besten Kleinsignal-FET bei 10^8 h. Diese Werte sind erreichbar, wenn alle Einflüsse bis auf die anscheinend unvermeidbare Materialdegradation des Kanals ausgeschaltet werden.

Bei Leistungs-FET beträgt der Bestwert für t_m (110 °C) = $5 \cdot 10^8$ h, wobei die Abschätzung des "worst case" t_m (110 °C) = $8 \cdot 10^6$ ergab; für die Ausfallrate wurde $\lambda < 100$ FIT nach 10jähriger Betriebsdauer abgeschätzt [6.33]. In den meisten Zuverlässigkeitsstudien fehlt eine Abschätzung des "worst case" und der Ausfallrate, da dies nur bei großen Stichproben durchführbar ist. Übliche t_m (110 °C)-Werte liegen im Bereich 10^7 h [6.23, 6.36].

7 Ternäre und quaternäre Halbleiter für Hochfrequenz-FET

Das elektronische Verhalten von Halbleiterbauelementen ist eng verknüpft mit den Eigenschaften des Halbleitermaterials, in welchem sie realisiert werden. Parasitäre Größen, die ihren Ursprung im Design und in nicht optimalen Herstellungsbedingungen haben, verfälschen die erzielbaren Ergebnisse. Letztlich sind es aber die Transporteigenschaften und die Bandstruktur des Halbleitermaterials, welche die bestimmenden Faktoren darstellen.

In den letzten Jahren haben die Anstrengungen, gute Hochfrequenztransistoren auf GaAs herzustellen, zu eindrucksvollen Ergebnissen geführt. So gibt es GaAs-MESFET mit exzellenten Hochfrequenzeigenschaften (Verstärkung, Rauschen) bis hinauf ins K_a-Band (27 bis 40 GHz) [7.1]. Dabei geht der technologische Trend allgemein dahin, eine möglichst kleine Gatelänge im Transistor zu erreichen. Diesem Vorgehen sind aber letztlich technologische Grenzen gesetzt. So lassen sich weitere Verbesserungen nur über eine Auswahl des Halbleitermaterials erreichen, wobei dessen Transporteigenschaften die bestimmende Rolle spielen.

Abschn.7.1 behandelt die Verbesserungen der MESFET-Eigenschaften durch Auswahl neuer Materialien. In Abschn.7.2 werden die durch den Einsatz von Schichtfolgen erzielbaren Verbesserungen diskutiert.

7.1 Einfachschicht-Strukturen

Eine wichtige Materialgröße ist in der Elektronenbeweglichkeit gegeben, die möglichst groß sein sollte. Da im MESFET der Abstand zwischen Source und Drain nur wenige Mikrometer beträgt, führen bereits kleine Potentialunterschiede zu sehr großen Feldstärken. Deshalb ist - neben hoher Elektronenbeweglichkeit - besonders eine große Driftgeschwindigkeit der Elektronen ein wichtiges Kriterium bei der Auswahl geeigneter Halbleitermaterialien. - Schließlich muß das Substratmaterial in hochohmiger Form herstellbar sein, damit der Einfluß parasitärer Größen auf das Hochfrequenzverhalten des MESFET möglichst klein gehalten werden kann.

Materialien, die diese drei Grundbedingungen erfüllen, sind in Tab.7.1 aufgelistet [7.2]. Abb.7.1 zeigt, wie die aus Monte-Carlo-Simulationen gewonnene Geschwindigkeits-Feldstärke-Charakteristik für GaAs zu einer stückweise linearen v(E)-Charakteristik vereinfacht wird. Abb.7.1b enthält v(E)-Charakteristiken für drei Materialien. Mit den Größen aus Tab.7.1 wurden für MESFET mit Daten entsprechend Abb.7.2 sowohl die Kleinsignal-Ersatzschaltbildelemente für die verschiedenen Materialien als auch die erzielbaren Verstärkungen und Rauschzahlen als Funktion der Frequenz berechnet (Modell s. Kap.3 und 4). Tab.7.2 zeigt einen Vergleich der berechneten Kleinsignalgrößen eines GaAs-MESFET mit den experimentell erreichten Werten. Tab.7.3 enthält die wesentlichen Ersatzschaltbildelemente für die Materialien aus Tab.7.1; in Abb.7.3 sind die entsprechenden Verstärkungen und Rauschzahlen aufgeführt.

In diesen Simulationen zeigt sich deutlich, daß verschiedene Materialien dem GaAs sowohl in Verstärkung als auch Rauschen für MESFET gleicher geometrischer Abmessungen deutlich überlegen sind. So zeigt ein MESFET auf $Ga_{0,47}In_{0,53}As$ bei 20 GHz eine Verbesserung im Rauschen um über 40 %. MESFET auf InP zeigen zwar eine Verbesserung gegenüber GaAs in f_T, weisen aber deutlich schlechtere Rauschzahlen auf. Ein Problem in der Verwendung von $Ga_{0,47}In_{0,53}As$ besteht darin, daß die Barrierenhöhe mit $\approx 0,3$ eV (für $N = 1 \cdot 10^{17}$ cm^{-3}) recht

Tab.7.1. Eigenschaften verschiedener Halbleitermaterialien. Definition von v_m, v_s, E_s s. Abb.7.1.

Material	μ_0 (cm^2/Vs)	v_m (10^7 cm/s)	v_s (10^7 cm/s)	$\varepsilon/\varepsilon_0$	E_g (eV)	E_s (kV/cm)
GaAs	4500	1,86	1,33	12,9	1,43	2,96
InP	3800	2,6	1,84	12,3	1,34	4,82
$Ga_{0,47}In_{0,53}As$	8900	2,2	1,43	13,73	0,71	1,61
$InP_{0,8}As_{0,2}$	5300	2,8	1,85	12,7	1,10	3,50
$Ga_{0,27}In_{0,73}P_{0,4}As_{0,6}$	7000	2,7	1,77	13,2	0,88	2,51
$Ga_{0,5}In_{0,5}As_{0,96}Sb_{0,04}$	9400	2,2	1,41	13,8	0,70	1,50

Tab.7.2. Kleinsignal-Ersatzschaltbildelement eines GaAs-FET mit 1 µm Gatelänge und 275 µm Gatebreite. Vergleich Theorie [4.5]-Experiment

Parameter		Theorie	Experiment
g_m	(mS)	35,5	33
C_{sg}	(pF)	0,468	0,5
C_{sd}	(pF)	0,08	0,06
C_{gd}	(pF)	0,05	-
r_d	(Ω)	3170	660
r_i	(Ω)	3,24	3,5
f_T	(GHz)	12,1	11

Tab.7.3. Kleinsignal-Ersatzschaltbildelemente für FET mit 1 µm Gatelänge auf verschiedenen Substraten (Arbeitspunkt für minimales Rauschen

Material	g_m (mS)	C_{sg} (pF)	r_d (Ω)	f_T (GHz)	F_{min} (20 GHz) (dB)	G (20 GHz) (dB)
GaAs	21,4	0,207	11600	16,4	1,726	2,99
InP	24,5	0,186	8070	20,9	1,924	4,00
$Ga_{0,47}In_{0,53}As$	24,5	0,219	16900	17,9	0,977	4,03
$InP_{0,8}As_{0,2}$	27,8	0,200	7680	22,1	1,585	4,59
$Ga_{0,27}In_{0,73}P_{0,4}As_{0,6}$	27,8	0,207	10800	21,4	1,236	4,75
$Ga_{0,5}In_{0,5}As_{0,96}Sb_{0,04}$	24,5	0,220	17400	17,7	0,935	4,01

a)

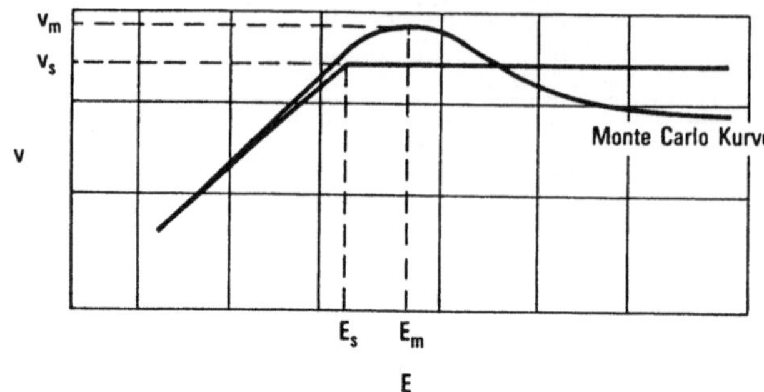

b)

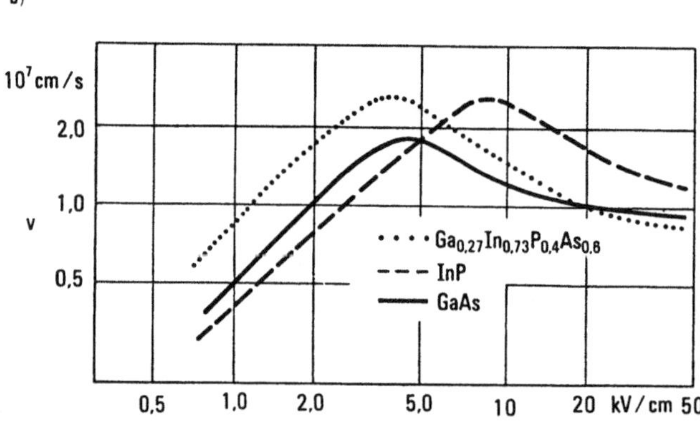

Abb.7.1. a) Elektronengeschwindigkeit als Funktion der Feldstärke E für GaAs ($N = 10^{17}$ cm^{-3}); b) nach der Monte-Carlo-Methode berechnete v(E)-Kurven für GaAs, InP und $Ga_{0,27}In_{0,73}P_{0,4}As_{0,6}$. Nach [7.2]

niedrig ist. Dies führt zu einer sehr schmalen Raumladungszone unter dem Gate, wodurch ein Tunneln der Elektronen mit einem resultierenden hohen Leckstrom zwischen Source und Gate entsteht. Technologische Maßnahmen müssen hier ansetzen, die eine höhere Barriere auf dem vielversprechenden ternären Material zu realisieren gestatten.

Bislang wurde für den Vergleich die Gatelänge bei einer Größe von 1 µm festgehalten. Verringert man die Gatelänge unter diesen Wert, so zeigt sich, daß bei der Betrachtung der Transportvorgänge nichtstationäre dynamische Effekte in Betracht

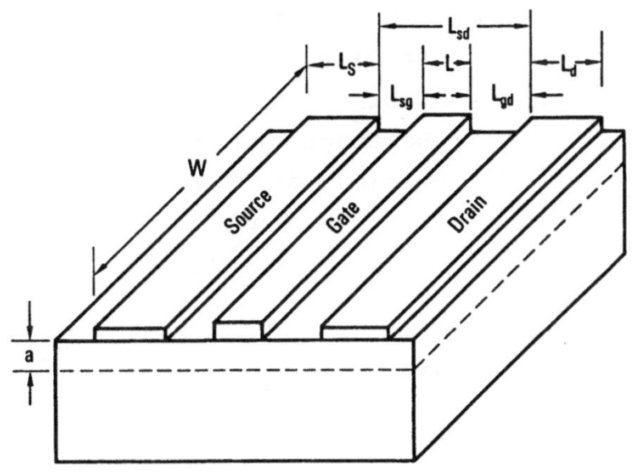

$L = 1\,\mu m$	$L_{gd} = 2.5\,\mu m$
$W = 275\,\mu m$	$L_S = 100\,\mu m$
$a = 0.2\,\mu m$	$L_d = 50\,\mu m$
$L_{sg} = 1\,\mu m$	$N = 7 \cdot 10^{16} cm^{-3}$

Abb.7.2. FET-Struktur mit den geometrischen Abmessungen, wie sie in der Simulation für Abb.7.1 verwendet wurden.

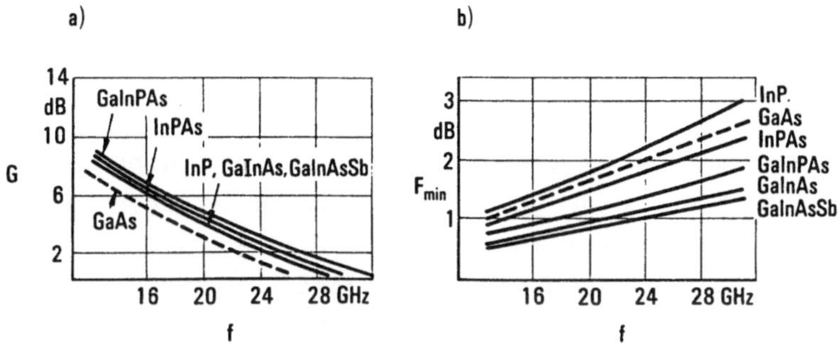

Abb.7.3. Berechnete Werte für a) Verstärkung G und b) minimale Rauschzahl F_{min} als Funktion der Frequenz. Nach [7.2]

gezogen werden müssen [7.3, 7.4] (vgl. Abschn.3.5). Der daraus resultierende wichtigste Effekt ist eine Verringerung der Flugzeit τ der Elektronen unter dem Gate.

Die Flugzeit τ läßt sich so lange effektiv reduzieren, wie die Elektronenbeweglichkeit ihren hohen Wert beibehält. Dies bedeutet für GaAs und Halbleiter mit ähnlicher Bandstruktur, daß die Energie der Elektronen für die Dauer der Flugzeit kleiner als der energetische Abstand $\Delta E_{\Gamma L}$ (Interbandlücke) zwischen Haupt- und Nebenminimum im Leitungsband sein muß. Andernfalls werden sie aus dem Hauptminimum ins Nebenminimum gestreut, wo die Beweglichkeit wesentlich kleiner ist [1.4, 1.6].

Wenn $\bar{E}$ das mittlere elektrische Feld unter dem Gate bedeutet und L die Gatelänge, so folgt dafür

$$\Delta E_{\Gamma L} \geq q\bar{E}L = qV_L. \tag{7.1}$$

V_L ist der Spannungsabfall längs des Gates. Die mittlere Driftgeschwindigkeit $\bar{v}$ ist gegeben durch

$$\bar{v} = L/\tau = \mu_0\bar{E}, \tag{7.2}$$

womit sich

$$\tau = \frac{qL^2}{\mu_0 \Delta E_{\Gamma L}} \tag{7.3}$$

ergibt.

Für ein kleines τ sind also eine kleine Gatelänge, hohe Elektronenbeweglichkeit und eine große Interbandlücke nötig. In Tab.7.4 sind diese Werte zusammen mit dem Produkt $\mu_0 \Delta E_{\Gamma L}$ aufgelistet. Es zeigen sich auch hier die günstigen Eigenschaften des $Ga_{0,47}In_{0,53}As$. InAs weist für $\mu_0 \Delta E_{\Gamma L}$ die besten Werte auf. Hier gilt aber besonders das schon vorher Gesagte über die hohen Tunnelströme im Gate, die durch die kleine Barriere (wegen $\Phi \approx 2/3\ E_g$; s. Abschn.2.3) bedingt sind.

Simulationen unter Berücksichtigung von Energie- und Impulsrelaxation zeigen, wie sich die Geschwindigkeit der Elektronen bei einem sprungartigen Anlegen eines elektrischen Feldes entwickelt (Abb.7.4, [7.5]). Man sieht deutlich das Überschießen der Geschwindigkeit über den stationären Wert v_m hinaus ("velocity overshoot", vgl. Tab.7.4).

Tab.7.4. Daten verschiedener Halbleitermaterialien, ausgewählt im Hinblick auf die Verwendung für Hochfrequenz-FET. (m_Γ Elektronenmasse im Hauptminimum, $\Delta E_{\Gamma L}$ energetischer Abstand zwischen Haupt- und Nebenminimum (Interbandlücke)).

Material	$\frac{m_\Gamma^*}{m_0}$	μ_0 (cm²/Vs)	v_m 10^7 (cm/s)	$\Delta E_{\Gamma L}$ (eV)	E_g (eV)	$\mu_0 \Delta E_{\Gamma L}$ (cm²/s)
Si	0,27	700	-	-	1,12	-
GaAs	0,063	4600	1,8	0,33	1,42	1520
InP	0,08	3800	2,4	0,61	1,35	1680
GaInAs	0,032	7800	2,1	0,61	0,78	4760
InAs	0,022	16000	3,5	0,87	0,35	13900

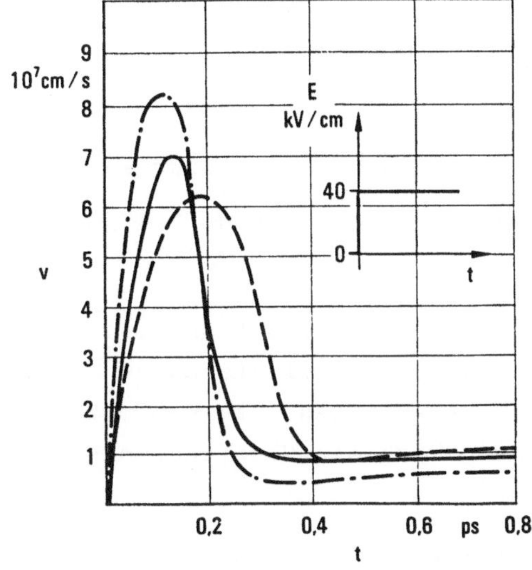

Abb.7.4. Zeitliche Entwicklung der Elektronendriftgeschwindigkeit v als Folge eines "sprungartig" angelegten Feldes E für GaAs (——), InP (---), $Ga_{0,47}In_{0,53}As$ (•-•-•). Die Kurven berücksichtigen die Relaxationseffekte, die zugehörigen Einzelwerte sind mit der Monte-Carlo-Methode ermittelt worden. Nach [7.5]

In Abb.7.5 ist die Geschwindigkeit als Funktion des Ortes unter dem Gate gezeigt. Für GaAs und InP ergibt sich hier ein etwa gleicher Verlauf; dagegen wird der maximale "velocity overshoot" (Abb.7.4) bei $Ga_{0,47}In_{0,53}As$ und InAs im FET mit L = 0,4 µm tatsächlich erreicht. Dies entspricht dem sogenannten "ballistischen Transport" [7.15].

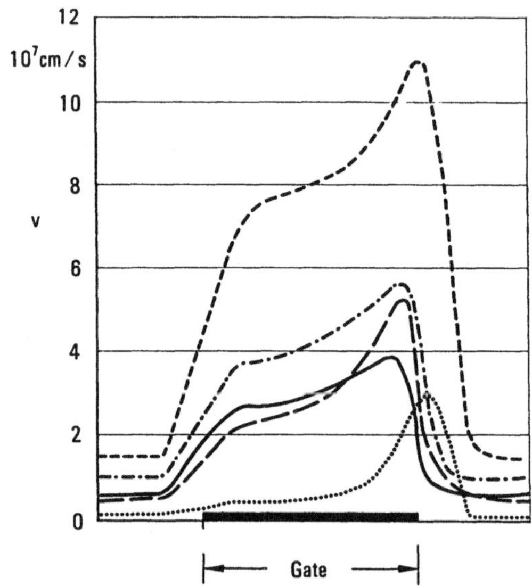

Abb.7.5. Driftgeschwindigkeit der Elektronen in der Source-Drain-Richtung. Nach [7.5]. ··· Si; --- InP; —— GaAs; -·-·- $Ga_{0,47}In_{0,53}As$; --- InAs. Die Gatelänge beträgt 0,4 µm

In Abb.7.6 ist f_T als Funktion der Gatelänge aufgetragen. Hier zeigt sich deutlich, daß die Wahl des Halbleitermaterials aufgrund seiner dynamischen Eigenschaften zusammen mit Verringerung der Gatelänge ganz wesentlich die Hochfrequenzeigenschaften des MESFET bestimmen.

Der Wert von $\mu_0 \Delta E_{\Gamma L}$ ist ein gutes Kriterium, um bei gleichen Gätelängen verschiedene Halbleitermaterialien nach ihrer Bedeutung für die Hochfrequenzeigenschaften von MESFET einzuordnen. GaAs und InP zeigen keine wesentlichen Unterschiede. Dagegen erweisen sich $Ga_{0,47}In_{0,53}As$ und InAs als ausgezeichnete Materialien für den MESFET. Andere Substrate wie $Ga_{0,27}In_{0,73}As_{0,6}P_{0,4}$

(μ_0 = 7100 cm^2/Vs; $\Delta E_{\Gamma L}$ = 0,57 eV; E_g = 0,92 eV) und $InAs_{0,4}P_{0,6}$ (μ_0 = 6800 cm^2/Vs; $\Delta E_{\Gamma L}$ = 0,66 eV; E_g = 0,92 eV) sind nicht in den Abbildungen enthalten, weisen aber auch recht günstige Werte auf. Schließlich ist es aber die Problematik des Schottky-Kontaktes mit kleiner Barriere auf Materialien kleiner Bandlücke, die einer erfolgreichen Umsetzung der günstigen Transporteigenschaften in die FET-Kenngrößen im Wege steht.

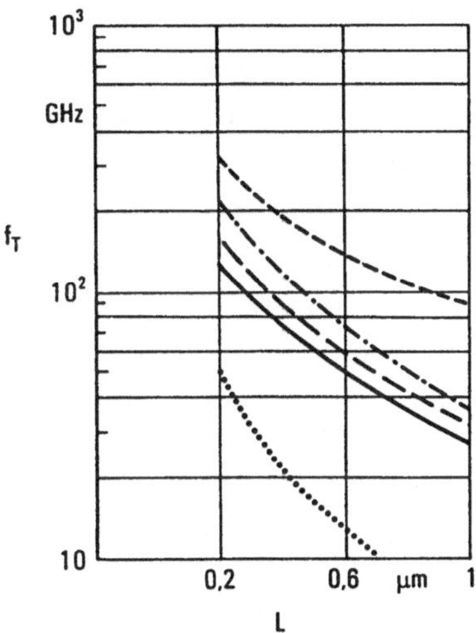

Abb.7.6. Transitfrequenz f_T als Funktion der Gatelänge L. Nach [7.5]. ··· Si; --- InP; —— GaAs; -·-·-· $Ga_{0,47}In_{0,53}As$; ----- InAs

Die technologische Entwicklung wird das Maß des Fortschritts bestimmen: die Güte des Substrats, die Komplexität der Schichtherstellung und die Eigenschaften der Kontaktstrukturen (ohmsche Kontakte, Schottky-Kontakte) werden über die Wahl des Materials entscheiden.

7.2 Mehrfachschicht-Strukturen

Im vorhergehenden Abschnitt wurden verschiedene Halbleitermaterialien nach ihrer Eignung für leistungsfähige MESFET aufgelistet. Dabei wurde die grundsätzliche Struktur der MESFET beibehalten: auf einer einfachen, aktiven Schicht auf hochohmigem Grundsubstrat des gleichen Halbleiters befinden sich die Kontakte Source, Gate und Drain.

7.2.1 Übergitterstrukturen

Für FET relevante Übergitter ("super lattices") sind Vielschichtstrukturen (z.B. GaAs-$Al_xGa_{1-x}As$), bei denen das Material mit der kleineren Bandlücke undotiert ist, wogegen das mit der größeren Lücke dotiert ist. Wenn die Elektronenaffinität des Materials mit der kleineren Bandlücke größer ist als die des mit größerer Bandlücke, so fließen die Elektronen in die Potentialtöpfe des ersten Materials ab, wogegen die Donatoren im letzteren verbleiben. Damit werden die Elektronen räumlich von den ionisierten Störstellen getrennt. In Abb.7.7 ist schematisch das Banddiagramm einer solchen Übergitterstruktur gezeigt. Aufgrund der Ladungstrennung sind die Bänder beiderseits des Heteroüberganges gekrümmt.

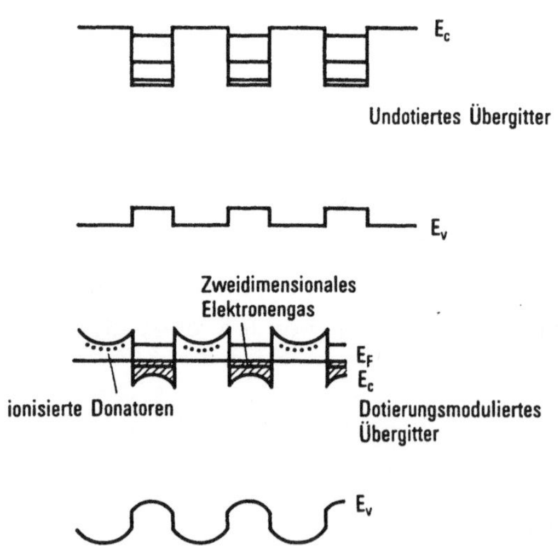

Abb.7.7. Undotierte bzw. dotierungsmodulierte Übergitterstruktur

Die räumliche Trennung von Elektronen und ionisierten Störstellen stellt ein neues Konzept in den Halbleiterstrukturen dar, da bislang eine Dotierung sowohl die Erzeugung freier Elektronen als auch die der festen ionisierten Störstellen im gleichen Material bewirkt hat. Durch die räumliche Trennung hingegen wird nun die Beweglichkeit der Elektronen im Material kleinerer Bandlücke erhöht, da wegen der niedrigen Dotierung die Coulomb-Streuung erheblich reduziert ist. Dies wirkt sich besonders bei tiefen Temperaturen aus, da dort die Phononenstreuung klein ist. Typische Periodenlängen für die Schichtfolgen liegen bei 10 bis 30 nm.

Störmer et al [7.6] haben bereits 1978 Beweglichkeiten von 6000 cm^2/Vs bzw. 20000 cm^2/Vs bei 300 K bzw. 4 K für Schichtstrukturen aus GaAs-$Al_xGa_{1-x}As$ gemessen, welche im Bereich 10^{16} bis 10^{18} cm^{-3} dotiert waren. Bei homogen dotiertem Material liegt die Beweglichkeit zum Vergleich bei etwa 4000 bis 5000 cm^2/Vs ($N \approx 10^{17}$; 300 K) und nimmt zu tieferen Temperaturen ab.

Die räumliche Trennung von Elektronen und zugehörigen Störstellen ist nun nicht auf Vielschichtstrukturen beschränkt. Auch einzelne Heterostrukturen, die selektiv dotiert sind (z.B. dotiertes $Al_xGa_{1-x}As$ auf undotiertem GaAs), zeigen die reduzierte Coulomb-Streuung mit der daraus resultierenden hohen Elektronenbeweglichkeit.

Die an der Grenzfläche akkumulierten Elektronen verhalten sich wie ein zweidimensionales Elektronengas:

- Die Wechselwirkung zwischen den Elektronen und dem Halbleitergitter ist schwach.
- Senkrecht zum Heteroübergang findet aus dem Potentialminimum, in welchem die Elektronen akkumuliert sind, kein Elektronentransport statt.
- Im "dreieckigen" Potentialtopf ist das Leitungsband in mehrere Subbänder aufgespalten, deren energetische Lage sich durch

$$E_n = \left(\frac{\hbar^2}{2m^*}\right)^{1/3} \left(\frac{3}{2}\pi qE\right)^{2/3} \left(n + \frac{3}{4}\right)^{2/3} \tag{7.4}$$

mit n = 0,1,2,... berechnen läßt [7.7]. E ist dabei das elektrische Feld am Übergang (Abb.7.8).

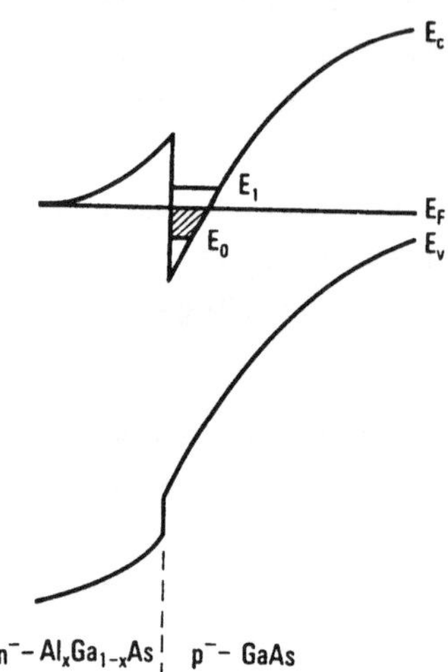

Abb.7.8. Einzelne Heterostruktur mit Bandaufspaltung

Für das zweidimensionale Elektronengas im System $Al_xGa_{1-x}As$-GaAs werden experimentell Beweglichkeiten von 9000, 140000 und $2 \cdot 10^6$ cm^2/Vs bei 300, 77 und 4 K gefunden [7.8].

Zusätzlich zur geringeren Coulomb-Streuung haben Abschirmeffekte einen wichtigen Einfluß auf die Elektronenbeweglichkeit, da die Elektronendichte im Kanal wesentlich größer ist als die der ionisierten Störstellen [7.9]. In Abb.7.9 ist zu sehen, daß aufgrund der Abschirmung die Elektronen eines zweidimensionalen Elektronengases in einem etwa 10^{14} cm^{-3}-dotierten Material eine höhere Tieftemperaturbeweglichkeit aufweisen im Vergleich zu solchen in einer epitaktischen Einzelschicht mit einer Hintergrunddotierung von $5 \cdot 10^{13}$ cm^{-3}. Auch bei Zimmertemperatur ist eine Auswirkung der Abschirmung noch zu merken.

Um auch noch die Streuung der Elektronen an den Ionenrümpfen des $Al_xGa_{1-x}As$ zu reduzieren, welche nahe bzw. an der Zwischenfläche liegen, wird eine Abstandsschicht (sog. "spacer layer") aus undotiertem $Al_xGa_{1-x}As$ zwischen dem $Al_xGa_{1-x}As$ und dem GaAs epitaktisch eingebaut. Die Dicke dieser Abstandsschicht liegt bei 5 bis 15 nm. Die vorher angegebenen Beweglichkeiten wurden mit einem solchen "spacer layer" erzielt.

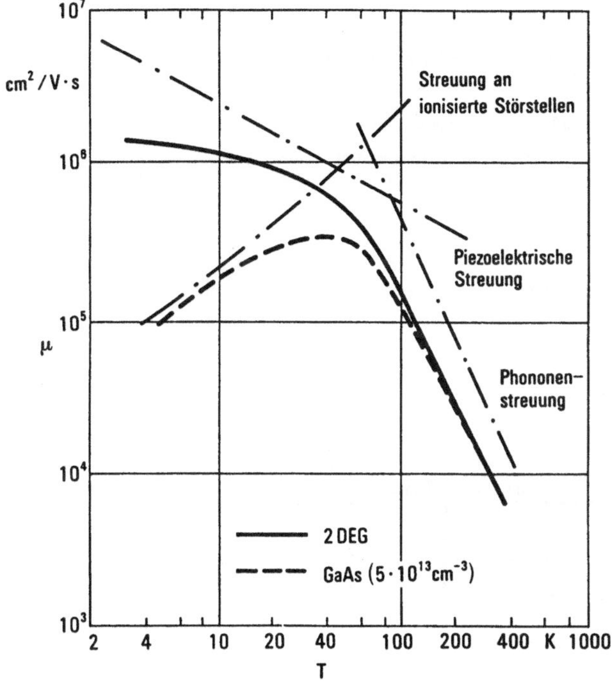

Abb.7.9. Beweglichkeit der Elektronen in Abhängigkeit von der Temperatur: Vergleich zweidimensionales Elektronengas mit undotiertem GaAs

7.2.2 MESFET mit zweidimensionalem Elektronengas (HEMT: high electron mobility transistor)

Die hohen Beweglichkeiten im zweidimensionalen Elektronengas lassen sich für die Realisierung von leistungsfähigen MESFET ausnutzen. Abb.7.10 zeigt den Querschnitt eines solchen "HEMT" im Vergleich zu einem konventionellen MESFET.

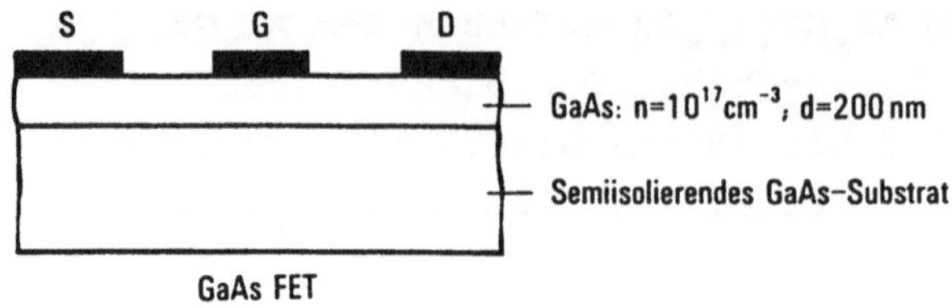

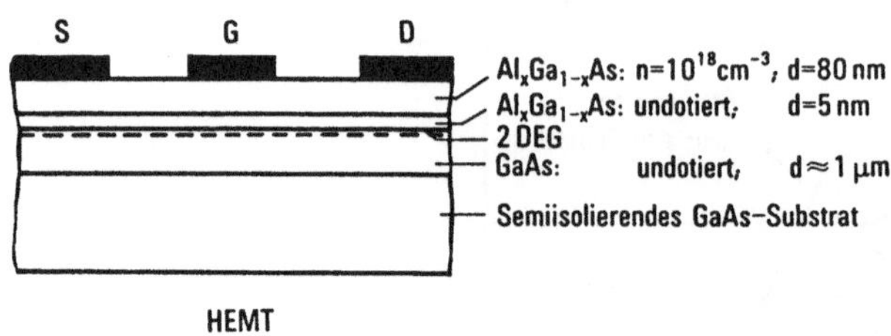

Abb.7.10. Vergleich konventioneller FET mit HEMT (schematisch)

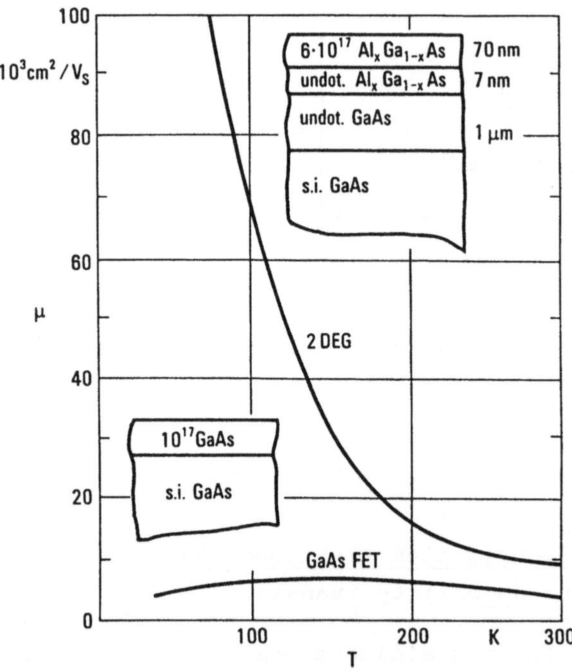

Abb.7.11. Elektronenbeweglichkeit in Abhängigkeit von der Temperatur: Vergleich zwischen einfacher FET-Schicht und zweidimensionaler HEMT-Schicht. Nach [7.14]

Beide Transistoren sind nach dem MESFET-Prinzip aufgebaut. In Abb.7.11 sind die zugehörigen Beweglichkeiten im Kanal aufgetragen. Die Erhöhung der Beweglichkeit beträgt (bei 300 K) einen Faktor 2 und einen Faktor 15 bis 20 bei 77 K.

Abb.7.12 zeigt die Bandverhältnisse am Übergang unter der Annahme, daß die beiden Raumladungszonen (Schottky- bzw. Hetero-Übergang) gerade zusammenlaufen. Aus der Feldstärke an der Zwischenfläche kann nach [7.7] die Dichte der Elektronen im Potentialtopf und damit die dort vorhandene Gesamtladung berechnet werden:

$$Q_s = qn_s = \frac{\varepsilon_2}{d_2} \left[V_{p2} - \frac{1}{q} (q\Phi_M + E_F - \Delta E_c) + V_g \right], \qquad (7.5)$$

wobei

$$V_{p2} = \frac{qN_2}{2\varepsilon_2} (d_2 - e)^2.$$

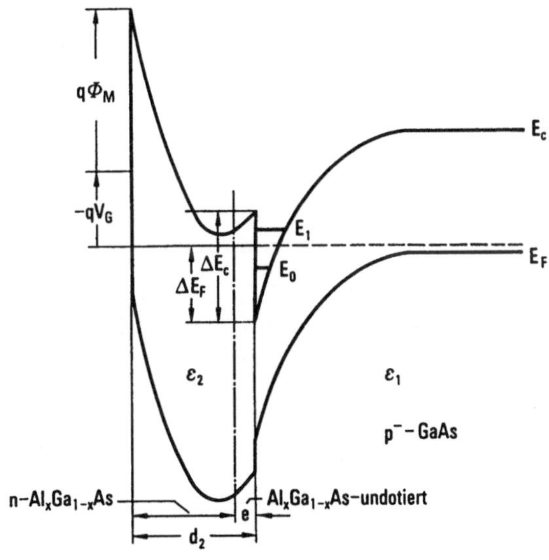

Abb.7.12. Bandstruktur des Heteroübergangs mit angelegter Gatespannung V_g: die $Al_xGa_{1-x}As$-Schicht ist ausgeräumt. Nach [7.7]

Gl.(7.5) kann man umschreiben zu

$$Q_s = \frac{\varepsilon_2}{d_2} (V_g - V_{off}), \tag{7.6}$$

wobei

$$V_{off} = \frac{1}{q} (q\Phi_M - \Delta E_c) - V_{p2}.$$

E_F/q wurde vernachlässigt, da es klein ist (20 bis 30 mV) gegenüber den anderen Größen der Klammer in Gl.(7.5). Für $V_g = V_{off}$ verschwindet also die freie Ladung Q_s.

Es ist bislang noch nicht geklärt, welche Streuvorgänge im zweidimensionalen Elektronengas dominieren. Neben der Phononenstreuung wirken auch Mechanismen wie z.B. Elektron-Elektron-Streuung oder Streuung an der Grenzfläche.

Nimmt man daher für das weitere formell eine Sättigung der Elektronengeschwindigkeit bei einer Feldstärke E_m an,

d.h. $v = \mu E$ für $E < E_m$,

$v = v_s$ für $E > E_m$,

so läßt sich die $I(V_g)$-Kennlinie (ähnlich wie in Kap.3) über $I = Q_s(x)\, Wv(x)$ berechnen, wobei W Gatebreite und v(x) Elektronengeschwindigkeit am Ort x unter dem Gate bedeuten.

Für den HEMT mit großer Gatelänge ergibt sich unter Vernachlässigung des Einflusses von R_s [7.7]

$$I_d = \frac{\mu W \varepsilon_2}{2 d_2 L} (V_g - V_t)^2, \tag{7.7}$$

und für den Fall kleiner Gatelänge

$$I_d = \frac{W \varepsilon_2 v_s}{d_2} (V_g - V_t). \tag{7.8}$$

Gl.(7.8) zeigt also, daß I_d proportional ist zu $V_g - V_t$. Es wurde experimentell mit Gl.(7.8) festgestellt, daß v_s für den HEMT vergleichbar ist mit den Werten, die beim "konventionellen" Kurzkanal-MESFET gemessen werden [7.11].

Die Schichtfolgen für den HEMT werden bislang mit der Molekularstrahlepitaxie hergestellt [1.12]. Dieses Verfahren bietet die Möglichkeit, die sehr dünnen Schichten mit kontrollierbarer Dicke, Dotierung und Zusammensetzung herzustellen. Typische Dicken und Dotierungen sind in Abb.7.10 gezeigt.

Wenn man FET und HEMT mit identischen Geometrien miteinander vergleicht, so weist der HEMT kleinere Rauschzahl und höhere Verstärkung bei gegebener Gatelänge auf. In Tab.7.5 sind Werte für 0,25 µm Gatelänge zusammengestellt [7.12]. Die guten Hochfrequenzdaten des HEMT lassen sich zurückführen auf den kleinen Sourcewiderstand (µ groß), auf die hohe Steilheit im Rauschminimum (s. Gl.(7.8)) und auf einen kleinen Drainleitwert (keine Injektion der Elektronen ins Substrat bzw. in die $Al_xGa_{1-x}As$-Schicht).

Tab.7.5. Vergleich von HEMT und MESFET mit einer Gatelänge von 0,25 µm [7.12]

f(GHz)	F_{min}(dB)		G_{ass}(dB)	
	MESFET	HEMT	MESFET	HEMT
8	0,8	0,4	15	15,2
12		0,6		12,5
18	1,4	0,8	10	10,4
30	2,0	1,5	7,8	10,0
40	2,6	1,8	6,9	7,5
60	3,4	2,5	3,8	4,4

Der HEMT zeigt besonders bei tiefen Temperaturen gute Hochfrequenzdaten, das bei 77 K die Elektronenbeweglichkeit im zweidimensionalen Kanal bei 70.000 cm^2/Vs liegt (Ladungsträgerdichte $8 \cdot 10^{11}$ bis $1 \cdot 10^{12}$ cm^{-2}) im Vergleich zu ≈ 10.000 cm^2/Vs für einen 77 K-FET. Jedoch treten bei tiefen Temperaturen Effekte durch sog. tiefe DX-Zentren im $Al_xGa_{1-x}As$ auf, wobei es über Umladung dieser DX-Zentren zum Kollaps der I-U-Charakteristik des HEMT kommt. Die DX-Zentren existieren im $Al_xGa_{1-x}As$ bei $x = 0{,}3$; dieser Wert für den Molenbruch muß für eine ausreichend hohe Diskontinuität des Leitungsbandes ($\approx 0{,}3$ eV) und einer damit gekoppelten Ladungsträgerdichte im zweidimensionalen Kanal eingestellt werden.

Mit InGaAs als Material kleiner Bandlücke bzw. für den zweidimensionalen Kanal genügt ein geringer Al-Molenbruch ($x = 0{,}15$) im GaAlAs, ohne daß dabei die Leitungsbanddiskontinuität zu klein wird. Die Gitterkonstanten des GaAs-Substrates und der $In_yGa_{1-y}As$-Schicht unterscheiden sich für $y = 0{,}15$ um 1 % [7.13]. Die dadurch entstehende Verspannung wird von der InGaAs-Schicht bis zu einer maximalen Dicke von 20 nm aufgenommen; damit wird die dünne InGaAs-Schicht zwischen dem GaAs und dem GaAlAs komprimiert auf die Struktur des GaAs, sie ist "pseudomorph". HEMT mit Schichten dieser Art heißen daher "pseudomorph".

Mit dem InGaAs als Material für den Kanal hat man auch gleich noch die Vorzüge der - im Vergleich zu GaAs - höheren Beweglichkeit der Elektronen und der höheren Ladungsträgergeschwindigkeit (s. Tab.7.4), wobei aber die Einflüsse der Verspannung in der Schicht diese Vorteile mindern.

Erste pseudomorphe HEMT mit 0,25 µm Gatelänge [7.14] zeigten bei 18 GHz ein Rauschen von 0,9 dB bzw. 2,4 dB bei 62 GHz (Tab.7.6).

Tab.7.6. Rauschen und Verstärkung des pseudomorphen HEMT (mit 0,25 µm Gatelänge) $Al_{0,15}Ga_{0,85}/In_{0,15}Ga_{0,85}As/GaAs$ [7.14]

f(GHz)	F_{min}(dB)	G_{ass}(dB)
18	0,9	10,4
62	2,4	4,4

Der HEMT weist, im Vergleich zum konventionellen MESFET, einen komplexen Schichtaufbau auf. Es bleibt abzuwarten, wie weit bei einer Optimierung der HEMT-Strukturen die Eigenschaften dieses Bauelementes noch verbessert werden können. Die Möglichkeit, sich mit den modernen Verfahren der Molekularstrahlepitaxie oder auch der metallorganischen Gasphasenepitaxie Halbleiterschichten und -folgen einstellbarer Bandstruktur herstellen zu können ("band structure engineering"), eröffnet hier für die Realisierung neuer Bauelemente ein weites Feld.

8 Ausblick: Monolithisch integrierte Schaltungen auf GaAs

Monolithisch integrierte Schaltungen auf GaAs haben in den Jahren seit 1980 einen äußerst raschen Aufschwung genommen. Dieses Kapitel kann daher nur einen kurzen Überblick über den bis jetzt erreichten Stand (1988) bei analogen und digitalen Schaltungen geben. Ausführliche Informationen über GaAs-IS sowie über neueste Entwicklungen (optoelektronische integrierte Schaltungen, Schaltungen auf anderen III-V-Halbleitern als GaAs oder auf Schichtfolgen) sind z.B. in Tagungsbänden zu finden:

- GaAs IC Symposium (jährlich seit 1979),
- International Solid-State Circuits Conference,
- Symposium on GaAs and related compounds.

8.1 Analoge Schaltungen

Semiisolierendes GaAs ist wegen seines geringen Verlustfaktors ($\tan\delta = 3 \cdot 10^{-4}$ bei 10 GHz, $\varepsilon_r = 12{,}9$ [8.1]) als Dielektrikum für Mikrowellenschaltungen hervorragend geeignet. Diese Eigenschaft in Verbindung mit den guten Hochfrequenzdaten der aktiven Elemente (MESFET, Schottky-Diode) bietet damit die Möglichkeit, aktive und passive Elemente zu monolithisch integrierten Mikrowellenschaltungen (MMIC) [1] zu

[1] MMIC = Monolithic Microwave Integrated Circuits

verbinden. Die passiven Elemente können als konzentrierte Elemente [2], d.h. als Widerstände, Kondensatoren und Induktivitäten ausgeführt sein oder als verteilte Elemente, d.h. als Leitungsstücke (Streifenleitungen oder planare Leitungen) [8.2].

Nach Vorarbeiten über Kombinationen von Streifenleitungen und aktiven Elementen [8.3, 8.4] wurden erste Mikrowellenschaltkreise auf GaAs in den Jahren 1973 bis 1978 vorgestellt [8.5-8.7]. Der erste käufliche Mikrowellenschaltkreis, ein zweistufiger Breitbandverstärker, erschien im Jahr 1981 [8.8].

Einen Überblick über den erreichten Stand (1988) bietet Tab.8.1, in der ohne Anspruch auf Vollständigkeit herausragende Daten aus der Literatur angeführt sind. Den Schwerpunkt bilden Verstärker, die für sehr unterschiedliche Anwendungen entwickelt werden: Manchmal wird eine möglichst kleine Rauschzahl angestrebt, manchmal eine hohe Ausgangsleistung bei hohem Wirkungsgrad. In vielen Fällen benötigt der Anwender Verstärker, die eine Kombination bestimmter Daten einhalten. Je nach Anforderung kommen daher unterschiedliche Schaltungsprinzipien zum Einsatz, wie z.B. rückgekoppelte Verstärker oder Kettenverstärker. Neben den Verstärkern enthält Tab.8.1 noch Beispiele für Oszillatoren, Phasenschieber, Mischer und Schalter. Derzeit werden fast alle MMIC auf der Grundlage des MESFET entwickelt. In Zukunft wird man versuchen, die Vorzüge des HEMT bezüglich Grenzfrequenz und Rauschen auch für MMIC einzusetzen.

Die Vorteile der neuen MMIC wie geringes Gewicht, kleine Abmessungen, hohe Zuverlässigkeit und Kostenersparnis (bei entsprechend hohen Stückzahlen) haben zu zahlreichen Produktentwicklungen geführt. Die Anwendungen reichen von Kommunikationssystem mit Richtfunk über Radarsysteme bis hin zum Satellitenfernsehen bei 12 GHz.

---

[2] Konzentriertes Element (lumped element): Bauelement mit Abmessungen kleiner als 1/10 der Wellenlänge.

Tab.8.1. Daten verschiedener Mikrowellen-Schaltkreise (MMIC)

MMIC	Ref	L µm	f GHz	G dB	F dB	P_0 W	η %	Fläche mm^2	Sonstiges
Verstärker	8.9	1,0	0,2-2,0	23,0±0,5	≦1,8	--	--	0,58	4 Stufen
	8.10	0,5	8-9,5	23..27	≦1,9	--	--	3,8	2 Stufen
	8.11	0,5	8-17	22..26	≦4,5	--	--	8,25	3 Stufen
	8.12	0,35	34	3,8	--	0,20	21,4	0,28	1 Stufe
	8.13	0,25	2-40	4±0,5	<9	0,016	--	3,52	7 Stufen
	8.14	0,7	7,5	32	--	1,3	30	5,25	4 Stufen
	8.14	0,8	9,5	8,5	--	2,0	20	5,82	2 Stufen
	8.14	0,5	16,5	12	--	2,0	20	6,60	3 Stufen
	8.14	0,6	28,0	3,0	--	1,1	10,8	2,94	1 Stufe
	8.15	1,0	8,4-9,6	16	--	4,5	15	33,5	4 Stufen
	8.16	0,8	9,5	9,4	--	2,5	30	6,0	2 Stufen
	8.17	0,5	2-18	8,6±1,2	--	0,4-0,6	--	4,42	7 Stufen, Tetroden
Oszillator	8.18	0,2	90-115	--	--	0,1 mW	--	--	
	8.19	1,0	10,9-11,0	--	--	20-26 mW	--	--	Spannungsregelung
Phasen-	8.20		1-8	--	--	--	--	--	5 bit
schieber	8.21		6-18	--	--	--	--	--	3 bit
Mischer	8.22	1,0	3-5	33	--	--	--	2,1	f_1-f_2=70 mHz
Schalter	8.23		2-19	--	--	0,25	--	5,3	2 dB Dämpfung

8.2 Digitale Schaltungen

GaAs-Feldeffekttransistoren sind wegen der hohen Beweglichkeit und Sättigungsgeschwindigkeit der Elektronen im Kanal (vgl. Kap.7) Elemente mit hoher Steilheit und Stromergiebigkeit. Zusammen mit niedrigen Bauelement- und Leitungskapazitäten - bedingt durch den Aufbau auf semiisolierendem GaAs - ergibt dies die Möglichkeit, sehr schnelle digitale Schaltkreise herzustellen. Für diese Schaltungen haben sich drei Familien herausgebildet (Abb.8.1):

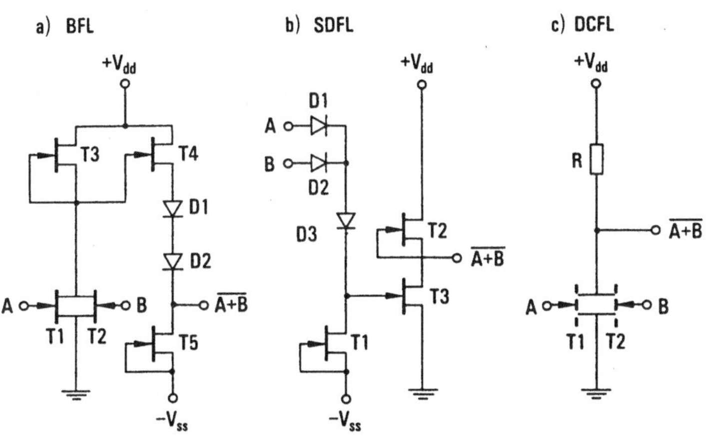

Abb.8.1. NOR-Gatter verschiedener Logikfamilien.
a) BFL (buffered-FET-Logic) mit normally-on-FET.
T1, T2: Schalttransistoren, T3: FET als Stromquelle (Lasttransistor), T4: Sourcefolger als Treiber (wird bei geringer Belastung des Ausgangs nicht benötigt). D1, D2: Pegelschieberdioden, T5: FET als Stromquelle. b) SDFL Schottky-Diode-FET-Logic) mit normally-on-FET.
D1, D2: Schaltdioden, D3: Pegelschieberdiode, T1: FET als Stromquelle ("pull-down"), T2: FET als Stromquelle ("pull-up"), T3: Schalttransistor. c) DCFL (Direct Coupled FET-Logic) mit normally-off-FET.
T1, T2: Schalttransistoren, R: Lastwiderstand. Anstelle des Widerstands wird häufig ein Strombegrenzer (FET-Struktur ohne Gate) eingesetzt oder ein normally-on FET als Lastelement

Logikfamilien mit normally-on FET benötigen einen Pegelumsetzer, der den Leistungsbedarf pro Gatter zusätzlich erhöht. Schaltungen in Buffered-FET-Logik (BFL, Abb.8.1a) zeigten bereits 1974 Verzögerungszeiten von unter 100 ps [8.24]. Einen eindrucksvollen Beweis der Leistungsfähigkeit der BFL bezüglich Geschwindigkeit und Integrationsgrad stellt eine Wortgeneratorschaltung (400 FET, 230 Dioden) dar, die bei 5 Gb/s arbeitet [8.25]. Ein weiteres Beispiel ist ein 32-Bit-Addierer mit 2100 FET und 420 Dioden (Chipgröße $4{,}6 \times 2{,}5$ mm^2) mit einer Additionszeit von 7,6 ns [8.26]. Ein 3 K Gate Array mit BFL-Gattern ($L = 1{,}4$ µm) erreichte bei einer Verlustleistung von 4,6 mW/Gatter eine Gatterlaufzeit von 56 ps bei FI = FO = 1 (FI = Fan In: Zahl der Gatter am Eingang; FO = Fan Out: Zahl der Gatter am Ausgang) [8.27] (s. Tab.8.2). Für die Ein- und Ausgangsstufen dieses Gate-Arrays wurden SCFL (Source-Coupled FET Logic)-Schaltungen eingesetzt. Mit dieser Schalttechnik, die so wie die ECL (Emitter Coupled Logic) der Silizium-Bipolar-Technik im Prinzip aus Differenzverstärkern besteht, wurden z.B. Frequenzteiler für 11 GHz realisiert [8.28].

Tab.8.2. Daten von GaAs Gate Arrays. τ_{d0}: Gatterlaufzeit für FI = FO = 1; $\Delta\tau_{FI}$: Erhöhung der Gatterlaufzeit pro Fan In; $\Delta\tau_{FO}$: Erhöhung der Gatterlaufzeit pro Fan Out; $\Delta\tau_L$: Erhöhung der Gatterlaufzeit pro mm Leitungslänge

Schaltkreistechnik	Ref.	Gatterzahl	τ_{d0}	$\Delta\tau_{FI}$	$\Delta\tau_{FO}$	$\Delta\tau_L$	P/Gatter
			ps	ps/FI	ps/FO	ps/mm	mW
BFL/SCFL	8.27	3K	56	--	10	48	4,6
SLCF	8.34	6K	76	10	45	45	1,2
DCFL	8.36	2K	42	11	16	59	0,5
DCFL	8.37	3K	130	--	7	50	2,25
DCFL/HEMT	8.38	4K	40	--	22	14	1,0

Ein Hauptnachteil der BFL ist die relativ hohe Verlustleistung, die vor allem durch den Pegelumsetzer entsteht. Schaltet man in Abb.8.1a zu den Dioden D1 und D2 eine relativ großflächige Diode in Sperrichtung, so erhält man eine kapazitive Kopplung von der Inverterstufe zum Ausgang. Läßt man zusätzlich T4 weg, so erhält man die CDFL (Capacitor Diode FET Logic) [8.29] oder CEL (Capacitively Enhanced Logic [8.30, 8.31]. Da während eines schnellen Schaltungsvorganges der Schaltstrom über die kapazitive Kopplung fließt, kann der Strom über die Pegelschieberdioden sehr klein gehalten werden. CEL reagiert auf kapazitive Belastung des Ausgangs stärker als BFL. Bei kleiner Last erreicht CEL jedoch hohe Geschwindigkeit mit relativ niedriger Verlustleistung, wie die Daten von Frequenzteilern in Tab.8.3 zeigen.

Tab.8.3. Maximale Teilerfrequenz und Verlustleistung von Frequenzteilern (Gatelänge 0,2 μm) [8.30, 8.31]

	BFL	CEL
MESFET	18 GHz/657 mW	16 GHz/150 mW
HEMT	25 GHz/450 mW	25 GHz/ 64 mW

Eine andere Logikfamilie mit normally-on FET, die Schottky-Dioden-FET-Logik (SDFL) verbraucht im Vergleich zur BFL weniger Leistung bei etwa gleicher Schaltzeit [8.32]. Damit wurde ein 8 × 8-Multiplizierer mit etwa 1000 Gattern realisiert, der eine Multiplikationszeit von 5,3 ns, entsprechend einer mittleren Verzögerungszeit von 150 ps pro Gatter, aufwies [8.33].

Läßt man in Bild 8.1b die Dioden D1 und D2 weg und bildet D3 als großflächige Diode aus, so erhält man einen kapazitiv gekoppelten Inverter, bei dem nur FET als Schalter arbeiten. Diese Schaltkreistechnik heißt Schottky-Diode Level-shift Capacitor-coupled FET logic (SLCF) [8.34]. Mit ihr wurde ein 6 K Gate Array hergestellt (s. Tab.8.2).

Den geringsten Leistungsbedarf unter den Logikfamilien auf GaAs weist die Direct Coupled FET Logik (DCFL) auf [8.35], die zum Zeitpunkt der ersten Untersuchungen im Jahr 1971 technologisch jedoch nicht zu beherrschen war. Erst die Fortschritte in der Homogenität und Reproduzierbarkeit der Schichtherstellung und der Einsatz selbstjustierender Gate-Prozesse haben die DCFL zu einer praktisch einsetzbaren Schaltkreistechnik werden lassen. Tab.8.2 zeigt Beispiele für

Tab.8.4. Daten von statischen Speichern (SRAM)

Speicherplätze	Ref.	FET	Zugriffszeit	Verlustleistung	P/Bit
			ns	W	fJ
1024 × 1	8.39	MESFET	1,4	0,20	280
1024 × 1	8.40	HEMT	0,6	0,45	270
1024 × 4	8.41	HEMT	0,5	5,7	712
4096 × 1	8.42	MESFET	1,7	0,60	255
4096 × 1	8.43	JFET	8,0	0,20	400
4096 × 4	8.43	MESFET	4,1	1,46	374

Gate Arrays, wobei [8.36] mit einem selbstjustierendem Gate, [8.37] dagegen in einem konventionellen Prozeß hergestellt wird (Gate recess). Es ist hervorzuheben, daß das Gate Array [8.37] als Produkt angeboten wird. In [8.38] wird ein Gate Array in HEMT-Technologie beschrieben.

Vielfach wurden statische Speicher (SRAM) als Testschaltkreise für DCFL untersucht. Tab.8.4 gibt einen Überblick über die erzielten Zugriffszeiten und Verlustleistungen [8.39-8.44]. Vergleicht man die Daten mit denen von Silizium-Bipolar-Speichern, so stellt man fest, daß zur Zeit der Vorteil der GaAs SRAMs eher in einer geringeren Verlustleistung als in geringerer Zugriffszeit liegt [8.45].

Höhere Geschwindigkeit ist aber in der Regel die Voraussetzung für einen Erfolg der GaAs-Schaltkreise. Eine Ausnahme bilden Anwendungen im Weltraum, wo hohe Strahlungsresistenz, geringe Verlustleistung und geringe Temperaturempfindlichkeit über den Einsatz entscheiden. Für solche Anwendungen scheint die komplementäre JFET-Logik [8.43] sehr geeignet zu sein.

In den letzten Jahren erhielt der GaAs MESFET als Bauelement für Digitalschaltungen Konkurrenz sowohl von der Silizium- als auch von der GaAs-Seite. Abb.8.2 zeigt einen Vergleich der Gatterlaufzeiten und Verlustleistungen für Silizium-Bipolar, GaAs-Bipolar (HBT = Heterojunction Bipolar Transistor), HEMT und MESFET. Die niedrigste Gatterlaufzeit zeigt derzeit der HBT mit 4,5 ps.

Abb.8.3 zeigt die maximalen Taktfrequenzen als Funktion der Verlustleistung für statische Teiler. Die schnellsten Teiler erreichten eine Frequenz von 25 GHz. Sie wurden in HEMT-Technologie hergestellt.

Digitale MESFET-Schaltungen werden heute bereits von verschiedenen Herstellern kommerziell angeboten. Das Produktspektrum reicht von einzelnen Flip-Flops über Teiler, Zähler, Schieberegister, Multiplexer, Demultiplexer bis zu 1 K SRAMs und einem 3 K Gate Array.

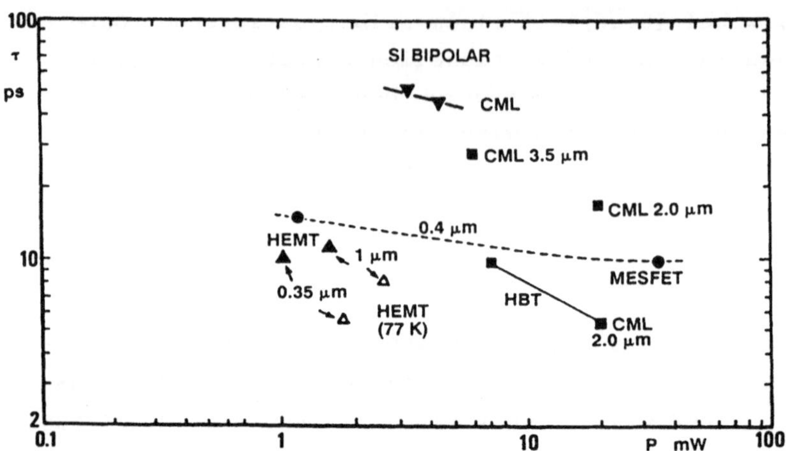

Abb.8.2. Gatterlaufzeit und Verlustleistung, gemessen an Ringoszillatoren mit verschiedenen Bauelementen. Nach [8.45]

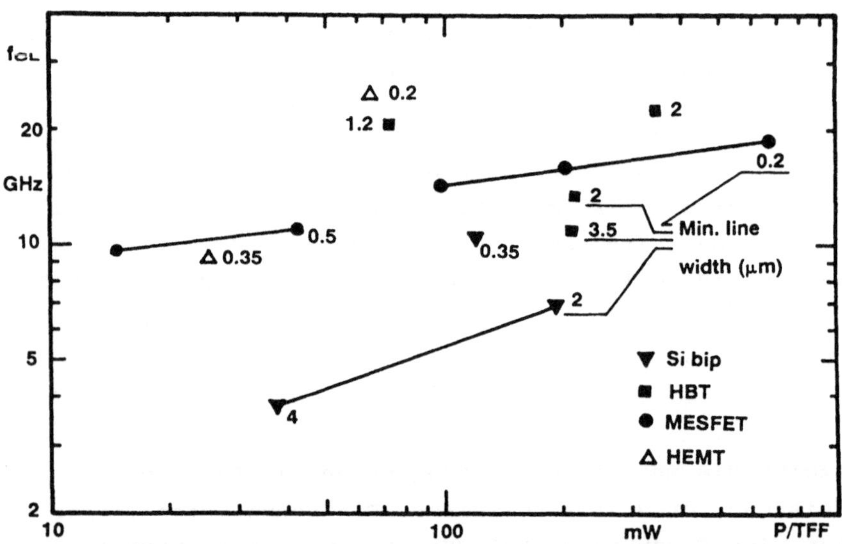

Abb.8.3. Maximale Taktfrequenz und Verlustleistung pro Teiler-Flip-Flop für Frequenzteiler mit verschiedenen Bauelementen. Nach [8.45]

Eine Reihe von Firmen, besonders in den USA, bieten auch einen sogenannten Foundry-Service, d.h. ein Kunde kann einen Schaltkreis nach seinem Bedarf mittels einer angebotenen Technologie entwickeln und fertigen.

Die GaAs-Technologen werden in den nächsten Jahren versuchen, die Produktreife weiter zu verbessern und einen deutlicheren Geschwindigkeitsvorsprung gegenüber Silizium-Schaltungen herauszuarbeiten. Gelingt dies, so wird sich die Marktnische für digitale GaAs-Schaltkreise z.B. für Kommunikationssysteme und Hochleistungscomputer erweitern.

Anhang

A1 Smith-Diagramm

Impedanzen, Admittanzen und Reflexionskoeffizienten [1] werden in der Mikrowellentechnik häufig im Smith-Diagramm [A1, A2] dargestellt. Dieses Hilfsmittel ermöglicht z.B. die graphische Umwandlung gemessener Reflexionskoeffizienten in Impedanzen. Das Smith-Diagramm entsteht durch konforme Abbildung der Impedanz-(z-)Ebene auf die Reflexionskoeffizienten-(Γ-)Ebene gemäß

$$\Gamma = \frac{z-1}{z+1} . \tag{A1}$$

Hierin ist $z = r + jx$ die normierte Impedanz, $z = Z/Z_0$, Z_0 ist der Wellenwiderstand der Leitungen im Meßaufbau (meist: $Z_0 = 50\ \Omega$).

Das Smith-Diagramm (Abb.A2) ist die Abbildung des Koordinatennetzes der z-Ebene auf die Γ-Ebene, entsteht also durch Übereinanderlegen von Abb.A1a und A1b. Einige Eigenschaften von Gl.(A1) seien noch hervorgehoben:

$r = 0 \rightarrow |\Gamma| = 1$, Einheitskreis,

$r > 0 \rightarrow |\Gamma| < 1$, Inneres des Einheitskreises,

$r < 0 \rightarrow |\Gamma| > 1$, Äußeres des Einheitskreises,

[1] Der Reflexionskoeffizient ist das Verhältnis aus rücklaufender zu einlaufender Welle: $\Gamma = b/a$, siehe folgenden Abschnitt.

$x = 0 \rightarrow \mathrm{Im}\Gamma = 0,$

$x > 0 \rightarrow \mathrm{Im}\Gamma > 0,$

$x < 0 \rightarrow \mathrm{Im}\Gamma < 0,$

$y = 1/z \rightarrow \Gamma(y) = -\Gamma(z).$

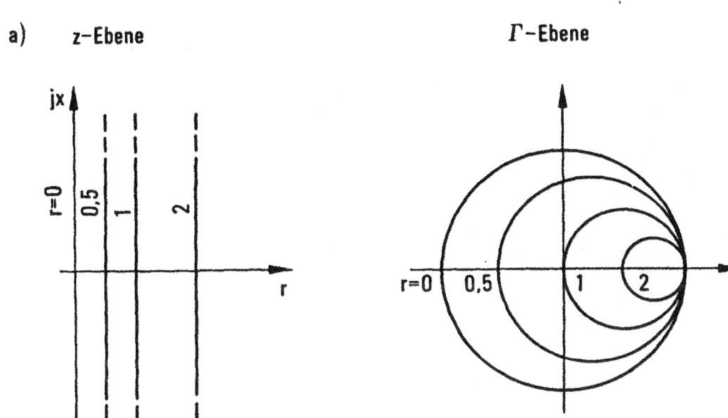

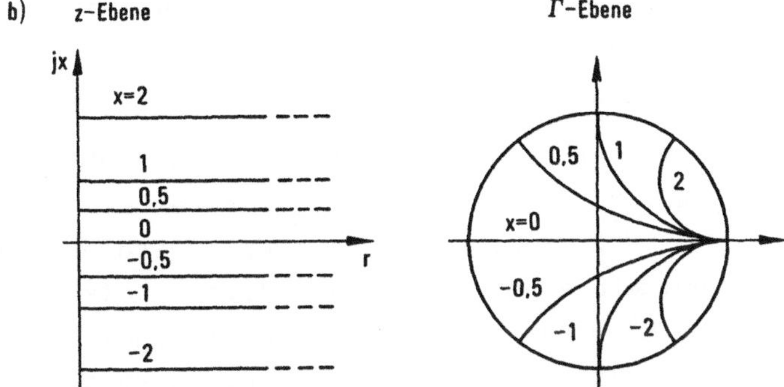

Abb.A1. Entstehung des Smith-Diagramms. a) Linien konstanten Realteils von z; b) Linien konstanten Imaginärteils von z

Die letzte Eigenschaft besagt, daß mit Hilfe des Smith-Diagramms in einfacher Weise Impedanzen in Admittanzen (und umgekehrt Admittanzen in Impedanzen) umgewandelt werden können: Durch Punktspiegelung des Γ-Vektors am Koordinatenursprung ($z = 1$) oder durch Drehung der Smith-Chart um 180° läßt sich der Reziprokwert der Impedanz ablesen (s. Beispiel in Abb.A2).

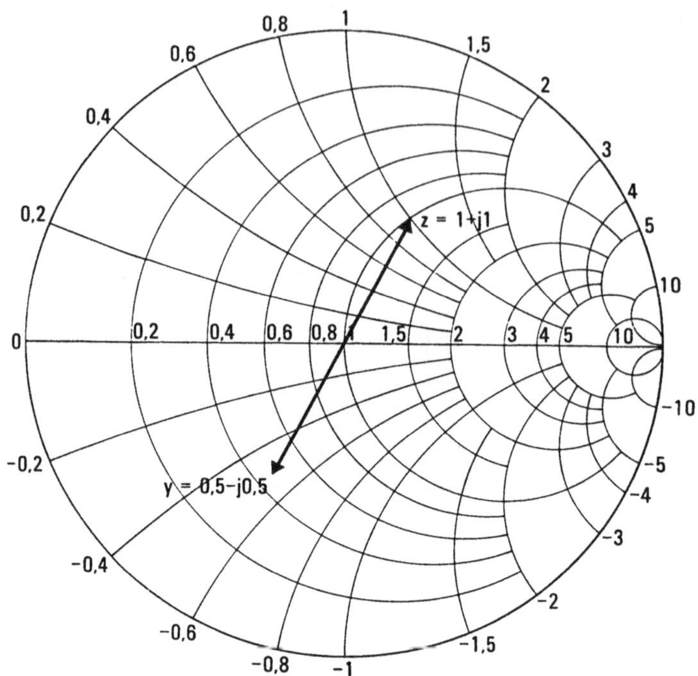

Abb.A2. Smith-Diagramm mit Einheitskreis als äußere Begrenzung. Durch Punktspiegelung an z = 1 lassen sich Reziprokwerte ablesen (Beispiel: z = 1 + j1, y = 1/z = 0,5 - j 0,5)

Impedanzen mit negativem Realteil ($r < 0$) lassen sich nicht im Smith-Diagramm von Abb.A2 darstellen, da sie außerhalb des Einheitskreises $|\Gamma| = 1$ liegen. Für diesen Fall wird entweder ein Smith-Diagramm mit einem größeren äußeren Kreis verwendet (Abb.A3) oder $1/\Gamma^*$ ins konventionelle Diagramm (Abb.A2) eingetragen. Γ^* ist der konjugiert komplexe Wert von Γ; $1/\Gamma^*$ hat denselben Phasenwinkel wie Γ.

Trägt man die Frequenzabhängigkeit eines passiven Netzwerks im Smith-Diagramm auf, so erhält man Ortskurven, die mit zunehmender Frequenz im Uhrzeigersinn umlaufen. Ein Parallelresonanzkreis z.B. stellt bei $\omega = 0$ einen Kurzschluß dar und ist unterhalb der Resonanzfrequenz ω_0 induktiv, oberhalb kapazitiv. Im Smith-Diagramm ergibt sich ein Kreis, der bei den Frequenzen $\omega = 0$ und $\omega = \infty$ im Punkt $z = 0$ sowie bei $\omega = \omega_0$ im Punkt $z = r_p$ (r_p Parallelwiderstand) die r-Achse ($jx = 0$)

schneidet. Da die Bauelemente in der Praxis jedoch nicht in reiner Form vorliegen (eine Induktivität besitzt z.B. resistive und kapazitive Anteile), treten bei höheren Frequenzen parasitäre Resonanzen auf, die sich als kleine Schleifen in der Ortskurve zeigen.

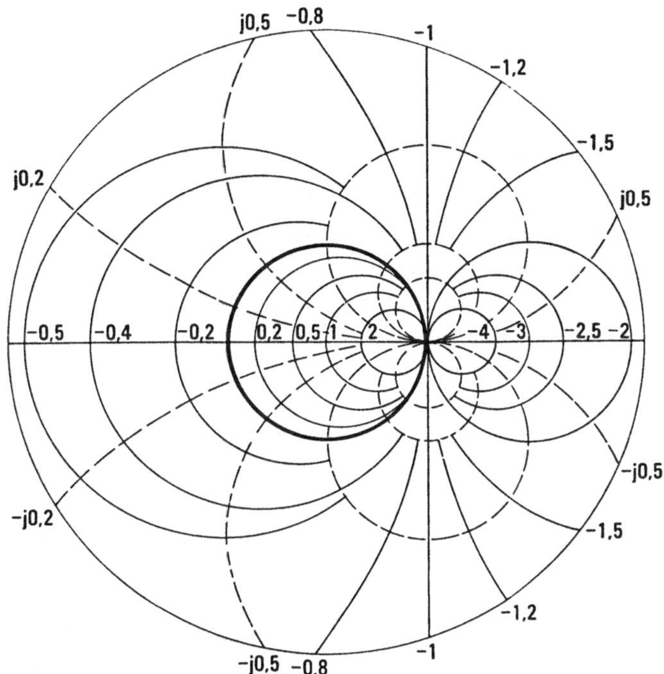

Abb.A3. Smith-Diagramm mit $|\Gamma| = 3{,}16$ zur Darstellung von Impedanzen mit negativem Realteil. Nur ein Teil der z-Ebene ist darstellbar, da Gl.(A1) für $z = -1$ singulär wird.

Das Smith-Diagramm ist ein wichtiges Hilfsmittel für den Entwurf von Netzwerken zur Impedanzanpassung [A1]. Dabei werden häufig Leitungsstücke ins Netzwerk eingesetzt. Eine verlustfreie Leitung der Länge l verändert den Reflexionskoeffizienten gemäß

$$\Gamma(l) = \Gamma(l = 0)\ \exp(j4\pi l/\lambda) \qquad \text{(A2)}$$

wobei $\Gamma(l = 0)$ der Reflexionskoeffizient für $l = 0$ und λ die Wellenlänge bedeuten. Das Einfügen eines Leitungsstücks bewirkt nach Gl.(A2) eine Phasendrehung von Γ und somit eine Impedanztransformation gemäß Gl.(A1). Legt man die l-Achse so fest, daß $l = 0$ beim Generator liegt und zur Last hinweist, so erfolgt die Phasendrehung gemäß Gl.(A2) im Gegenuhrzeigersinn. Im umgekehrten Fall (l-Achse weist zum Generator hin) erfolgt die Phasendrehung im Uhrzeigersinn.

A2 S-Parameter

Lineare Netzwerke können durch an ihren Klemmenpaaren (Toren) gemessene Parameter vollständig beschrieben werden, ohne daß das Innere des Netzwerks bekannt sein muß. Bei genügend kleiner Aussteuerung gilt dies auch für nichtlineare Netzwerke. Die hier ausschließlich betrachteten Zweitore (Abb.A4) können etwa durch die Z-Parameter

$$\begin{aligned} V_1 &= Z_{11} I_1 + Z_{12} I_2, \\ V_2 &= Z_{21} I_1 + Z_{22} I_2 \end{aligned} \tag{A3}$$

oder durch die Y-Parameter

$$\begin{aligned} I_1 &= Y_{11} V_1 + Y_{12} V_2, \\ I_2 &= Y_{21} V_1 + Y_{22} V_2 \end{aligned} \tag{A4}$$

oder durch die H-Parameter

$$\begin{aligned} V_1 &= H_{11} I_1 + H_{12} V_2, \\ I_2 &= H_{21} I_1 + H_{22} V_2 \end{aligned} \tag{A5}$$

beschrieben werden. Jeder Parametersatz kann in einen anderen umgerechnet werden. Die Messung der einzelnen Parameter erfolgt durch Kurzschließen oder Offenlassen von Eingang oder Ausgang, z.B. $Y_{21} = (I_2/V_1)_{V_2 = 0}$ (Ausgang kurz) oder

$H_{12} = (V_1/V_2)_{I_1=0}$ (Eingang offen). Bei hohen Frequenzen ist die Herstellung von Kurzschlüssen schwierig, da jedes Stückchen Draht eine Induktivität darstellt. Bei bestimmten Impedanzverhältnissen können aktive Elemente wie FET schwingen, so daß eine Messung der Z-, Y- oder H-Parameter unmöglich wird.

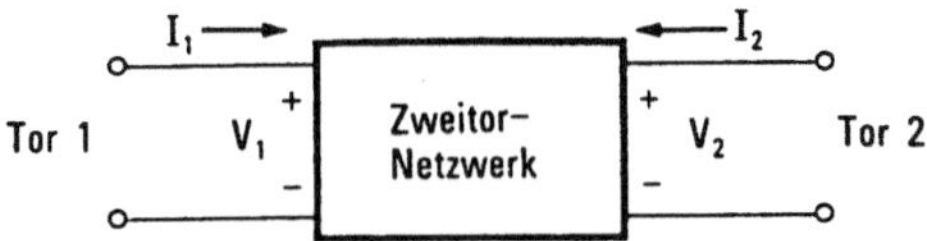

Abb.A4. Allgemeines Zweitor mit Definition von Strömen und Spannungen

S-Parameter-Messungen vermeiden diese Probleme, indem die Messung unter konstanten Impedanzverhältnissen erfolgt (Abb. A5). Anstelle der Klemmenströme und -spannungen werden die Wellenamplituden a_i, b_i der bei den Toren hineinlaufenden und herauslaufenden Wellen als Variable verwendet. Die Wellenamplituden sind längs einer verlustfreien Leitung konstant. Die zur Messung erforderlichen Übertrager können also in einiger Entfernung vom Meßobjekt angebracht werden, wenn die Leitung entsprechend verlustarm ist. Für die Amplitude der einfallenden Wellen a_i gilt

$$a_i = \frac{V_i + I_i Z_0}{2\sqrt{Z_0}} . \tag{A6}$$

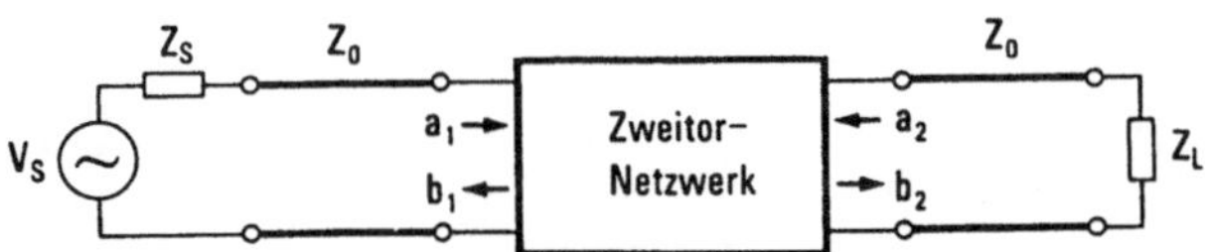

Abb.A5. Zweitor, eingebettet in Übertragungsleitung mit charakteristischer Impedanz Z_0. Z_S ist die Generatorimpedanz, Z_L die Lastimpedanz; a_1, a_2 sind die Wellenamplituden der ins Netzwerk hineinlaufenden Wellen; b_1, b_2 sind die Wellenamplituden der aus dem Netzwerk herauslaufenden Wellen.

Für die Amplitude der vom Netzwerk ausgehenden Wellen b_i gilt

$$b_i = \frac{V_i - I_i Z_0}{2\sqrt{Z_0}} . \tag{A7}$$

Mit Hilfe der S-Parameter lassen sich b_1 und b_2 als Funktion von a_1 und a_2 darstellen:

$$\begin{aligned} b_1 &= S_{11} a_1 + S_{12} a_2 , \\ b_2 &= S_{21} a_1 + S_{22} a_2 . \end{aligned} \tag{A8}$$

Aus dem linearen Gleichungssystem (A8) erhält man die Definitionen für die einzelnen S-Parameter:

$$S_{11} = \frac{b_1}{a_1} \bigg|_{a_2 = 0} ; \tag{A9}$$

S_{11} ist der Eingangsreflexionskoeffizient, wobei der Lastwiderstand gleich dem Leitungswiderstand gesetzt wurde ($Z_L = Z_0$ bewirkt $a_2 = 0$).

$$S_{22} = \frac{b_2}{a_2} \bigg|_{a_1 = 0} ; \tag{A10}$$

S_{22} ist der Ausgangsreflexionskoeffizient bei $Z_S = Z_0$ und $V_S = 0$.

$$S_{21} = \frac{b_2}{a_1} \bigg|_{a_2 = 0} ; \tag{A11}$$

S_{21} ist der Vorwärtsübertragungskoeffizient (= Einfügungsgewinn in Vorwärtsrichtung) bei $Z_L = Z_0$.

$$S_{12} = \frac{b_1}{a_2} \bigg|_{a_1 = 0} ; \tag{A12}$$

Tab.A1. Umformungsgleichungen zwischen S-Parametern und z-, y-, h-Parametern. Die z-, y-, h-Parameter sind auf Z_0 normiert. Wenn die gemessenen Parameter mit Z_{ij}, Y_{ij}, H_{ij} bezeichnet werden, gilt:

$z_{ij} = Z_{ij}/Z_0$,
$y_{ij} = Y_{ij}Z_0$,
$h_{11} = H_{11}/Z_0$, $h_{12} = H_{12}$, $h_{21} = H_{21}$, $h_{22} = H_{22}Z_0$.

$S_{11} = \dfrac{(z_{11} - 1)(z_{22} + 1) - z_{12}z_{21}}{(z_{11} + 1)(z_{22} + 1) - z_{12}z_{21}}$	$z_{11} = \dfrac{(1 + S_{11})(1 - S_{22}) + S_{12}S_{21}}{(1 - S_{11})(1 - S_{22}) - S_{12}S_{21}}$
$S_{12} = \dfrac{2z_{12}}{(z_{11} + 1)(z_{22} + 1) - z_{12}z_{21}}$	$z_{12} = \dfrac{2S_{12}}{(1 - S_{11})(1 - S_{22}) - S_{12}S_{21}}$
$S_{21} = \dfrac{2z_{21}}{(z_{11} + 1)(z_{22} + 1) - z_{12}z_{21}}$	$z_{21} = \dfrac{2S_{21}}{(1 - S_{11})(1 - S_{22}) - S_{12}S_{21}}$
$S_{22} = \dfrac{(z_{11} + 1)(z_{22} - 1) - z_{12}z_{21}}{(z_{11} + 1)(z_{22} + 1) - z_{12}z_{21}}$	$z_{22} = \dfrac{(1 + S_{22})(1 - S_{11}) + S_{12}S_{21}}{(1 - S_{11})(1 - S_{22}) - S_{12}S_{21}}$
$S_{11} = \dfrac{(1 - y_{11})(1 + y_{22}) - y_{12}y_{21}}{(1 + y_{11})(1 + y_{22}) - y_{12}y_{21}}$	$y_{11} = \dfrac{(1 + S_{22})(1 - S_{11}) + S_{12}S_{21}}{(1 + S_{11})(1 + S_{22}) - S_{12}S_{21}}$
$S_{12} = \dfrac{-2y_{12}}{(1 + y_{11})(1 + y_{22}) - y_{12}y_{21}}$	$y_{12} = \dfrac{-2S_{12}}{(1 + S_{11})(1 + S_{22}) - S_{12}S_{21}}$
$S_{21} = \dfrac{-2y_{21}}{(1 + y_{11})(1 + y_{22}) - y_{12}y_{21}}$	$y_{21} = \dfrac{-2S_{21}}{(1 + S_{11})(1 + S_{22}) - S_{12}S_{21}}$
$S_{22} = \dfrac{(1 + y_{11})(1 - y_{22}) - y_{21}y_{12}}{(1 + y_{11})(1 + y_{22}) - y_{12}y_{21}}$	$y_{22} = \dfrac{(1 + S_{11})(1 - S_{22}) + S_{12}S_{21}}{(1 + S_{22})(1 + S_{11}) - S_{12}S_{21}}$
$S_{11} = \dfrac{(h_{11} - 1)(h_{22} + 1) - h_{12}h_{21}}{(h_{11} + 1)(h_{22} + 1) - h_{12}h_{21}}$	$h_{11} = \dfrac{(1 + S_{11})(1 + S_{22}) - S_{12}S_{21}}{(1 - S_{11})(1 + S_{22}) + S_{12}S_{21}}$
$S_{12} = \dfrac{2h_{12}}{(h_{11} + 1)(h_{22} + 1) - h_{12}h_{21}}$	$h_{12} = \dfrac{2S_{12}}{(1 - S_{11})(1 + s_{22}) + S_{12}S_{21}}$
$S_{21} = \dfrac{-2h_{21}}{(h_{11} + 1)(h_{22} + 1) - h_{12}h_{21}}$	$h_{21} = \dfrac{-2S_{21}}{(1 - S_{11})(1 + S_{22}) + S_{12}S_{21}}$
$S_{22} = \dfrac{(1 + h_{11})(1 - h_{22}) + h_{12}h_{21}}{(h_{11} + 1)(h_{22} + 1) - h_{12}h_{21}}$	$h_{22} = \dfrac{(1 - S_{22})(1 - S_{11}) - S_{12}S_{21}}{(1 - S_{11})(1 + S_{22}) + S_{12}S_{21}}$

S_{12} ist der Rückwärtsübertragungskoeffizient (= Einfügungsgewinn in Rückwärtsrichtung) bei $Z_S = Z_0$, $V_S = 0$.

Setzt man in Gl.(A9) die Definition von b_1 und a_1 ein, so erhält man

$$S_{11} = \frac{V_1 - I_1 Z_0}{V_1 + I_1 Z_0} = \frac{Z_1 - Z_0}{Z_1 + Z_0}, \tag{A13}$$

wobei $Z_1 = V_1/I_1$ die Eingangsimpedanz des Netzwerks bedeutet. Ein Vergleich von Gl.(A13) mit Gl.(A1) zeigt, daß S_{11} als Reflexionsfaktor darstellbar ist. Aus S_{11} und S_{22} lassen sich also mit Hilfe des Smith-Diagramms Eingangs- und Ausgangswiderstand leicht bestimmen.

Die Quadrate der Beträge der Wellenamplituden stellen die einfallenden bzw. reflektierten Leistungen dar:

a_1^2 = am Eingang zum Netzwerk einfallende Leistung = verfügbare Leistung einer Quelle mit Impedanz Z_0,

a_2^2 = am Ausgang ins Netzwerk einfallende Leistung = an der Last reflektierte Leistung,

b_1^2 = am Eingang reflektierte Leistung,

b_2^2 = am Ausgang herauskommende (reflektierte) Leistung = auf die Last hin einfallende Leistung = in einer Last der Impedanz Z_0 verfügbare Leistung.

Dementsprechend bedeuten S_{11}^2 und S_{22}^2 die Leistungsreflexionsfaktoren am Eingang bzw. am Ausgang, S_{21}^2 und S_{12}^2 die Übertragungs-Leistungsverstärkungen (bei $Z_0 = Z_S = Z_L$) in Vorwärts- bzw. Rückwärtsrichtung. In Tab.A1 sind die Umformungsgleichungen zwischen S-Parametern und z-, y-, bzw. h-Parametern aufgeführt [A2].

A3 Kenngrößen von Netzwerken

Für den Entwurf von Schaltungen mit S-Parametern sind die in diesem Abschnitt wiedergegebenen Beziehungen nützlich. Sie werden hier aufgeführt, da in Kap.4 auf einige der hier angeführten Größen Bezug genommen wird. Die Beziehungen lassen sich mit Hilfe von Signalflußdiagrammen (Graphen) ableiten [A2, A3].

Bei beliebiger Lastimpedanz Z_L, d.h. $\Gamma_L = (Z_L - Z_0)/(Z_L + Z_0)$, ist der Eingangsreflexionskoeffizient

$$S'_{11} = S_{11} + \frac{S_{12}S_{21}\Gamma_L}{1 - S_{22}\Gamma_L}. \tag{A14}$$

Bei beliebiger Generatorimpedanz Z_S, d.h. $\Gamma_S = (Z_S - Z_0)/(Z_S + Z_0)$, ist der Ausgangsreflexionskoeffizient

$$S'_{22} = S_{22} + \frac{S_{12}S_{21}\Gamma_S}{1 - S_{11}\Gamma_S}. \tag{A15}$$

Mit den Gl.(A14) und (A15) ergibt sich die Spannungsverstärkung

$$A_V = \frac{V_2}{V_1} = \frac{S_{21}(1 + \Gamma_L)}{(1 - S_{22}\Gamma_L)(1 + S'_{11})}. \tag{A16}$$

Die Leistungsverstärkung G ist

$$G = \frac{\text{an die Last abgegebene Leistung}}{\text{ins Netzwerk am Eingang hineingehende Leistung}}$$

$$= \frac{|S_{21}|^2 \, (1 - |\Gamma_L|^2)}{1 - |S_{11}|^2 + |\Gamma_L|^2 \, (|S_{22}|^2 - |D|^2) - 2\,\mathrm{Re}[\Gamma_L(S_{22} - DS^*_{11})]} \tag{A17}$$

wobei

$$D = S_{11}S_{22} - S_{12}S_{21}. \tag{A18}$$

Die verfügbare Leistungsverstärkung (available power gain) ist

$$G_A = \frac{\text{Verfügbare Leistung vom Netzwerk}}{\text{Verfügbare Leistung vom Generator}}$$

$$= \frac{|S_{21}|^2 (1 - |\Gamma_S|^2)}{1 - |S_{22}|^2 + |\Gamma_S|^2 (|S_{11}|^2 - |D|^2) - 2 \operatorname{Re}[\Gamma_S (S_{11} - DS_{22}^*)]} . \tag{A19}$$

Die Übertragungs-Leistungsverstärkung (transducer power gain) ist

$$G_T = \frac{\text{an die Last abgegebene Leistung}}{\text{Verfügbare Leistung vom Generator}}$$

$$= \frac{|S_{21}|^2 (1 - |\Gamma_S|^2)(1 - |\Gamma_L|^2)}{|(1 - S_{11}\Gamma_S)(1 - S_{22}\Gamma_L) - S_{12}S_{21}\Gamma_L\Gamma_S|^2} . \tag{A20}$$

Setzt man in Gl.(A20) $S_{12} = 0$, so erhält man die unilaterale Übertragungs-Leistungsverstärkung

$$G_{Tu} = G_0 G_1 G_2 \tag{A21}$$

mit

$$G_0 = |S_{21}|^2 , \tag{A22}$$

$$G_1 = \frac{1 - |\Gamma_S|^2}{|1 - S_{11}\Gamma_S|^2} , \tag{A23}$$

$$G_2 = \frac{1 - |\Gamma_L|^2}{|1 - S_{22}\Gamma_L|^2} . \tag{A24}$$

Gl.(A21) zeigt, daß G_{Tu} als Produkt von drei Faktoren dargestellt werden kann: Während G_0 nur vom aktiven Element selbst abhängt, kann G_1 und G_2 durch Veränderung der Generator- bzw. Lastimpedanz beeinflußt werden.

Die maximale unilaterale Übertragungs-Leistungsverstärkung G_u ergibt sich für $\Gamma_S = S_{11}^*$ und $\Gamma_L = S_{22}^*$ bei $|S_{11}| < 1$, $|S_{22}| < 1$ zu

$$G_u = \frac{|S_{21}|^2}{(1 - |S_{11}|^2)(1 - |S_{22}|^2)} . \tag{A25}$$

Ein Netzwerk heißt "absolut stabil", wenn beliebige passive Impedanzen an Eingang oder Ausgang in keinem Fall Schwingungen hervorrufen. Absolute Stabilität ist gegeben, wenn die folgenden drei Bedingungen zugleich erfüllt sind:

$$|S_{11}| < 1; \quad |S_{22}| < 1, \tag{A26a}$$

$$\left| \frac{|S_{12}S_{21}| - |S_{11} - DS_{22}^*|}{|S_{11}|^2 - |D|^2} \right| > 1, \tag{A26b}$$

$$\left| \frac{|S_{12}S_{21}| - |S_{22} - DS_{11}^*|}{|S_{22}|^2 - |D|^2} \right| > 1. \tag{A26c}$$

Bei einem absolut stabilen Netzwerk ist die maximal verfügbare Leistungsverstärkung (MAG) wie folgt definiert:

$$MAG = \left| \frac{S_{21}}{S_{12}} \right| \left(K \pm \sqrt{K^2 - 1}\right) \tag{A27a}$$

mit

$$K = \frac{1 + |D|^2 - |S_{11}|^2 - |S_{22}|^2}{2|S_{12}S_{21}|} > 1. \tag{A27b}$$

K heißt Rollett-Faktor, K^{-1} heißt Linvill-Faktor. In Gl. (A27a) ist das negative Vorzeichen zu verwenden für $B_1 > 0$, das positive für $B_1 < 0$. (In der Regel gilt $B_1 > 0$.)

Mit

$$B_1 = 1 + |S_{11}|^2 - |S_{22}|^2 - |D|^2, \tag{A28a}$$

$$B_2 = 1 + |S_{22}|^2 - |S_{11}|^2 - |D|^2 \tag{A28b}$$

lassen sich die Reflexionskoeffizienten bei gleichzeitiger Anpassung von Ein- und Ausgang angeben, bei denen der MAG erreicht wird:

$$\Gamma_{mS} = (S_{11}^* - D^*S_{22}) \frac{B_1 \pm \sqrt{B_1^2 - 4|S_{11} - DS_{22}^*|^2}}{2|S_{11} - DS_{22}^*|^2}, \tag{A29a}$$

$$\Gamma_{mL} = (S_{22}^* - D^*S_{11}) \frac{B_2 \pm \sqrt{B_2^2 - 4|S_{22} - DS_{11}^*|^2}}{2|S_{22} - DS_{11}^*|^2}. \tag{A29b}$$

Literaturverzeichnis

Bücher

1.1 Müller, R.: Grundlagen der Halbleiter-Elektronik, 4. Aufl. Berlin, Heidelberg, New York, Tokyo: Springer 1984.

1.2 Müller, R.: Bauelemente der Halbleiter-Elektronik, 2. Aufl. Berlin, Heidelberg, New York: Springer 1979.

1.3 Beneking, H.: Feldeffekttransistoren. Berlin, Heidelberg, New York: Springer 1973.

1.4 Heywang, W.; Pötzl, W.: Bänderstruktur und Stromtransport. Berlin, Heidelberg, New York: Springer 1976.

1.5 Tietze, U.; Schenk, Ch.: Halbleiterschaltungstechnik, 6. Aufl. Berlin, Heidelberg, New York, Tokyo: Springer 1984.

1.6 Sze, S. M.: Physics of semiconductor devices. New York: Wiley 1969, 2nd ed. 1981.

1.7 Grove, A. S.: Physics and technology of semiconductor devices. New York: Wiley 1967.

1.8 Spenke, E.: pn-Übergänge. Berlin, Heidelberg, New York: Springer 1979.

1.9 Henisch, H. K.: Rectifying semiconductor contacts. Oxford: Clarendon Press 1957.

1.10 van der Ziel, A.: Noise: sources, characterization, measurement. Englewood Cliffs: Prentice Hall 1970.

1.11 Müller, R.: Rauschen. Berlin, Heidelberg, New York: Springer 1979.

1.12 Ruge, I.: Halbleiter-Technologie, 2. Aufl. Berlin, Heidelberg, New York, Tokyo: Springer 1984.

Literatur zu 1

1.13 Mead, C. A.: Schottky barrier gate field-effect transistor. Proc. IEEE (Lett.) 54 (1966) 307-308.

1.14 Turner, J. A.: GaAs field-effect transistors. Inst. Phys. Conf. Ser. 3 (1966) 213-218.

1.15 Winteler, H. R.; Steinemann, A.: GaAs field effect transistors. Inst. Phys. Conf. Ser. No. 3 (1966) 228-232.

1.16 Turner, J. A.; Waller, A. J.; Bennett, R.; Parker, D.: An electron beam fabricated GaAs microwave field-effect transistor. Inst. Phys. Conf. Ser. 9 (1970) 234-239.

1.17 Baechtold, W.; Daetwyler, K.; Forster, T.; Mohr, T. O.; Walter, W.; Wolf, P.: Si and GaAs 0,5 µm - gate Schottky-barrier field-effect transistors. Electron. Lett. 9 (1973) 232-234.

1.18 Maeda, U.; Kimura, K.; Kodera, H.: Design and performance of X-band oscillators with GaAs Schottky-gate field-effect transistors. IEEE Trans. MTT-23 (1975) 661-667.

1.19 Pucel, R. A.; Bera, R.; Masse, D.: Experiments on integrated GaAs FET oscillators at X band. Electron. Lett. 11 (1975) 219-220.

1.20 Joshi, J. S.; Turner, J. A.: High peripheral power density GaAs FET oscillator. Electronics Lett. 15 (1979) 163-164.

1.21 Papp, J. C.; Koyano, Y. Y.: An 8-18 GHz YIG-tuned FET oscillator. IEEE Trans. MTT-28 (1980) 762-767.

1.22 Sitch, J. E.; Robson, P. N.: The performance of GaAs field-effect transistors as mixers. Proc. IEEE 61 (1973) 399-400.

1.23 Pucel, R. A.; Masse, D.; Bera, R.: Integrated FET mixer performance at X-band. Electron. Lett. 11 (1975) 199-200.

1.24 Loriou, B.; Leost, J. C.: GaAs FET mixer operation with high intermediate frequencies. Electr. Lett. 12 (1976) 373-375.

1.25 Tsironis, C.; Stahlmann, R.; Ponse, F.: A self oscillating dual gate X-band mixer with 12 dB conversion gain. Proc. 9th Europ. Microwave Conf. Brighton, Sept. 1979, 321-325.

1.26 Ablaßmeier, U.; Kellner, W.; Kniepkamp, H.: GaAs FET upconverter for TV tuner. IEEE Trans. ED-27 (1980) 1156-1159.

Literatur zu 2.1 und 2.2

2.1 Liechti, C. A.: Microwave field-effect transistors 1976. IEEE Trans. MTT-24 (1976) 279-300.

2.2 Oakes, J. G.; Wickstrom, R. A.; Tremere, D. A.; Heng, T. M. S.: A power silicon MOS transistor. IEEE Trans. MTT-24 (1976) 305-311.

2.3 Sigg, H. J.; Vendelin, G. D.; Cauge, T. P.; Kocsis, I.: D-MOS transistor for microwave application. IEEE Trans. ED-19 (1972) 45-53.

2.4 Ronen, R.; Strauss, L.: The silicon-on-sapphive MOS tetrode, some small signal features LF to UHF. IEEE Trans. ED-21 (1974) 100-109.

2.5 Teszner, S.: Gridistor development for the microwave power region. IEEE Trans. ED-19 (1972) 355-364.

2.6 Nishizawa, J.-I.; Terasaki, T.; Shibata, J.: Field-effect transistor versus analog transistor (static induction transistor). IEEE Trans. ED-22 (1975) 186-197.

2.7 Aiga, M.; Higaki, Y.; Kato, M.; Kajiwara, Y.; Yukimoto, Y.; Shirahata, K.: 1 GHz 100 W internally matched static induction transistor. Proc. 9th Europ. Microwave Conf. Brighton, Sept. 1979, 561-565.

2.8 Shockley, W.: Transistor electronics: Imperfections, unipolar and analog transistors. Proc. IRE 40 (1952) 1289-1313.

2.9 Bozler, C. O.; Alley, G. D.: Fabrication and numerical simulation of the permeable base transistor. IEEE Trans. ED-27 (1980) 1128-1141.

2.10 Vergnolle, C.; Funck, R.; Laviron, M.: An adequate structure for power microwave FETs. Int. Solid State Circuits Conf. Dig. Tech. Pap. 1975, pp. 66/67.

2.11 Umebachi, S.; Asahi, K.; Inone, M.; Kano, G.: A new heterojunction gate GaAs FET. IEEE Trans. ED-22 (1975) 613-614.

2.12 Baechtold, W.; Daetwyler, K.; Forster, T.; Mohr, T. O.; Walter, W.; Wolf, P.: Si and GaAs 0,5 µm-gate Schottky-barrier field-effect transistors. Electron. Lett. 9 (1973) 232-234.

2.13 Darley, H. M.; Houston, T. W.; Taylor, G. W.: Fabrication and performance of submicron silicon MESFET. Int. Electron. Dev. Meet. Tech. Dig. (1978) 62-65.

2.14 Barrera, J.; Archer, R.: InP Schottky-gate field-effect transistors. IEEE Trans. ED-22 (1975) 1023-1030.

2.15 Decker, D.; Fairman, R.; Nishimoto, C.: Microwave InGaAs Schottky-barrier gate field-effect transistors. Proc. 5th Biennial Cornell Electr. Eng. Conf. Cornell Univ. Ithaca/N.Y., Aug. 1975, pp. 305-314.

2.16 Ishibashi, T.: InP MESFET with $In_{0.53}Ga_{0.47}As$/InP heterostructure contacts. Electron. Lett. 17 (1981) 215-216.

2.17 Gleason, K. R.; Dietrich, H. B.; Henry, R. L.; Cohen, E. D.; Barle, M. L.: Ion-implanted n-channel InP metal semiconductor field-effect transistor. Appl. Phys. Lett. 32 (1978) 578-581.

2.18 Morkoc, H.; Bandy, S. G.; Sankaran, R.; Antypas, G. N.; Bell, R. L.: A study of high-speed normally off and normally on $Al_{0.5}Ga_{0.5}As$ heterojunction gate GaAs FETs (HJFET). IEEE Trans. ED-25 (1978) 619-627.

2.19 Mimura, T.; Hiyamizu, S.; Joshin, K.; Hikosaka, K.: Enhancement mode high electron mobility transistors for logic applications. Jpn. J. Appl. Phys. 20 (1981) L317-319.

Literatur zu 2.3

2.20 Cowley, A. M.; Sze, S. M.: Surface states and barrier height of metal semiconductor systems. J. Appl. Phys. 36 (1952) 3212-3220.

2.21 Sze, S. M.; Crowell, C. R.; Kahng, D.: Photoelectric determination of the image force dielectric constant for hot electrons in Schottky barriers. J. Appl. Phys. 35 (1964) 2534-2536.

2.22 Mead, C. A.; Spitzer, W. G.: Fermi level position at metal-semiconductor interfaces. Phys. Rev. 134, 3 A (1964) A713-716.

2.23 Goodman, A. M.: Evaporated metallic contacts to conducting cadmium sulfide single crystals. J. Appl. Phys. 35 (1964) 573-580.

2.24 Shockley, W.: On the surface states associated with a periodic potential. Phys. Rev. 56 (1939) 317-323.

2.25 Mead, C. A.; Metal semiconductor surface barriers. Solid State Electron. 9 (1966) 1023-1032.

2.26 Bethe, H. A.: Theory of the boundary layer of crystal rectifiers. MIT Radiat. Lab. (1942), Rep. 43-12.

2.27 Andrews, J. M.; Lepselter, M. P.: Reverse current-voltage characteristics of metal-silicide Schottky diodes. IEEE Solid State Device Conf. Washington, D.C., Oct. 1968.

2.28 Padovani, F. A.; Stratton, R.: Field and thermionic-field emission in Schottky barriers. Solid State Electron. 9 (1966) 695-707.

2.29 Yu, A. Y. C.: The metal-semiconductor contact: an old device with a new future. IEEE Spectrum (March 1970) 83-89.

Literatur zu 2.5

2.30 Garret, C. G. B.; Brattain, W. H.: Physical theory of semiconductor surfaces. Phys. Rev. 99 (1955) 376-387.

2.31 Grove, A. S.; Snow, E. H.; Sah, C. T.: Investigation of thermally oxidised silicon surfaces using metal-oxide-semiconductor structures. Solid State Electron. 8 (1965) 145-163.

2.32 Grove, A. S.; Snow, E. H.; Sah, C. T.: Simple physical model for the space-charge capacitance of metal-oxide-semiconductor structures. J. Appl. Phys. 35 (1964) 2458-2460.

2.33 Deal, B. E.; Sklar, M.; Grove, A. S.; Snow, E. H.: Characteristics of the surface-state charge (Q_{SS}) of thermally oxidised silicon. J. Electrochem. Soc. 114 (1967) 266-274.

Literatur zu 3

3.1 Shockley, W.: A unipolar "field effect" transistor. Proc. IRE 40 (1952) 1365-1376.

3.2 Trofimenkoff, F. N.: Field dependent mobility analysis of the field-effect transistor. Proc. IEEE 53 (1965) 1765-1766.

3.3 Turner, J. A.; Wilson, B. L. H.: Implications of carrier velocity saturation in a GaAs FET. Inst. Phys. Conf. Ser. No. 7 (1968) 195-212.

3.4 Hower, P. L.; Bechtel, N. G.: Current saturation and small-signal characteristics of GaAs FETs. IEEE Trans. ED-20 (1973) 213-220.

3.5 Grebene, A. B.; Ghandhi, S. K.: General theory for pinched operation of the junction-gate FET. Solid State Electron. 12 (1969) 573-589.

3.6 Gröbner, W.; Lesky, P.: Mathematische Methoden der Physik, Bd. II. Mannheim: Bibliograph. Inst. 1965.

3.7 Pucel, R. A.; Haus, H. A.; Statz, H.: Signal and noise properties of GaAs microwave FETs. Adv. Electron. Electron. Phys. 38 (1975) 195-265.

3.8 Williams, R. E.; Shaw, D. W.: Graded channel FETs: Improved linearity and noise figure. IEEE Trans. ED-25 (1978) 600-605.

3.9 van de Wiele, F.: A long channel MOSFET model. Solid State Electron. 22 (1979) 991-997.

3.10 Sun, S. C.; Plummer, J. D.: Electron mobility in inversion and accumulation layers on thermally oxidized silicon surfaces. IEEE Trans. ED-27 (1980) 1497-1508.

3.11 Klaassen, F. M.: Review of physical models for MOS Transistors. In: Process and device modeling of integrated circuit design. (ed.: van de Wiele, F.; Engl, W. L.; Jespers, P. G.). Leyden: Noordhoff 1977, pp 541-571.

3.12 Leburton, J. P.; Gesch, H.; Dorda, G.: Analytical approach of hot electron transport in small size MOSFETs. Solid State Electron. 24 (1981) 763-771.

3.13 Kennedy, D. P.; Murley, P. C.: Steady state mathematical theory for the insulated gate field effect transistor. IBM J. Res. Dev. (Jan. 1973).

3.14 Selberherr, S.; Schütz, A.; Pötzl, H. W.: MINIMOS - a two dimensional MOS transistor analyzer. IEEE Trans. ED-27 (1980) 1540-1550.

3.15 Kennedy, D. P.; O'Brien, R. R.: Computer aided two dimensional analysis of the junction field-effect transistor. IBM J. Res. Dev. (March 1970) 95-116.

3.16 Reiser, M.: Two-dimensional analysis of substrate effects in JFETs. Electron. Lett. 6 (1970) 493-494.

3.17 Reiser, M.: A two dimensional numerical FET model for DC, AC and large signal analysis. IEEE Trans. ED-20 (1973) 35-45.

3.18 Ruch, J. G.: Electron dynamics in short channel FETs. IEEE Trans. ED-19 (1972) 652-654.

3.19 a) Carnez, B.; Cappy, A.; Kaszynski, A.; Constant, E.; Salmer, G.: Modelling of a submicrometer gate field-effect transistor including effects of nonstationary electron dynamics. J. Appl. Phys. 51 (1980) 784-790.

b) Carnez, B.; Cappy, A.; Salmer, G.; Constant, E.: Modélisation de transistors à effet de champ à grille ultra-courte. Acta Electron. 23 (1980) 165-183.

3.20 Cook, R. K.; Frey, J.: Two-dimensional numerical simulation of energy transport effects in Si and GaAs MESFETs. IEEE Trans. ED-29 (1982) 970-977.

3.21 Engelmann, R. W. H.; Liechti, C. A.: Gunn domain formation in the saturated current region of GaAs MESFETs. Int. Electron. Dev. Meet. Tech. Dig. (1976) 351-354.

3.22 Shur, M. S.; Eastman, L. F.: Current-voltage characteristics, small-signal parameters and switching times of GaAs FETs. IEEE Trans. ED-25 (1978) 606-611.

Literatur zu 4.1

4.1 Paul, R.: Feldeffekttransistoren. Berliner Union, Stuttgart: 1972, Kap. 10 u. 11.

4.2 Van der Ziel, A.; Ero, J. W.: Small signal, high frequency theory of field-effect transistors. IEEE Trans. ED-11 (1964) 128-135.

4.3 Das, M. B.: Generalized high-frequency network theory of field-effect transistors. Proc. IEEE 114 (1967) 50-59.

4.4 Das, M. B.; Schmidt, P.: High frequency limitations of abrupt-junction FETs. IEEE Trans. ED-20 (1973) 779-792.

4.5 Pucel, R. A.; Haus, H. A.; Statz, H.: Signal and noise properties of GaAs microwave FETs. Adv. Electron. Electron. Phys. 38 (1975) 195-265.

4.6 Wolf, P.: Microwave properties of Schottky-barrier FETs. IBM J. Res. Dev. 14 (1970) 125-141.

4.7 Wasserstrom, E.; McKenna, J.: The potential due to a charged metallic strip on a semiconductor surface. Bell. Syst. Techn. J. 49 (1970) 853-877.

4.8 Sone, J.; Takayama, Y.: A small-signal analytical theory for GaAs-FETs at large drain voltages. IEEE Trans. ED-25 (1978) 329-337.

4.9 Engelmann, R. W. H.; Liechti, C. A.: Bias dependence of GaAs and InP MESFET parameters. IEEE Trans. ED-24 (1977) 1288-1296.

4.10 Farrar, A.; Adams, A. T.: Matrix methods from microstrip three-dimensional problems. IEEE Trans. MTT-20 (1972) 497-504.

4.11 Alexopoulos, N. G.; Maupin. J. A.; Greiling, P. T.: Determination of electrode capacitance matrix for GaAs FETs. IEEE Trans. MTT-28 (1980) 459-466.

4.12 Wolfe, P. N.: Capacitance calculations for several simple two-dimensional geometries. Proc. IRE 50 (1962) 2131-2132.

4.13 Higashisaka, A.; Hasegawa, F.: Estimation of fringing capacitance of electrodes on s.i.GaAs substrate. Electron. Lett. 16 (1980) 411-412.

4.14 Weng, Y.-C.; Bahrami, M.: Distributed effect in GaAs-MESFET. Solid State Electron. 22 (1979) 1005-1009.

4.15 Kuvas, R. L.: Equivalent circuit model of FET including distributed gate effects. IEEE Trans. ED-27 (1980) 1193-1195.

4.16 Berger, H. H.: Models for contacts to planar devices. Solid State Electron. 15 (1972) 145-158.

4.17 Kellner, W.; Enders, N.; Ristow, D.; Kniepkamp, H.: Design considerations for planar Schottky barrier diodes. Solid State Electron. 23 (1980) 9-15.

Literatur zu 4.2

4.18 Statz, H.; Haus, H. A.; Pucel, R. A.: Noise characteristics of gallium arsenide field-effect transistors. IEEE Trans. ED-21 (1974) 549-562.

4.19 Van der Ziel, A.: Thermal noise in field-effect transistors. Proc. IRE 50 (1962) 1808-1812.

4.20 Baechtold, W.: Noise behaviour of GaAs field-effect transistors with short gate lengths. IEEE Trans. ED-19 (1972) 674-680.

4.21 Van der Ziel, A.: Gate noise in field-effect transistors at moderately high frequencies. Proc. IEEE 51 (1963) 461-467.

4.22 Rothe, H.; Dahlke, W.: Theory of noisy fourpoles. Proc. IRE 44 (1956) 811-818.

4.23 Brehm, G. E.; Vendelin, G. D.: Biasing FETs for optimum performance. Microwaves 13 (Feb. 1974) 38-44.

4.24 Fukui, H.: Optimal noise figure in microwave GaAs MESFETs. IEEE Trans. ED-26 (1979) 1032-1037.

Literatur zu 4.3

4.25 Snapp, C. P.: Microwave bipolar transistor technology - present and prospects. Proc. 9th Europ. Microwave Conf., Brighton, Sept. 1979, 3-12.

4.26 Liechti, C. A.: GaAs FET technology: a look into the future. Microwaves. (Oct. 1978) 44-49.

4.27 Siemens AG: Datenblätter für GaAs-FET.

4.28 Feng, M.: Eu, V. K.; Siracusa, M.; Watkins, E.; Kimura, H.; Winston, H.: Silicon implanted super low-noise GaAs MESFET. Electron. Lett. 18 (1982) 21-22.

4.29 Baudet, P.: Comportement en bruit et réalisation pratique des transistors a effet de champ petits signaux en arseniure de gallium pour applications hyperfréquences. Acta Electron. 23 (1980) 111-118.

4.30 Baudet, P.; Binet, M.; Boccon-Gibod, D.: Low-noise microwave GaAs field-effect transistor. Philips Tech. Rec. 39 (1980) 269-276.

4.31 Arnold, J.; Butlin, R. S.: Extended frequency range GaAs MESFETs using 0,3 µm gate lengths. Europ. Microwave Conf., Tech. Dig. Amsterdam, 1981, 264-269.

4.32 Oxley, C. H.; Peake, A. H.; Bennet, R. H.: Q-band (26 to 40 GHz) GaAs FET single-stage amplifier. Electron. Lett. 18 (1982) 260-262.

4.33 Kamei, W.; Hori, S.; Kawasaki, H.; Chigira, T.; Kawabuchi, K.: Quarter micron gate low noise GaAs FETs operable up to 30 GHz. Int. Electron. Dev. Meet. Tech. Dig. (1980) 102-105.

4.34 Fa. Mitsubishi: Invisible GaAs FETs reach low noise floor. Microwaves and RF (Dec. 1982) 82.

4.35 Chye, P. W.; Huang, C.: Quarter micron low noise GaAs FETs. IEEE Electron. Device Lett. EDL-3 (1982) 401-403.

4.36 Pettenpaul, E.; Ponse, F.; Berger, O.; Kapusta, H.: Device physics model and equivalent-circuit model for GaAs MESFETs. Siemens Forsch.- u. Entw. Ber. 16 (1987) 209-217.

4.37 Nevin, L.; Wong, R.: L-band GaAs FET amplifier. Europ. Microwave Conf., Paris, 1978, 140-145.

4.38 Chao, P. C.; Smith, P. M.; Palmateer, S. C.; Hwang, J. C. M.: Electron-beam fabrication of GaAs low-noise MESFETs using a new trilayer resist technique. IEEE Trans. ED-32 (1985) 1042-1046.

4.39 Goronkin, H.; Nair, V.: Comparison of GaAs MESFET noise figures. IEEE Electron Device Letters EDL-6 (Jan. 1985) 47-49.

4.40 Feng, M.; Eu, V. K.; Yee, C. M. L.; Zielinski, T.: A low noise GaAs MESFET made with graded channel doping profiles. IEEE Electron Device Letters EDL-5 (March 1984) 85-87.

4.41 Low Noise GaAs FET's (Übersichtstabelle), Microwaves and RF (June 1987) 174-184.

4.42 Aebi, V.; Bandy, S.; Nishimoto, C.; Zdasiuk, G.: Low-noise microwave field effect transistors using organometallic GaAs. Appl. Phys. Lett. 44 (1984) 1056-1058.

4.43 Jay, P. R.; Derewonko, H.; Adam, D.; Briere, P.; Delagebeaudeuf, D.; Delescluse, P.; Rochette, J.-F.: Design of TEGFET devices for optimum low-noise high-frequency operation. IEEE Trans. ED-33 (1986) 590-594.

4.44 Hida, H.; Ohata, K.; Suzuki, Y.; Toyoshima, H.: A new low-noise AlGaAs/GaAs 2DEGFET with a surface undoped layer. IEEE Trans. ED-33 (1986) 601-607.

4.45 Chao, P. C.; Smith, P. M.; Mishra, U. K.; Palmateer, S. C.; Duh, K. H. G.; Hwang, J. C. M.: Quater-micron low-noise high electron mobility transistors. Proc. Cornell Electrical Engineering Conf., Ithaca, N. Y. (1985) 163-171.

4.46 Henderson, T.; Aksum, M. I.; Peng, C. K.; Morkoc, H.: Power and noise performance of the pseudomorphic modulation doped field effect transistor at 60 GHz. Int. Electron Device Metting (1986) 464-466.

Literatur zu 4.4

4.47 Napoli, L. S.; Hughes, J. J.; Reichert, W. F.; Jolly, S.: GaAs-FET for high power amplifiers at microwave frequencies. RCA Rev. 34 (1973) 608-615.

4.48 Drukier, I.: The design of a 15 GHz high power GaAs-FET. Microwave J. (March 1980) 59-64.

4.49 Johnson, E. O.: Physical limitations on frequency and power parameters of transistors. RCA Rev. (June 1965) 163-177.

4.50 Aono, Y.; Higashisaka, A.; Ogawa, T.; Hasegawa, F.: X- and K_u-band performance of submicron gate GaAs power FETs. Jpn. J. Appl. Phys. 17 (1978), Suppl. 17-1, 147-152.

4.51 Wolf, P.: Microwave properties of Schottky barrier field effect transistors. IBM J. Res. Dev. 14 (1970) 125-141.

4.52 Macksey, H. M.; Adams, R. L.; McQuiddy jr., D. N.; Shaw, D. W.; Wisseman, W. R.: Dependence of GaAs power MESFET microwave performance on device and material parameters. IEEE Trans. ED-24 (1977) 113-122.

4.53 D'Asaro, L. A.; Di Lorenzo, J. V.; Fukui, H.: Improved performance of GaAs microwave field-effect transistors with via-connections through the substrate. Int. Electron. Dev. Meet. Techn. Dig. (1977) 370-371.

4.54 Drukier, I.: Medium-power GaAs field-effect transistors. Electron. Lett. 11 (1975) 104-105.

4.55 Wang, I.; Bahrami, M.: An investigation of thermal resistance in single- and multiple-cell GaAs MESFETs. Int. J. Electron. 47 (1979) 147-153.

4.56 Huang, H. C.; Sechi, F. N.; Napoli, L. S.: Thermal resistance of GaAs power FETs. Proc. 6th Biennial Cornell Electron. Eng. Conf. 1977, 297-303.

4.57 Levine, R.: Determination of thermal conductance of dielectric-field strip transmission line from characteristic impedance. IEEE Trans. MTT-15 (1967) 645-646.

4.58 Cohn, S.: Characteristic impedance of the shielded strip transmission line. IRE Trans. MTT 2 (1954) 52-55.

4.59 Oliner, A.; Rotman, W.: Periodic structures in trough waveguides. IRE Trans. MTT-7 (1959) 134-142.

4.60 Wemple, S. H.; Huang, H.: Thermal design of power GaAs FETs. In: GaAs FET principles and technology (ed. Di Lorenzo, J. V.; Khandewal, D. D.). Dedham/Mass.: Artech House, 1982, Chap. 5.

4.61 Fukuta, M.; Mimura, T.; Suzuki, H.; Suyama, K.: 4-GHz 15-W power GaAs MESFET. IEEE Trans. ED-25 (1978) 559-563.

4.62 Yamamoto, R.; Higashisaka, A.; Hasegawa, F.: Light emission and burnout characteristics of GaAs power MESFETs. IEEE Trans. ED-25 (1978) 567-573.

4.63 Honjo, K.; Takayama, Y.; Higashisaka, A.: Broad band internal matching of microwave power GaAs MESFETs. IEEE Trans. MTT-27 (1979) 3-8.

4.64 Matthaei, G. L.: Tables of Chebyshev impedance-transforming networks of low-pass filter form. Proc. IEEE, Aug. 1964, 939-963.

4.65 Hornbuckle, D. P.; Kuhlman, L. J.: Broad band medium-power amplification in the 2 to 12,4-GHz range with

GaAs MESFETs. IEEE Trans. Microwave Theory Tech. MTT 24 (1976) 338-342.

4.66 Moncrief, F. J.: Japan: attention turns to high power GaAs FETs as low-noise devices reach maturity. Microwaves (Febr. 1980).

4.67 Hewitt, B. S.: GaAs Power Fet's - A Review. 11. Workshop on Compound Semiconductor Devices and Integrated Circuits; Grainau, 4.-6. May 1987.

4.68 Higashisaka, A.; Takayama, Y.; Hasegawa, F.: A high power GaAs MESFET with an experimentally optimized pattern. IEEE Trans. Ed-27 (1980) 1025-1034.

Literatur zu 5

5.1 Runyan, W. R.: Silicon semiconductor technology. New York, San Francisco, Toronto, London, Sidney: McGraw-Hill 1965.

5.2 Mullin, J. B.; Heritage, R. J.; Holliday, C. H.; Straughan, B. W.: Liquid encapsulation crystal pulling at high pressures. J. Cryst. Growth 34 (1968) 281-285.

5.3 Gremmelmaier, R.: Herstellung von InAs- und GaAs-Einkristallen. Z. Naturforsch. 11a (1956) 511-513.

5.4 Pfann, W. G.: Principles of zone melting. J. Met. 4 (1952) 747-753.

5.5 Au Coin, T. R.; Ross, R. L.; Wade, M. J.; Savage, R. O.: Liquid encapsulated compounding and Czochralski growth of semi-insulating GaAs. Solid State Technol. (Jan. 1979) 59-67.

5.6 Cronin, G. R.; Haisty, R. W.: The preparation of semi-insulating GaAs by Chromium doping. J. Electrochem. Soc. 111 (1964) 874-877.

5.7 Fairman, R. D.; Chen, R. T.; Oliver, J. R.; Ch'en, D. R.: Growth of high-purity semi-insulating bulk GaAs for integrated-circuit applications. IEEE Trans. ED-28 (1981) 135-140.

5.8 Knight, T. R.; Effer, D.; Evans, P. R.: The preparation of high purity GaAs by vapour phase epitaxial growth. Solid State Electron. 8 (1965) 178-180.

5.9 Kniepkamp, H. et al.: Monolithisch integrierte Schaltungen auf GaAs. Bundesministerium für Forschung und Technologie, Forschungsber. T 79-172, Dez. 1979.

5.10 Di Lorenzo, J. V.: Vapor growth of epitaxial GaAs: a summary of parameters which influence the purity and morphology of epitaxial layers. J. Cryst. Growth 17 (1972) 189-206.

5.11 Küpper, P.; Bruch, H.; Heyen, M.; Balk, P.: On the role of silicon during growth of VPE GaAs-layers. J. Electron. Mater. 5 (1976) 455-472.

5.12 Ruge, I.; Müller, H.; Ryssel, H.: Die Ionenimplantation als Dotiertechnologie. Festkörperprobleme, Bd. XII. (Hrsg.: O. Madelung). Advances in Solid State Physics. Braunschweig: Vieweg. Oxford: Pergamon 1972.

5.13 Gibbons, J. F.: Ion-Implantation in semiconductors, Part I: Range distribution theory and experiments. Proc. IEEE 56 (1968) 205-319; Damage production and annealing. Proc. IEEE 60 (1972) 1062-1096.

5.14 Donnelly, J. P.: Ion implantation in GaAs. GaAs and related compounds. St. Louis 1976. Inst. Phys. Conf. Ser. 33b (1977) 166-190.

5.15 Malbon, R. M.; Lee, D. H.; Whelan, J. M.: Annealing of ion-implanted GaAs in a controlled atmosphere. J. Electrochem. Soc. 123 (1976) 1413-1415.

5.16 Magee, T. J.; Lee, K. S.; Ormond, R.: Annealing of damage and redistribution of Cr in boron-implanted Si_3N_4-capped GaAs. Appl. Phys. Lett. 37 (1980) 447-449.

5.17 Feng, M.; Kwok, S. P.; Eu, V.; Henderson, B. W.: Study of electrical and chemical properties of Si implanted in semi-insulating GaAs substrates annealed under SiO_2 and capless. J. Appl. Phys. 52 (1981) 2990-2993.

5.18 Debney, B. T.; Jay, P. R.: The influence of Cr on the mobility of electrons in GaAs FETs. Solid State Electron. 23 (1980) 773-781.

5.19 Lindhard, J.; Scharff, M.; Schiøtt, H.: Kgl. Danske. Vid. Selskab., Mat.-Fys. Medd. 33 (1963).

5.20 Gibbons, J. F.; Johnson, W. F.; Mylroie, S. W.: Projected range statistics. Stroudsburg/Pa: Dowden, Hutchinson and Ross, 1975.

5.21 Eisen, F.; Kirckpatrick, C.; Asbeck, P.: Implantation into GaAs. In: GaAs FET principles and technology (Ed. Di Lorenzo, J. V.; Khandelwal, D. D.) Dedham/Mass.: Artech House, 1982, pp. 117-144.

5.22 Hatzakis, M.; Canavello, B. J.; Shaw, J. M.: Single-step optical lift-off process. IBM J. Res. Dev. 24 (1980) 452-460.

5.23 Ch'en, D. R.; Cooke, H. F.; Wholey, J. N.; Policy, G. J.: Long term stabilization of microwave FETs. ISSCC Dig. Tech. Papers (1976) 160-161.

5.24 Sekido, K.; Arden, J. A.: Recent advances in FET device performance and reliability. MSN (April/Mai 1976) 71-81.

5.25 Itoh, H.; Ohata, K.; Hasegawa, F.: Influence of the surface and episubstrate interface on the drain current drift of GaAs MESFETs. IEEE Trans. ED-28 (1981) 878-882.

Literatur zu 6

6.1 Barrera, J.: The importance of substrate properties on GaAs FET performance. Proc. 5th Biennial Cornell Electr. Eng. Conf., Cornell Univ., Ithaca/N.Y., Aug. 1975, pp. 135-144.

6.2 Niehaus, W. C.; Cox, H. M.; Hewitt, B. S.; Wemple, S. H.; Di Lorenzo, J. V.; Schlosser, W. O.; Magalhaes, F. M.: GaAs power MESFETs. GaAs and related compounds St. Louis 1976. Inst. Phys. Conf. Ser. 332 (1977) 289-296.

6.3 Asai, S.; Ishioka, S.; Kurono, H.; Takahashi, S.; Kodera, H.: Effects of deep centers on microwave frequency characteristics of GaAs Schottky barrier gate FET. Proc. 4th Conf. Solid State Devices, Tokyo, 1972, Suppl. J. Jpn. Soc. Appl. Phys. 42 (1973) 71-77.

6.4 Zylberstein, A.; Bert, G.; Nuzillat, G.: Hole traps and their effects in GaAs MESFETs. GaAs and related compounds, 1978, Inst. Phys. Conf. Ser. 45 (1979) 314-325.

6.5 a) Yokoyama, N.; Shibatomi, A.; Ohkawa, S.; Fukuta, M.; Ishikawa, H.: Electrical properties of the interface between n-GaAs epitaxial layer and a Cr-doped substrate. GaAs and related compounds St. Louis, 1976. Inst. Phys. Conf. Ser. 33b (1977) 201-209.

b) Immorlica, A. A.; Chen, D. R.; Decker, D. R.; Fairmann, R. D.: The effect of materials properties on the RF performance of GaAs FETs. GaAs and related compounds. Inst. Phys. Conf. Ser. 56 (1981) 423-433.

6.6 Higgins, J. A.; Eisen, F.; Welch, B.; Robinson, G.; Hill, W.: GaAs FETs fabricated by selenium ion implantation. GaAs and related compounds St. Louis 1976. Inst. Phys. Conf. Ser. 33b (1977) 236-244.

6.7 Itoh, T.; Yanai, H.: Stability of performance and interface problems in GaAs MESFETs. IEEE Trans. ED-27 (1980) 1037-1045.

6.8 Sekido, K.; Arden, J. A.: Recent advances in FET device performance and reliability. Microwave Syst. News (April/May 1976) 71-81.

6.9 Itoh, H.; Ohata, K.; Hasegawa, F.: Influence of the surface and the episubstrate interface on the drain current drift of GaAs MESFETs. IEEE Trans. ED-28 (1981) 878-882.

6.10 Wemple, S. H.; Niehaus, W. C.; Cox, H. M.; Di Lorenzo, J. V.; Schlosser, W. O.: Control of gate-drain avalanche in GaAs MESFETs. IEEE Trans. ED-27 (1980) 1013-1024.

6.11 Mettler, K.: Photoluminescence as a tool for the study of electronic surface properties of GaAs. Appl. Phys. 12 (1977) 75-82.

6.12 Ozeki, M.; Kodama, K.; Shibatomi, A.; Surface analysis in GaAs MESFETs by g_m frequency dispersion measurement.

GaAs and related compounds. Inst. Phys. Conf. Ser. 63 (1982) 323-328.

6.13 Furutsuka, T.; Tsuji, T.; Hasegawa, F.: Improvement of the drain breakdown voltage of GaAs power MESFETs by a simple recess structure. IEEE Trans. ED-25 (1978) 563-567.

6.14 Yamamoto, R.; Higashisaka, A.; Hasegawa, F.: Light emission and burnout characteristics of GaAs power MESFETs. IEEE Trans. ED-25 (1978) 567-573.

6.15 Morizane, K.; Dosen, M.; Mori, Y.: A mechanism of source-drain burnout in GaAs-MESFETs. GaAs and related compounds 1978. Inst. Phys. Conf. Ser. 45 (1979) 287-297.

6.16 Wemple, S. H.; Niehaus, W. C.; Fukui, H.; Irvin, J. C.; Cox, H. M.; Hwang, J. C. M.; Di Lorenzo, J. V.; Schlosser, W. O.: Long-term and instanteneous burnout in GaAs power-FETs: Mechanisms and solutions. IEEE Trans. ED-28 (1981) 834-840.

6.17 Abbott, D. A.; Turner, J. A.: Some aspects of GaAs MESFET reliability. IEEE Trans. MTT-24 (1976) 317-321.

6.18 Irie, T.; Nagasako, I.; Kohzu, H.; Sekido, K.: Reliability study of GaAs MESFETs. IEEE Trans. MTT-24 (1976) 321-328.

6.19 Huang, C. L.; Kwan, F.; Wang, S.-Y.; Galle, P.: Barrera, J.: Reliability aspects of small signal GaAs-FETs. Microwave J. (June 1979) 39-43.

6.20 Irvin, J. C.: The reliability of GaAs FETs. In: GaAs FET Principles and Technology (ed.: Di Lorenzo, J. V.; Khandelwal, D. D.) Washington: Artech House 1982, Chap. 6

6.21 a) Kim, H. B.; Sweeney, G. G.; Heng, T. M. S.: Analysis of metal-GaAs Schottky barrier diodes by secondary ion mass spectrometry. GaAs and related compounds. Inst. Phys. Conf. Ser. 24 (1975) 307-319.

b) Sleger, K.; Christou, A.: Studies of aluminium Schottky-barrier gate annealing on GaAs FET structures. Solid State Electron. 21 (1978) 677-684.

c) Christou, A.; Sleger, K.: A comparison of Ta and Al Schottky-barrier gates for GaAs FETs using microspot Auger electron spectroscopy. GaAs and related compounds. Inst. Phys. Conf. Ser. 33b (1977) 191-200.

6.22 Lundgren, R. I.; Ladd, G. O.: Reliability study of microwave GaAs FETs. 16th Reliab. Phys. Symp. (1978) 255-260.

6.23 Drukier, I.; Silcox, J. F.: On the reliability of power GaAs FETs. 17th Reliab. Phys. Symp. (1979) 150-155.

6.24 Christou, A.; Anderson, W. T.; Bark, M. L.; Davey, J. E.: Reliability of amorphous metallizations for GaAs FETs. 20th Reliab. Phys. Symp. (1982) 81-87.

6.25 Mizuishi, K.; Kurono, H.; Sato, H.; Kodera, H.: Degradation mechanism of GaAs MESFETs. IEEE Trans. ED-27 (1979) 1008-1014.

6.26 Irvin, J. C.; Schlosser, W. O.: Failure mechanisms and reliability of low-noise GaAs FETs. Europ. Microwave Conf. (1978) 401-404.

6.27 Heime, K.; König, U.; Kohn, E.; Wortmann, A.: Very low resistance Ni-AuGe-Ni contacts to GaAs. Solid State Electron. 17 (1974) 835-837.

6.28 Kuan, T. S.: Private Mitteilung 1982.

6.29 Lee, C. P.; Welch, B. M.; Fleming, W. P.: Reliability of AuGe/Pt and AuGe/Ni ohmic contacts on GaAs. Electron. Lett. 17 (1981) 407-408.

6.30 Schaefer, E.: Zuverlässigkeit, Verfügbarkeit und Sicherheit in der Elektronik. Würzburg: Vogel 1979.

6.31 Omori, M.; Wholey, J. N.; Gibbons, J. F.: Accelerated life test of GaAs FET and a new failure mode. 18th Reliab. Phys. Symp. (1980) 134-139.

6.32 Weidlich, H. et al.: Integrierte GaAs-FET-Schaltungen für professionelle Breitband-Anwendungen bis ca. 3 GHz. Bundesministerium für Forschung und Technologie, Forschungsber. T83-023 April 1982.

6.33 Fukui, H.; Wemple, S. H.; Irvin, J. C.; Niehaus, W. C.; Hwang, J. C.; Cox, H. M.; Schlosser, W. O.; Di Lorenzo, J. V.: Reliability of power GaAs field-effect transistors. IEEE Trans. ED-29 (1982) 395-401.

6.34 Jordan, A. S.; Irvin, J. C.; Schlosser, W. O.: A large scale reliability study of burnout failure in GaAs power FETs. 18th Reliab. Phys. Symp. (1980) 123-133.

6.35 Irvin. J. C.; Loya, A.: Failure mechanisms and reliability of low-noise GaAs FETs. Bell Syst. Tech. J. 57 (1978) 2823-2856.

6.36 Cohen. E. D.; Macpherson, A. C.: Reliability of gold metallized commercially available power GaAs FETs. 17th Reliab. Phys. Symp. (1979) 156-160.

6.37 Benedek, M.; Hewitt, B. S.: A comparative reliability study: Aluminium gate vs gold base gate GaAs MESFETs. Int. Electron. Device Meeting (1978) 385-387.

6.38 Christou, A.; Cohen, E.; Macpherson, A. C.: Failure modes in GaAs power FETs: Ohmic contact electromigration and formation of refractory oxides. 19th Reliab. Phys. Symp. (1981) 182-187.

Literatur zu 7

7.1 Cooke, H. F.: Microwave FETs - A status report. IEEE ISSCC Dig. Tech. Pap. (1978) 116-117.

7.2 Golio, J. M.; Trew, R. J.: Compound semiconductors for low-noise microwave MESFET applications. IEEE Trans. ED-27 (1980) 1256-1262.

7.3 Ruch, J. B.: Electron dynamics in short channel field-effect transistors. IEEE Trans. ED-19 (1972) 652-654.

7.4 Maloney, T. J.; Frey, J.: Frequency limits of GaAs and InP field effect transistors. IEEE Trans. ED-22 (1975) 357-358.

7.5 Cappy, B.; Carnez, B.; Fauquombergues, R.; Salmer, G.; Constant, E.: Comparative potential performance of Si, GaAs, GaInAs, InAs submicrometer-gate FETs. IEEE Trans. ED-27 (1980) 2158-2160.

7.6 Störmer, H. L.; Dingle, R.; Gossard, A. C.; Wiegmann, W.; Logan, R. A.: Electronic properties of modulation-doped GaAs-$Al_xGa_{1-x}As$ superlattices. Inst. Phys. Conf. Ser. 43 (1979) 557-560.

7.7 Delagebeaudeuf, D.; Linh, N. T.: Metal-(n)AlGaAs-GaAs two dimensional electron gas FET. IEEE Trans. ED-29 (1982) 955-960.

7.8 Hiyamizu, S.: 2nd International Symp. MBE and CST. Tokyo, Aug. 1982.

7.9 Linh, N. T.: Microwave performance of two-dimensional electron gas FETs. 8th Europ. Specialist Workshop on Active Microwave Semiconductor Devices, Maidenhead, May 1983.

7.10 Delagebeaudeuf, D.; Linh, N. T.: Charge control of the heterojunction two-dimensional electron gas for MESFET application. IEEE Trans. ED-28 (1981) 790-795.

7.11 Delagebeaudeuf, D.; Delescluse, P.; Laviron, M; Pham N. Tung.; Chaplart, J.; Chevrier, J.; Linh, N. T.: Low and high field transport properties in two-dimensional electron gas FET. Inst. Phys. Conf. Ser. 65 (1982) 393-398.

7.12 Swanson, A. W.: The pseudomorphic HEMT. Microwave and RF, March 1987, 139-146.

7.13 Matthews, J. W.; Blakeslee, A. E.: Defects in Epitaxial Multilayers, I. Misfit Dislocations, J. Crystal Growth 27 (1974) 118-125.

7.14 Henderson, T.; Aksum, M. I.; Peng, C. K.; Morkoc, H.; Chao, P. C.; Smith, P. M.; Duh, K.-H. G.; Lester, L. F.: Microwave Performance of a Quarter-Micrometer Gate Low-Noise Pseudomorphic InGaAs/AlGaAs Modulation-Doped Field Effect Transistor. IEEE Electron Device Lett EDL-7 (1986) 649-651.

Literatur zu 8

8.1 Courtney, W. E.: Complex permittivity of GaAs and CdTe at microwave frequencies. IEEE Trans. MTT-25 (1977) 697-701.

8.2 Pucel, R. A.: Design considerations for monolithic microwave circuits. IEEE Trans. MTT-29 (1981) 513-534.

8.3 Jahncke, J.: Höchstfrequenzeigenschaften eines GaAs-MESFETs in Streifenleitungstechnik. Nachrichtentech. Z. 26 (1973) 193-240.

8.4 Wortmann, A.; Heime, K.; Beneking, H.: A new concept for microstrip-integrated GaAs Schottky diodes. IEEE Trans. ED-22 (1975) 198-200.

8.5 Allen, R. P. G.; Antell, G. R.: Monolithic mixers for 60 to 80 GHz. Eurp. Microwave Conf. Proc. (1973) Pap. A.15.3.

8.6 Pengelly, R. S.; Turner, J. A.: Monolithic broad band GaAs FET amplifiers. Electron. Lett. 12 (1976) 251-252.

8.7 Ristow, D.; Enders, N.; Kniepkamp, H.: A monolithic GaAs Schottky barrier diode mixer for 15 GHz. 8th Europ. Microwave Conf. Proc. Paris (1978) 707-711.

8.8 Archer, J. A.; Weidlich, H. P.; Pettenpaul, E.; Petz, F. A.; Huber, J.: A GaAs monolithic low-noise broadband amplifier. IEEE J. Solid State Circ. SC-16 (1981) 648-652.

8.9 Nishiuma, M.; Katsu, S.; Nagata, S.; Ohmoto, N.; Ueda, D.; Kazumara, M.; Kano, G.: A UHF GaAs multi-stage wideband amplifier with dual feedback circuits. GaAs IC Symp. (1987) 223-226.

8.10 Wang, K.-G.; Wang, S.-K.: State-of-the-art ion-implanted low-noise GaAs-MESFET's and high-performance monolithic amplifiers. IEEE Trans. ED-34 (1987) 2610-2615.

8.11 Liu, C. S.; Wang, K. G.; Chang, C. D.: A 6-18 GHz monolithic low noise amplifier. GaAs IC Symp. (1987) 211-214.

8.12 Kim, B.; Macksey, H. M.; Tserng, H. Q.; Shih, H. D.; Camilleri, N.: Millimeter-wave monolithic GaAs power FET amplifiers. GaAs IC Symp. (1986) 61-63.

8.13 Pauley, R. G.; Asher, P. G.; Schellenberg, J. M.; Yamasaki, H.: A 2 to 40 GHz monolithic distributed amplifier. GaAs IC Symp. (1985) 15-17.

8.14 Wisseman, W. R.: Advances in GaAs monolithic power amplifiers. GaAs-IC Symp. (1985) 109-112.

8.15 Witkowski, L. G.; Zimmermann, D. E.; Brehm, G. E.; Coats, R. P.: A X-band 4,5 Watt push-pull power amplifier. GaAs IC Symp. (1985) 117-120.

8.16 Chi, T. Y.; Weng, D. C.; Chang, C. D.; Siracusa, M.: High performance monolithic power amplifier using all RIE etch process. GaAs IC Symp. (1987) 159-162.

8.17 Halladay, R.; Pavlo, A.; Crabill, C.: A 1-10 Ghz dual gate distributed power amplifier. GaAs IC Symp. (1987) 219-222.

8.18 Tserng, H. Q.; Kim, B.: A 115 GHz monolithic GaAs FET oscillator. GaAs IC Symp. (1985) 11-13.

8.19 Mahidian, M.; Honjo, K.: 11 GHz band GaAs monolithic VCO with 1/4 analog frequency divider. GaAs IC Symp. (1985) 133-136.

8.20 Chen, Y. K.; Hwang, Y. C.; Naster, R. J.; Ragonese, L. J.; Wang, R. F.: A GaAs multi-band digitally controlled 0°-360° phase shifter. GaAs IC Symp. (1985) 125-128.

8.21 Schindler, M. J.; Ayasli, Y.; Morris, A. M.; Hanes, L. K.: Monolithic 6-18 GHz 3 bit phase shifter. GaAs IC Symp. (1985) 129-132.

8.22 Holden, T. J.; Nelson, W. W.; Ho, P. T.: A monolithic 4 GHz rejection frequency converter. GaAs-IC Symp. (1987) 187-189.

8.23 Ayasli, Y.; Mozzi, R.; Reynolds, L. D.: 6-19 GHz GaAs FET transmit-receive switch. GaAs-IC Symp. (1983) 106-108.

8.24 van Tuyl, R.; Liechti, C. A.: High-speed integrated logic with GaAs MESFETs. IEEE J. Solid State Circ. SC-9 (1974) 269-276.

8.25 Liechti, C. A.; Baldwin, G. L.; Gowen, E.; Joly, R.; Namjoo, M.; Podell, A. F.: A GaAs MSI word generator operating at 5 Gbits/s data rate. IEEE Trans. ED-29 (1982) 1094-1102.

8.26 Yamamoto, R.; Higashisaka, A.; Asai, S.; Tsuji, T.; Takayama, Y.; Yano, S.: Depletion-type GaAs MSI 32b adder. Int. Solid State Circ. Conf. (1983) 40-41.

8.27 Hirayama, H.; Furutsuka, T.; Tanaka, Y.; Kaga, M.; Kanamori, M.; Takahashi, K.; Kohzu, H.; Higashisaka, A.: A CML compatible GaAs gate array. Int. Solid State Circ. Conf. (1986) 72-73 und 311.

8.28 Takada, T.; Kato, N.; Ida, M.: An 11-GHz GaAs frequency divider using source coupled FET logic. IEEE Electron Device Lett. EDL-7 (1986) 47-48.

8.29 Eden, R. C.: Capacitor Diode FET Logic (CDFL) circuit approach for GaAs D-MESFET IC's. GaAs IC Symp. (1984) 11-14.

8.30 Jensen, J. F.; Salmon, L. G.; Deakin, D. S.; Delaney, M. J.: Ultrahigh-speed GaAs static frequency dividers. Int. Electron Dev. Meeting (1986) 476-479.

8.31 Jensen, J. F.; Mishra, U. K.; Brown, A. S.; Beaubien, R. S.; Thompson, M. A.; Jelloian, L. M.: 25 GHz static frequency dividers in AlInAs-GaInAs HEMT technology. Int. Solid-State Circ. Conf. (1988) 268-269.

8.32 Eden, R. C.; Welch, B. M.; Zucca, R.; Long, S. I.: The prospects of ultrahigh-speed VLSI GaAs digital logic. IEEE Trans. ED-26 (1979) 299-317.

8.33 Lee, F. S.; Shen, E.; Kaelin, G. R.; Welch, B. M.; Eden, R. C.; Long, S. I.: High speed LSI GaAs digital integrated circuits. GaAs IC Symp. (1980) Pap. 3.

8.34 Terada, T.; Ikawa, Y.; Kameyama, A.; Kawakyu, K.; Sasaki, T.; Kitaura, Y.; Ishida, K.; Nishikori, K.; Toyoda, N.: A 6 K GaAs gate array with a new large-noise-margin SLCF circuit. IEEE J. Solid-State Circ. SC-22 (1987) 755-761.

8.35 Jutzi, W.: Direct coupled circuits with normally-off GaAs MESFETs at 4.2 K. Arch. Elektr. Übertrag. (AEÜ) 25 (1971) 595-598.

8.36 Toyoda, N.; Uchitomi, N.; Kitaura, Y.; Mochizuki, M.; Kanazawa, K.; Terada, T.; Ikawa, Y.; Hojo, A.: A 2 K-Gate Array with a WN Gate self-alignment FET process. IEEE J. Solid-State Circ. SC-20 (1985) 1043-1049.

8.37 Fa. TriQuint: Datenblätter zu Enhancement/Depletion LSI Gate Array, Sept. 87.

8.38 Kajii, K.; Watanabe, Y.; Suzuki, M.; Hanyu, I.; Kosugi, M.; Odani, K.; Mimura, T.; Abe, M.: A 40-ps high electron mobility transistor gate array. IEEE J. Solid-State Circ. 23 (1988) 485-489.

8.39 Gabillard, B.; Ducourant, T.; Rocher, C.; Prost, M.; Maluenda, J.: A 200-mW GaAs 1 k SRAM with 2-ns cycle time. IEEE J. Solid-State Circ. SC-22 (1987) 693-698.

8.40 Sheng, N. H.; Wang, H. T.; Lee, S. J.; Lee, C. P.; Sullivan, G. J.; Miller, D. L.: A high-speed high electron mobility transistor static RAM. GaAs IC Symp. (1986) 97-100.

8.41 Notomi, S.; Awano, Y.; Kosugi, M.; Nagata, T.; Kosemura, K.; Ono, M.; Kobayashi, N.; Ishiwara, H.; Odani, K.; Mimura, T.; Abe, M.: A high speed 1 k × 4-Bit static RAM using 0,5 µm-gate HEMT. GaAs IC Symp. (1987) 177-180.

8.42 Kawata. H.; Onodera, H.; Shindei, T.; Yokoyama, N.; Nishi, H.: Through-AlN implantation technology for 1,7 ns GaAs 4 k × 1 b SRAM. Conf. Solid State Devices and Mat., Tokyo (1985) 409-412.

8.43 Notthoff, G. K.; Krein, R. B.; Stephens, J. S.; Troeger, G. L.; Vogelsang, C. H.; Hyun, C. H.: A 4 k × 1 Bit complementary E-JFET static RAM. GaAs IC Symp. (1987) 185-188.

8.44 Hirayama, M.; Togashi, M.; Kato, N.; Suzuki, M.; Matsuoka, Y.; Kawasaki, Y.: A GaAs 16-kbit static RAM using dislocation-free crystal. IEEE Trans. ED-33 (1986) 104-110.

8.45 Kellner, W.: Digitale GaAs-Schaltkreise: Stand und Perspektiven. mikroelektronik 1 (1987) 64-67.

Literatur zum Anhang

A1 Thomas, R. L.: A practical introduction to impedance matching. Dedham/Mass.: Artech House 1976.

A2 Adam, S. F.: Microwave theory and applications. Englewood Cliffs: Prentice-Hall 1969.

A3 Anderson, R. W.: S-parameter techniques for faster, more accurate design. Hewlett-Packard J. 18 (Feb. 1967). HP Application Note 95-1.

A4 S-Parameter Design. HP Application Note 154 (April 1972).

Sachverzeichnis